页岩气藏压裂井流动规律研究

郭　肖　黄　婷　著

科 学 出 版 社
北　京

内 容 简 介

本书从页岩的孔隙结构特征及页岩气的储存机理出发，从不同尺度分别对页岩气的产出机理进行了物理描述及数学表征。针对页岩气的复杂储存及多尺度流动机理，建立压裂井稳定产能模型和非稳态渗流模型；然后建立适用于页岩气藏中连续流、滑脱流、过渡流和自由分子流等不同流态多尺度综合渗流方程，在考虑气体解吸、多重流动机制以及压裂水平井生产的基础上，建立页岩气藏多级压裂水平井气-水两相数值模型，探讨Knudsen扩散和滑脱效应、等温吸附参数、气-水两相流动以及压裂增产措施对压裂水平井产量的影响，从而阐明页岩气藏压裂井流动规律。

本书可供油气田开发工程领域技术人员以及大专院校师生学习参考。

图书在版编目(CIP)数据

页岩气藏压裂井流动规律研究 / 郭肖，黄婷著. —北京：科学出版社，2017.11

ISBN 978-7-03-055477-2

Ⅰ.①页… Ⅱ.①郭… ②黄… Ⅲ.①油页岩-压裂井-研究 Ⅳ. ①TE357

中国版本图书馆 CIP 数据核字 (2017) 第 284474 号

责任编辑：罗 莉/ 责任校对：王 翔
封面设计：墨创文化 / 责任印制：罗 科

科 学 出 版 社 出版
北京东黄城根北街16 号
邮政编码：100717
http://www.sciencep.com

四川煤田地质制图印刷厂印刷
科学出版社发行 各地新华书店经销
*
2017 年 11 月第 一 版 开本：787×1092 1/16
2017 年 11 月第一次印刷 印张：10 1/4
字数：246 千字

定价：99.00 元

（如有印装质量问题，我社负责调换）

前　言

我国富有机质页岩分布广泛，全国海相页岩气资源 $37.4\times10^{12}m^3$，其中南方海相 $32\times10^{12}m^3$，略小于美国。与北美相比，南方海相页岩储层具有构造改造强、地应力复杂、埋藏较深、地表条件特殊等复杂特征。

页岩气以游离气和吸附气赋存于微—纳米级孔隙及裂缝中，开采过程中存在吸附、滑脱、扩散等物理化学现象，同时压力场、温度场以及地应力场耦合作用，从而引起一系列非线性渗流复杂问题。常规测试手段不能正确揭示内在规律，传统意义上经典的渗流理论不再适用于页岩气藏，建立在传统渗流理论基础上的数值模拟技术难以预测开发动态。

页岩既是源岩又是储集层，因此页岩气具有典型的“自生自储”成藏特征。页岩储层具有孔隙度低和渗透率极低的物性特征，只有通过体积压裂形成压裂缝网才能获得有效产能。本书从页岩的孔隙结构特征及页岩气的储存机理出发，从不同尺度分别对页岩气的产出机理进行了物理描述及数学表征。针对页岩气的复杂储存及多尺度流动机理，建立了压裂井稳定产能模型和非稳态渗流模型；然后建立了适用于页岩气藏中连续流、滑脱流、过渡流和自由分子流等不同流态多尺度综合渗流方程，在考虑气体解吸、多重流动机制以及压裂水平井生产的基础上，建立了页岩气藏多级压裂水平井气-水两相数值模型，探讨了Knudsen 扩散和滑脱效应、等温吸附参数、气-水两相流动以及压裂增产措施对压裂水平井产量的影响。

本书撰写过程中得到国家重点基础研究发展计划(973 计划)“中国南方海相页岩气高效开发的基础研究”(2013CB228000)资助，油气藏地质及开发工程国家重点实验室对本书提出了有益建议，在此表示感谢。

笔者希望本书能为油气田开发研究人员、油藏工程师以及油气田开发管理人员提供参考，同时本书也可作为大专院校相关专业师生的参考书。限于编者的水平，本书难免存在不足和疏漏之处，恳请同行专家和读者批评指正，以便今后不断对其进行完善。

目　录

第1章 绪　论

1.1 页岩气开发利用现状

随着美国页岩气开发革命的成功，全球非常规油气开发获得战略性突破，页岩气的勘探开发同时也成为世界关注的焦点，新的世界能源格局开始出现。2014 年美国非常规天然气产量达到 $5.29\times10^{11}m^3$，占其天然气总产量的 70%以上，其中页岩气产量达 $3.64\times10^{11}m^3$，约占美国天然气总产量的 50%[1]。美国非常规天然气大规模开发利用，特别是近 10 年页岩气产量的迅猛增长，使美国再次成为全球第一产气大国，已经明显改变了其能源供应格局，并推动全球能源战略布局调整，影响深远。

我国非常规天然气资源比较丰富，据估算我国页岩气的经济可采储量约为 $26\times10^{12}m^3$，位居世界前列，经济价值巨大，世界市场前景广阔[2]。中国页岩气生产始于 2010 年威 201 井，2012 年中国的页岩气产量即超过 $1.0\times10^8m^3$，2013 年涪陵页岩气田发现后，当年中国页岩气产量突破 $2.0\times10^8m^3$。随着威远、长宁、涪陵页岩气田的快速建产，2014 年中国页岩气产量跃升至 $12.5\times10^8m^3$，2015 年产量已超过 $40\times10^8m^3$，累计页岩气产量超过 $60\times10^8m^3$，基本实现了页岩气规模生产，成为全球第三大页岩气生产国[2-5]（如表 1-1 所示）。

表 1-1　全球主要页岩气生产国家储量、产量统计表[3]

国家	页岩气勘探开发起始年份	页岩气资源量/$10^{12}m^3$	钻井数量/口	探明储量/10^8m^3	年产量/10^8m^3
美国	1821	17.64	10 万左右	56543.95	3807
加拿大	2006	16.23	3000	—	320
中国	2005	31.57	700	5441.29	45
阿根廷	2012	22.71	300	—	$0.065\times10^8m^3/d$

中国石油化工集团公司（中国石化）立足于自主创新，形成中国南方海相页岩气富集规律新认识，研究勘探开发核心技术及关键装备，发现并成功开发了我国首个也是目前最大的页岩气田——涪陵页岩气田，使我国成为北美国家之外第一个实现规模化开发页岩气的国家，走出了中国页岩气自主创新发展之路。

中石化创新形成海相页岩气勘探理论和开发技术系列[6]，为我国大规模勘探开发页岩气奠定了理论和技术基础。

(1) 创新形成中国南方海相页岩气富集规律新认识。率先发现中国南方深水陆棚相页岩具有高碳富硅正相关耦合规律，揭示了页岩气“早期滞留，晚期改造”的动态保存机理，形成“深水陆棚相优质页岩发育是页岩气‘成烃控储’的基础，良好的保存条件是页岩气‘成藏控产’的关键”的新认识，建立了页岩气战略选区评价体系，明确了突破方向，指导了涪陵气田的发现。

(2)创新形成海相页岩气地球物理预测评价关键技术。突破川南地区碳酸盐岩山地页岩气地震采集、处理技术瓶颈，获得高信噪比、高分辨率、高保真度地震成像资料；创新形成有机碳含量、脆性指数、含气量高精度地震预测技术系列和页岩六性测井评价体系，实现了页岩气层参数的精细预测和计算，预测高产富集带 326km^2，94.4%的井获日产超 10 万 m^3 高产页岩气流。

(3)创新形成页岩气开发设计与优化关键技术。构建了两种赋存状态、三种流动机制下的多因素耦合流动数学模型，建立了多流态、多区域孔缝耦合流动的页岩气非稳态产能评价技术，首次提出了山地丛式水平井交叉布井模式，编制了我国首个 50 亿 m^3 产能页岩气田开发方案，开发井成功率 100%。

(4)创新形成页岩气水平井高效钻井及压裂关键工程技术。揭示了海相页岩井壁失稳、裂缝起裂扩展机理，研发低成本高稳定性油基钻井液、弹韧性水泥浆、速溶减阻水体系，构建了水平井组优快钻完井技术和山地井工厂作业模式，建立了“控近扩远、混合压裂、分级支撑”的缝网改造模式，创新了水土资源保护和废弃物处理技术。支撑了涪陵气田高效、绿色开发。

(5)创新研制页岩气开发关键装备和工具。创新千吨级 360°快速自走式钻机、井控压力 70MPa 高压大负载带压作业、6200m 大容量连续油管等地面作业成套装备，首次研制页岩专用 PDC 钻头和耐油螺杆、8kN 大功率测井牵引器、105MPa 易钻桥塞系列井下工具，实现规模应用，形成页岩气装备与工具一体化解决方案，提升了山地“井工厂”、长水平井施工能力和效率。

涪陵大型海相页岩气田示范区建成了我国第一个实现商业开发、北美以外首个取得突破的大型页岩气田。示范区高水平、高速度、高质量的开发建设，是我国页岩气勘探开发理论创新、技术创新、管理创新的典范，对我国页岩气勘探开发具有很强的示范引领作用，显著提升了页岩气产业发展的信心，展示了页岩气勘探开发的良好前景。

1.2 国内外研究现状

1.2.1 页岩气储存及运移机理研究现状

1. 页岩气储存机理

许多学者按照气体的储存方式将页岩气分为游离气、吸附气和溶解气 3 种，但是大部分学者认为页岩气主要由游离气和吸附气组成。张金川[7]通过研究发现页岩孔隙和微裂缝中存在大量游离态气体，页岩固体颗粒表面(包括有机质颗粒、黏土矿物颗粒及干酪根等)和孔隙表面存在大量吸附态气体。Montgomery 等[8]认为页岩气中吸附气的含量一般变化范围为 20%～80%，Lu 等[9]则认为吸附气的含量通常可达 50%以上。潘仁芳等[10]也认为，大多数页岩储层中气体以吸附态为主，并且有些页岩储层中的吸附态气体可达到 80%以上。此外，许多学者[8,11-17]还针对页岩吸附气量的影响因素进行了研究，包括总有机碳含量、有机质类型、有机质成熟度、矿物组成、孔隙结构、含水量、温度和压力等。

然而 Hill 和 Nelson[18]在 2000 年提出，页岩气不仅存储在孔隙和天然裂缝中、吸附在孔隙表面上，并且还溶解在固体有机质中。Curtis[19]在 2002 年也提出除了大部分气体以游离方式储存于孔隙及微裂缝中、以吸附状态储存于有机质和黏土矿物颗粒表面上之外，还有少部分气体呈溶解状态存在于干酪根、沥青和结构水中。Chalmers 和 Bustin[20]通过实验发现，富含煤素质的煤在微孔体积较小的情况下测出的含气量较高，因此得出了甲烷溶解在煤颗粒中是造成这种现象的原因这一结论。Ross 和 Bustin[21]通过类似的实验发现富含有机质的 Jurassic 页岩中也存在溶解气，并且压力和吸附气含量之间的线性关系表明溶解过程符合 Henry 定律。Javadpour 等[22]也提出部分气体以溶解态存储于液烃或吸附在干酪根中的其他物质表面(如图 1-1 所示)，并且从罐解气实验的结果中观测到气体从干酪根或黏土中向孔隙表面扩散的过程。

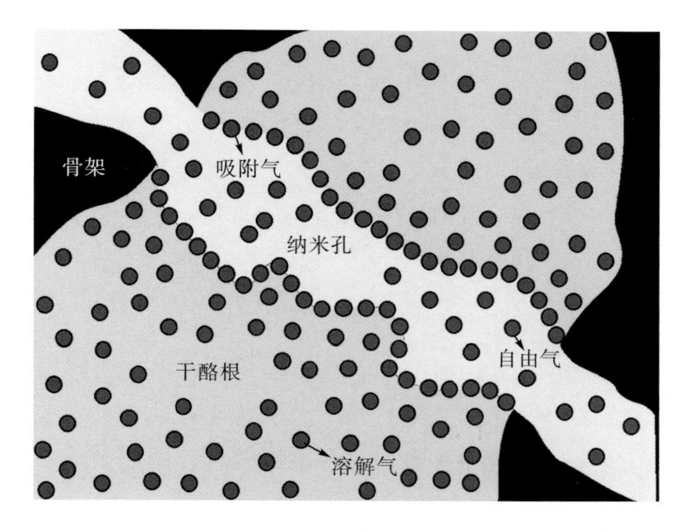

图 1-1 气体分子在页岩中的微观干酪根-骨架颗粒-孔隙系统示意图[23]

Swami 和 Settari[24]根据前人的研究以及实验结果，提出了气体从干酪根向纳米孔隙扩散的数学模型。Shabro 等[25]也建立了考虑干酪根中的溶解气扩散、Langmuir 解吸和纳米孔隙中的非达西流的数值模型，结果表明干酪根表面的气体解吸和干酪根中的甲烷扩散是造成气井实际产量比预期要高的主要原因。Moghanloo 等[26]计算了溶解在干酪根中的甲烷气体对原始地质储量和气井产量的影响，并且研究了干酪根尺寸、有效扩散系数和 TOC 等因素对页岩中溶解气扩散量的影响。

然而，以上研究只是通过实验证实了溶解气存在于页岩的干酪根中，在数学模型上也仅仅是对单根孔隙中溶解气的扩散进行了研究，并没有建立一个描述页岩气从微观尺度流向宏观大尺度(人工裂缝和井筒)的综合模型来考虑溶解气在干酪根中的扩散问题。

2. 页岩气渗流机理

通过对国内外相关文献调研发现，页岩气在储层中的运移及产出是一个复杂的多尺度流动过程。Javadpour 等[22]在 2007 年提出，非常规页岩气储层中纳米孔隙的数量较常规储层多，页岩气储层中孔隙直径一般分布在几纳米到几微米之间(如图 1-2 所示)。

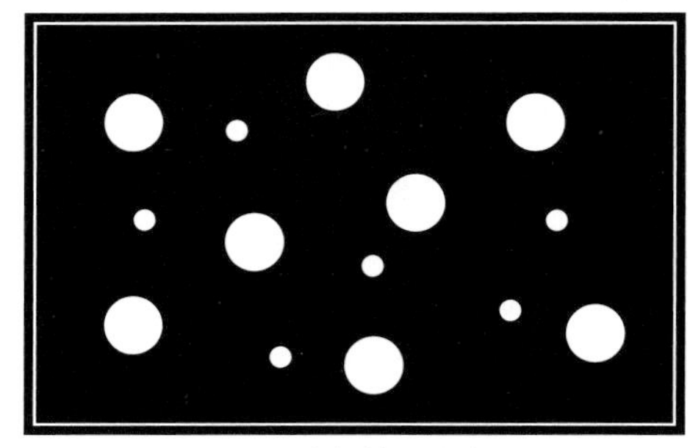

（a）常规储层孔隙

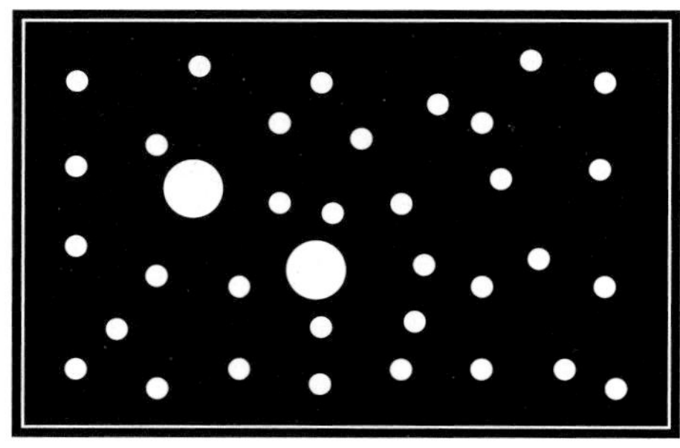

（b）非常规页岩气藏孔隙

图 1-2 常规储层与页岩气藏的孔隙尺寸对比示意图[22]

页岩中的纳米孔隙扮演了 2 个重要角色：首先，在孔隙体积相等的情况下，纳米孔隙暴露的表面积大于微米孔，因此从纳米孔的干酪根表面脱附的气量多，则干酪根中出现大量的气体质量传递(图 1-1)；其次，纳米孔隙中的气体流动与达西流动不同。Swami 和 Settari[24]提出溶解气在干酪根中的扩散可以用 Fick 定律来描述，并且给出了干酪根中溶解气扩散的物理模型和数学模型。而许多学者[27-33]用 Fick 定律来描述气体从页岩基质系统流向裂缝系统的流动，而忽视了在压力差作用下产生的黏性流动，以及纳米孔隙中存在的扩散和滑脱效应。

目前，国内外学者[34-40]普遍认为，页岩气在纳米孔隙中的流动包括：黏性流、滑脱流和 Knudsen 扩散流。Klinkenberg[41]在 1941 年首次提出利用修正系数(即 Klinkenberg 常数)来校正气测渗透率(k_a)过程中存在的气体滑脱效应，随后有许多学者[42-46]对关系式中的气体滑脱因子(b_k)展开了实验及理论研究，如表 1-2 所示。以上研究校正了岩样的气测渗透率，Brown 等[39]在 1946 年引入一个理论的无因次系数对管流中的滑脱速度进行了校正。

表 1-2 Klinkenberg 气体滑脱因子 b_k 的不同关系式[41]

滑脱模型	公式	注释
Klinkenberg[41] (1941)	$b_k = 4c\lambda\bar{p}/r$	$c\approx 1$
Heid 等[42] (1950)	$b_k = 11.419\left(k_\infty\right)^{-0.39}$	—
Jones 和 Owens[43] (1979)	$b_k = 12.639\left(k_\infty\right)^{-0.33}$	—
Sampath 和 Keighin[44] (1982)	$b_k = 13.851\left(k_\infty/\phi\right)^{-0.53}$	氮气测量
Florence 等[45] (2007)	$b_k = \beta\left(k_\infty/\phi\right)^{-0.5}$	氮气(β=43.345)，空气(β=44.106)
Civan[46] (2010)	$b_k = 64.766\left(k_\infty/\phi\right)^{-0.5}$	氮气测量

单位：b_k(psi)，k_∞(md)，p(psi)，r(nm)，β(psi)，λ(nm)，ϕ(小数)。

然而Zhu等[47]提出通过实验测得低渗岩心的气测渗透率不再符合Klinkenberg的一阶近似方程，推荐用更高阶近似方程(Tang等[48])。Javadpour[23]在Brown等的模型基础上，推导出考虑Knudsen扩散和滑脱效应的纳米孔隙质量通量方程，计算结果与Roy等[37]的纳米管实验结果拟合程度较高。Beskok和Karniadakis[49]则提出了一个适用于整个Knudsen数范围(连续流、滑脱流、过渡流和自由分子流)的方程来预测不同尺寸圆管的流量，并且通过其他理论方法(Direct-simulation of Monte Carlo，Linearized Boltzmann solution)以及实验结果验证了模型的可靠性。Ziarani和Aguilera[40]基于Beskok-Karniadakis模型对不同孔隙尺寸多孔介质的渗透率进行了校正，并通过Mesaverde致密气藏的砂岩数据对该模型进行了实例分析。

1.2.2 页岩气井稳态产能研究现状

由于页岩气的储存和运移机理过于复杂，在页岩气压裂井稳态产能方面的研究尚少。蒋廷学等[50]应用保角变换方法将求解带垂直裂缝的气井产量问题转化为简单的单向渗流问题，然后通过质量守恒定律和达西运动方程对压裂直井的稳态产能方程进行了推导。汪永利等[51]也应用保角变换原理，再根据微元体流动分析，结合非达西运动方程、质量守恒原理和压力耦合原理，推导出裂缝内变质量流动时压力满足的二阶微分方程，进而推导出不同缝长和裂缝导流能力的裂缝井产能公式，并将计算结果与现场某气井压裂后产量进行了对比验证。

谢维扬和李晓平[52]在2012年建立了页岩气藏多级压裂水平井后期稳定开采时的渗流模型，通过运用等值渗流阻力方法，考虑气体吸附解吸作用，推导出水力压裂裂缝导流的页岩气藏水平井稳定渗流产能公式。王坤等[53]针对页岩气藏中两条互相垂直裂缝井，应用保角变换原理，建立了考虑气体滑脱效应及有限导流压裂裂缝的页岩气藏压裂井稳态产能数学模型。袁淋等[54]以常规压裂水平井产能研究理论为基础，考虑了页岩气吸附解吸作用、气体在裂缝中高速非达西流动以及裂缝与井筒的耦合，利用保角变换方法推导出页岩气藏压裂水平井的半解析产能模型。

Michel等[55]基于Beskok-Karniadakis方程推导出描述气体在致密纳米介质中的流动模型，但是模型假定流动完全处于滑流阶段，并不能应用到页岩气在储层中的整个流动阶段。Deng等[56]在Michel等人研究的基础上，用考虑了不同气体流动形态(连续流、滑脱流、过渡流及自由分子流)的Beskok-Karniadakis方程来描述压力梯度和流量的关系，建立了考虑扩散、滑脱效应和气体解吸的多尺度渗流模型，并推导出考虑裂缝导流能力、裂缝穿透比和气体状态等影响因素的页岩气井稳态产能方程。

然而这些模型并没有全面地考虑页岩纳米孔隙中的扩散和滑脱效应，Deng等虽然建立了考虑Knudsen扩散、滑脱效应和气体解吸的多尺度渗流模型，但是并没有讨论Knudsen扩散系数随孔隙半径等参数变化的情况。

1.2.3 页岩气井非稳态产能研究现状

最早从20世纪80年代开始，就陆续有国内外学者对页岩气的非稳态渗流模型进行研究，其研究方法总体上可分为两大类：解析方法和数值模拟方法。解析方法不需要储层的详细信息就可以得到储层的流动特征以及获得井筒和储层的物性参数，而数值模拟方法则可以解决更为复杂的渗流问题，并且能够得到复杂情况下(比如：储层非均质性、各向异性以及气-水两相流动等)气井的生产动态。

1．解析方法

由于页岩气藏中通常发育大量的微裂缝，因此国内外有很多研究学者[28,57-61]基于经典的双重孔隙介质 Warren-Root 模型，并将页岩气独特的运移及采出机理耦合到模型中去，对页岩气的不稳定渗流进行了研究。

Kucuk 和 Sawyer[58]在 Warren-Root 模型基础上，建立了考虑页岩气在基质纳微米孔隙中流动时产生的 Klinkenberg 效应以及气体吸附解吸作用的渗流模型，并指出由于吸附态页岩气的存在，传统的双孔介质渗流模型并不适合页岩气藏。Gatens 等[62]运用 Lee 和 Gatens1985 年提出的解吸方法，结合非稳态试井方法和生产数据对裂缝性页岩气藏进行了整体描述。Bumb 和 Mckee[63]通过岩心实测数据表明，页岩气的解吸过程遵循 Langmuir 等温吸附曲线，并首次提出“修正综合压缩系数”的方法来考虑吸附气体的解吸作用。Carlson 和 Mercer[27]在常规的双孔介质模型基础上，建立了考虑 Langmuir 等温吸附理论来描述页岩气的解吸、Fick 定律来描述气体在基质中流动的渗流模型。

Ozkan[57]在 Javadpour 等的渗流机理研究基础上，提出了描述页岩基质系统中的 Darcy 流和扩散流双重机理的双孔模型，同时考虑了裂缝系统的应力敏感的数学模型，但该模型没有考虑孔隙壁面的气体吸附解吸。Guo[28]和 Zhao 等[64]基于点源函数理论、Laplace 变换法对无限导流裂缝下的页岩气藏压裂水平井的不稳定压力进行研究，并给出了封闭页岩气藏多段压裂水平井的半解析解，但模型中并没有考虑纳米级孔隙中的扩散和滑脱效应。

国内在这方面的研究开展比较晚，段永刚和李建秋[30-31]在考虑页岩气的吸附解吸作用的基础上，应用 Fick 拟稳态扩散定律来模拟基质系统向天然裂缝系统的流动，建立了基质和裂缝中单相气体非稳态流动的数学模型，最后推导出考虑无限导流人工裂缝的页岩气藏压裂井产能评价模型。任飞等[65]借鉴适用于非常规煤层气的双孔模型，在考虑页岩气滑脱效应的条件下，建立了页岩气在双孔介质中渗流的数学模型。尹虎[66]在前人研究的基础上，根据 Langmuir 等温吸附和 Fick 扩散，结合渗流理论建立了页岩气井单一介质、双孔介质、汽水两相渗流数学模型。

此外，有学者[67-68]考虑裂缝性储层的非均质性，在常规的基质系统和裂缝系统基础上还考虑了微裂缝系统，建立了宏观裂缝-微裂缝-基质的三重孔隙介质模型。Tivayanonda 等[69]建立了压裂裂缝-天然裂缝-基质的三重孔隙介质模型，但模型最后又简化为双重孔隙介质模型。Alharthy 等[38]建立了大孔-中孔-微孔的三重孔隙介质模型，但模型在大孔道(50nm～1m)中也考虑解吸、Knudsen 扩散和滑脱效应是不合适的。Zhao 等[70]在 2013 年也提出了裂缝-基质-吸附气的三重孔隙介质模型，考虑了吸附气的解吸以及人工压裂裂缝对气体流动的影响。

通过调研发现，双重孔隙介质模型并未全面考虑气体的吸附解吸、纳米级孔隙中的 Knudsen 扩散和滑脱效应；三重孔隙介质模型则大多主要针对储层的非均质性，极少考虑纳米级孔隙中的 Knudsen 扩散和滑脱效应。

2. 数值模拟方法

由于压裂水平井本身对应的渗流问题就比较复杂，若再考虑页岩气藏中以多种方式赋存的页岩气、多尺度流动以及多相流动等问题的话，难以得到模型的解析解。因此，国内外也有许多学者采用数值模拟的方法对页岩气藏压裂水平井的生产特征展开研究。

Bustin 等[71]为了得到裂缝间距和基质中的扩散及流动对页岩气生产的影响，开发了考虑不同裂缝模型的基质和裂缝中气体流动的二维的数值模拟模型。Freeman 等[72-73]针对致密/页岩气藏构建了一个考虑一系列与以下相关的开采特征的数值模拟器，特别是：超低基质渗透率，压裂水平井，多重孔隙、渗透率场和解吸，并且识别及说明各流动阶段随时间的变化。Moridis 等[74]用数值模拟方法分析了两种裂缝性致密气藏的流动机理和流动过程：页岩和致密砂岩储层。该数值模型把达西定律作为多相流的基础公式，精确地描述了储层流体的热物理性质，但是也包括了其他已知的物理现象：非达西流、基质和裂缝中的应力敏感(孔隙度、渗透率、相对渗透率和毛管力)、气体滑脱效应(Klinkenberg)和非等温效应。Clarkson 等[75]基于多机制流动的假设，在页岩气中加入了动态滑脱系数的概念。通过最近的研究发现页岩气藏中存在复杂的孔隙结构，首次结合动态滑脱系数给出了一个考虑非有机质孔和有机质孔的数值模型。Sun 等[76]展示了一个综合的多重机制(解吸、扩散、滑流以及由压力差作用产生的流动)、多重孔隙(有机质、无机质和裂缝)和多重渗透率模型，该模型是用实验测得的页岩有机质和无机质的性质来预测页岩气藏生产动态。

上述学者主要对页岩气藏中的储存及流动机理进行研究，而下列学者则主要针对压裂裂缝及裂缝网络模型展开了研究。Cipolla 等[77]应用油藏数值模拟技术，分析了不同裂缝网络模型下的导流能力分布、裂缝网络的复杂性和基质渗透率对气井产能和采收率的影响，并且分析了气体解吸对产量和气藏最终采收率的影响。Luo 等[78]提出多级压裂水平井展现了一个独特的流动形态，在相邻裂缝产生干扰之后，储层到整个压裂裂缝存在线性流，这就是所谓的复合储层线性流(CFL)。Rubin[79]通过一个网格细化过的单井模型(600 万～1400 万个网格)来分别模拟在显式的 SRV 复杂裂缝网络、二维的、有无压裂主缝、考虑应力敏感以及后期水平井在压裂情况下的达西和非达西流动。

国内学者于荣泽等[32]在文献调研的基础上描述了页岩气在储层中的流动主要经历 3 个过程：解吸附、Fick 扩散和渗流，并分析了其影响因素和适用条件。程远方等[33]基于页岩气储层特征和成藏机理，提出了页岩气藏三孔双渗介质模型，研究了页岩气解吸作用以及 Fick 扩散渗流规律，并利用数值模拟软件对页岩气产能进行了预测。姚军等[80]基于常规的双孔介质模型，采用烟道气模型(DGM)建立了页岩气在基质和裂缝系统中的运动方程，基岩系统和裂缝系统中分别考虑黏性流、Knudsen 扩散、分子扩散以及气体在基岩孔隙表面的吸附解吸(仅基质中考虑)，在此基础上求解出单相气体流动的垂直井的产气量。张平平[81]基于有限元方法基本原理考虑了页岩气吸附解吸特性，并进行了页岩气藏三维压裂数值模拟研究。2013 年，李道伦等[82]采用多段压裂水平井 PEBI 网格划分方法来模拟水平井及裂缝周围的流动特征，并将页岩气藏储层简化为均匀介质，建立了耦合井储的页岩气藏压裂水平井数学模型。此外，张小涛等[83]、陆程等[84]则利用 Eclipse

油藏数值模拟软件，建立了考虑页岩气吸附解吸作用的页岩气藏压裂水平井的单井数值模型。

综上所述，前人在考虑气体解吸、滑脱作用、扩散、渗流，以及压裂水平井模型的实现方面做了大量的工作，但是较少有模型同时考虑页岩纳米级孔隙中的 Knudsen 扩散和滑脱效应、气体的吸附-解吸作用、汽水两相以及压裂水平井的流动特征。

1.2.4 页岩气数值模拟研究进展

页岩气渗流数学模型按赋存-运移特征大致分为三类：经验模型、平衡吸附模型、非平衡吸附模型。

1. 经验模型

Lidine 模型、Aireg 模型及 McFall 模型等均为经验模型，其模型主要是对可观察的物理现象进行简要的数学描述，在模型应用时输入的参数较少，但此模型理论基础不足，精度较低。

2. 平衡吸附模型

Kissell 模型、Mckee 模型及 Bumb 模型等为平衡吸附模型，其中最典型的为 Bumb 模型，此模型假设储层介质为单孔隙介质，吸附气在页岩气藏数值模拟中不能被忽略，采用兰氏等温吸附方程对吸附页岩气进行描述，并假设气体扩散是瞬间完成的，即吸附气与游离气压力时刻保持平衡。但模型由于忽略了吸附页岩气的解吸过程，所以不能反映客观存在的解吸时间，其预测的产量高于实际产量。

3. 非平衡吸附模型

页岩气的吸附解吸、扩散和渗流为一个相互影响相互制约的整体过程，扩散模型认为扩散不可忽略。非平衡模型又可分为基于 Fick 第一扩散定律的拟稳态模型(包括 Psu-1 模型、Psu-2 模型、Psu-3 模型及 Comet 模型等)以及基于 Fick 第二扩散定律的非稳态模型(包括 Smith 模型、Sugarwat 模型、Chen 模型等)。

按多孔介质特征，页岩气数值模拟模型包括双重介质模型、多重介质模型和等效介质模型[85]。其中双重介质模型采用得最多，模型假设页岩由基岩和裂缝 2 种孔隙介质构成。气体在页岩中以游离态和吸附态两种形式存在，裂缝中仅存在游离态气，基岩中不仅存在游离态气，还有部分气体吸附于基岩孔隙表面。模型一般假设页岩气在裂缝中流动是达西流动和高速非达西流(Forchheimer 流)，在基岩孔隙中的运移机制是菲克扩散或考虑克林肯伯格效应的非达西流动。

Watson 等[86]采用理想双孔隙介质模型对 Devonian 页岩气井产能进行研究，预测了页岩气井累积产气量随时间的变化规律；Ozkan 等[87]采用双重介质模型对页岩气运移规律进行了研究；Wu 等[88]建立了考虑应力敏感和克林肯伯格效应的致密裂缝性气藏多重介质模型，研究了克林肯伯格效应对产能的影响，并比较了双重介质模型和多重介质模型的差别；Moridis 等[89]建立了考虑多组分吸附的页岩气等效介质模型，假设气体在介质中流动是达西流或高速非达西流，考虑克林肯伯格效应和扩散的影响；Freeman 等[72,90]基于TOUGH+数值模拟器研究了超致密基岩渗透率、水力压裂水平井、多重孔隙和渗透率场等因素对气井生产的影响；Zhang 等[91]利用 Eclipse 模拟器，在考虑多组分解吸和多孔隙系统基础上，分析了油藏参数和水力压裂参数对页岩气井产能的影响；Cipolla 等[92]用油藏数值模拟软件分析了裂缝导流能力、裂缝间距及解吸等压裂参数对页岩气产能的影响。Huang 等[93]基于水力压裂后纳米孔中解吸、扩散和滑脱规律提出了一种考虑解吸、扩散和滑脱的双孔隙模型，研究了页岩气天然裂缝性的储层气体运移规律。

1.3 章节内容安排

页岩气以游离气和吸附气赋存于微—纳米级孔隙及裂缝中，开采过程中存在吸附、滑脱、扩散等物理化学现象，同时压力场、温度场以及地应力场耦合作用，从而引起一系列非线性渗流复杂问题。常规测试手段不能正确揭示内在规律，传统意义上经典的渗流理论不再适应页岩气藏，建立在传统渗流理论基础上的数值模拟技术难以预测开发动态。

页岩既是源岩又是储集层，因此页岩气具有典型的“自生自储”成藏特征。页岩储层具有孔隙度低和渗透率极低的物性特征，页岩储层只有通过体积压裂形成压裂缝网才能获得有效产能。本书从页岩的孔隙结构特征及页岩气的储存机理出发，从不同尺度分别对页岩气的产出机理进行了物理描述及数学表征。针对页岩气的复杂储存及多尺度流动机理，建立了压裂井稳定产能模型和非稳态渗流模型；然后建立了适用于页岩气藏中连续流、滑脱流、过渡流和自由分子流等不同流态多尺度综合渗流方程，在考虑气体解吸、多重流动机制以及压裂水平井生产的基础上，建立了页岩气藏多级压裂水平井气-水两相数值模型，探讨了 Knudsen 扩散和滑脱效应、等温吸附参数、气-水两相流动以及压裂增产措施对压裂水平井产量的影响。

本书共分为七章。

第 1 章为绪论，主要阐述页岩气开发利用现状和国内外研究现状。

第 2 章为页岩气藏储层特征及储集特征，对页岩气藏的储层特征、储集特征进行部分实验研究以及理论研究。

第 3 章为页岩气多尺度运移及产出机理，分析气体在页岩气藏中的不同流动形态，分别对气体在纳米级孔隙、微米级孔隙及裂缝中的微观流动机理进行物理描述及相关数学表征，提出页岩气的多尺度产出机理。

第 4 章为页岩气藏压裂井稳态产能模型，基于适用于不同气体流态(连续流、滑脱流、过渡流和自由分子流)的 Beskok-Karniadakis 模型，建立考虑有限导流人工裂缝的页岩气藏压裂井稳态产能模型，并在模型中考虑 Knudsen 扩散系数随孔隙尺寸变化的情况，得到页岩气藏压裂井的 IPR 曲线图版，并分析不同孔隙尺寸和井底流压条件下 Knudsen 扩散和滑脱效应等因素对气井产能的影响。

第 5 章为页岩气藏压裂井单相气体非稳态渗流模型，在考虑页岩气在纳米孔隙中的气体解吸、Knudsen 扩散和滑脱效应、天然裂缝中的达西流动以及大尺度人工裂缝的基础上，建立页岩气多尺度流动的非稳态渗流模型。在此双重孔隙介质模型的基础上建立一个考虑以溶解态储存在干酪根中的气体扩散过程的三重孔隙介质模型，对比分析两种模型的瞬态压力曲线和产量动态曲线，并进行敏感性因素分析。

第 6 章为页岩气藏多级压裂水平井气-水两相数值模型，针对页岩中孔隙尺寸分布范围较广、孔隙结构较为复杂的情况，建立一个适合多尺度页岩中不同流态的多尺度渗流模型，并且在综合考虑纳米孔隙中的 Knudsen 扩散和滑脱效应、吸附气解吸、气-水两相流动以及多级压裂水平井开采的基础上，通过编程建立页岩气藏三维计算机模型，并对压裂水平井存在整体缝网和局部缝网的情况进行研究。模拟结果分别与商业软件、其他模型和现场数据进行对比验证，并且进行敏感性因素分析。

第 7 章为页岩气藏体积压裂与微地震监测，主要介绍页岩气藏体积压裂概念、页岩气藏体积压裂缝网模型、体积压裂模拟软件以及微地震监测技术。

参 考 文 献

[1] Energy Information Administration. Annual energy outlook 2015[EB/OL]. [2015-4-14].

[2] 张金川, 徐波, 聂海宽, 等. 中国页岩气资源勘探潜力[J]. 天然气工业, 2008, 28(6)： 136-140.

[3] 董大忠, 王玉满, 李新景, 等. 中国页岩气勘探开发新突破及发展前景思考[J]. 天然气工业, 2016, 36(1)： 19-32.

[4] Energy Information Administration. Natural gas: Data [EB/OL]. [2015-11-19].

[5] Natural Resources Canada. Exploration and production of shale and tight resources [EB/OL]. [2015-12-16].

[6]王哲. 中国页岩气革命悄然而至[J]. 中国报道, 2016(2): 78-81.

[7] 张金川, 薛会张, 德明, 等. 页岩气及其成藏机理[J]. 现代地质, 2003, 17(4)： 466.

[8] Montgomery S L, Jarvie D M, Bowker K A, et al. Mississippian Barnett Shale, Fort Worth basin, north-central Texas: gas-shale play with multi–trillion cubic foot potential[J]. AAPG bulletin, 2005, 89(2): 155-175.

[9] Lu X C, Li F C, Watson A T. Adsorption measurements in Devonian shales[J]. Fuel, 1995, 74(4): 599-603.

[10] 潘仁芳, 陈亮, 刘朋丞. 页岩气资源量分类评价方法探讨[J]. 石油天然气学报, 2011, 33(05)： 172-174.

[11] 张雪芬, 陆现彩, 张林晔, 等. 页岩气的赋存形式研究及其石油地质意义[J]. 地球科学进展, 2010, 25(6)： 597-604.

[12]于炳松. 页岩气储层的特殊性及其评价思路和内容[J]. 地学前缘, 2012, 19(3)： 252-258.

[13] Pollastro R M, Hill R J, Jarvie D M, et al. Assessing undiscovered resources of the Barnett-Paleozoic total petroleum system, Bend Arch-Fort Worth basin province, Texas[C]. AAPG Southwest Section Convention, Fort Worth, Texas, 2003.

[14] 李武广, 杨胜来, 陈峰, 等. 温度对页岩吸附解吸的敏感性研究[J]. 矿物岩石, 2012, 2(2)： 115-120.

[15] 聂海宽, 张金川. 页岩气聚集条件及含气量计算——以四川盆地及其周缘下古生界为例[J]. 地质学报, 2012, 86(2)： 349-361.

[16] 熊伟, 郭为, 刘洪林, 等. 页岩的储层特征以及等温吸附特征[J]. 天然气工业, 2012, 32(1)： 113-116.

[17] 宋叙, 王思波, 曹涛涛, 等. 扬子地台寒武系泥页岩甲烷吸附特征[J]. 地质学报, 2013, 87(7)： 1041-1048.

[18] Hill D G, Nelson C R. Gas productive fractured shales: an overview and update[J]. Gas Tips. 2000, 6(3): 4-13.

[19] Curtis J B. Fractured shale-gas systems[J]. AAPG Bulletin, 2002, 86(11): 1921-1938.

[20] Chalmers G R L, Bustin, R M. On the effects of petrographic composition on coalbed methane sorption[J]. International Journal

of Coal Geology, 2007, 69(4): 288-304.

[21] Ross D J K, Bustin R M. The importance of shale composition and pore structure upon gas storage potential of shale gas reservoirs[J]. Marine and Petroleum Geology, 2009, 26: 916-927.

[22] Javadpour F, Fisher D, Unsworth M. Nanoscale gas flow in shale gas sediments[J]. J. Can. Petroleum Technol, 2007, 46(10): 55-61.

[23] Javadpour F. Nanopores and apparent permeability of gas flow in mudrocks (shales and siltstone)[J]. J. Can. Pet. Technol, 2009, 48 (8): 16-21.

[24] Swami V, Settari A. A pore scale gas flow model for shale gas reservoir[C]. SPE 155756, presented at the Americas Unconventional Resources Conference, Pittsburgh, Pennsylvania, USA, 2012.

[25] Shabro V, Torres-Verdin C, Sepehrnoori K. Forecasting gas production in organic shale with the combined numerical simulation of gas diffusion in kerogen, langmuir desorption from kerogen surfaces, and advection in nanopores[C]. SPE 159250, presented at the Annual Technical Conference and Exhibition, San Antonio, Texas, USA, 2012.

[26] Moghanloo R G, Javadpour F, Davudov D. Contribution of methane molecular diffusion in kerogen to gas-in-place and production[C]. SPE 165376, presented at the SPE Western Regional & AAPG Pacific Section Meeting, Monterey, California, USA, 2013.

[27] Carlson E S, Mercer J C. Devonian shale gas production: mechanisms and simple models[J]. Journal of Petroleum technology, 1991, 43(04): 476-482.

[28] Guo J, Zhang L, Wang H, et al. Pressure transient analysis for multi-stage fractured horizontal wells in shale gas reservoirs[J]. Transport in porous media, 2012, 93(3): 635-653.

[29] Wang H T. Performance of multiple fractured horizontal wells in shale gas reservoirs with consideration of multiple mechanisms[J]. Journal of Hydrology, 2014, 510: 299-312.

[30] 段永刚, 李建秋. 页岩气无限导流压裂井压力动态分析[J]. 天然气工业, 2010, 30(10): 26-29.

[31] 李建秋, 段永刚. 页岩气藏水平井压力动态特征[J]. 渗流力学与工程的创新与实践—第十一届全国渗流力学学术大会论文集, 2011.

[32] 于荣泽, 张晓伟, 卞亚南, 等. 页岩气藏流动机理与产能影响因素分析[J]. 天然气工业, 2012, 32(9): 10-15.

[33] 程远方, 董丙响, 时贤, 等. 页岩气藏三孔双渗模型的渗流机理[J]. 天然气工业, 2012, 32(9): 44-47.

[34] Knudsen M. The law of the molecular flow and viscosity of gases moving through tubes[J]. Annals of Physics, 1909, 28(1): 75-130.

[35] Igwe G J I. Gas transport mechanism and slippage phenomenon in porous media[C]. SPE 16479, 1987.

[36] Sandler S I. Temperature dependence of the Knudsen permeability[J]. Industrial & Engineering Chemistry Fundamentals, 1972, 11(3): 424-427.

[37] Roy S, Raju R. Modeling gas flow through microchannels and nanopores[J]. J. Appl. Phys, 2003, 93 (8): 4870-4879.

[38] Alharthy N, Al Kobaisi M, Torcuk M A, et al. Physics and modeling of gas flow in shale reservoirs[C]. SPE 161893, presented at the Abu Dhabi International Petroleum Exhibition & Conference, Abu Dhabi, UAE, 2012.

[39] Brown G P, DiNardo A, Cheng G K, et al. The flow of gases in pipes at low pressures[J]. Journal of Applied Physics, 1946, 17(10): 802-813.

[40] Ziarani A S, Aguilera R. Knudsen's permeability correction for tight porous media[J]. Transport in Porous Media, 2012, 91(1): 239-260.

[41] Klinkenberg L J. The permeability of porous media to liquids and gases[C]. Drilling and Production Practice, American Petroleum Institute, 1941.

[42] Heid J G, McMahon J J, Nielsen R F, et al. Study of the permeability of rocks to homogeneous fluids[C]. Drilling and production practice, American Petroleum Institute, 1950.

[43] Jones F O, Owens W W. A laboratory study of low-permeability gas sands[J]. Journal of Petroleum Technology, 1980, 32(09): 1631-1640.

[44] Sampath K, Keighin C W. Factors affecting gas slippage in tight sandstones of cretaceous age in the Uinta basin[J]. Journal of Petroleum Technology, 1982, 34(11): 2715-2720.

[45] Florence F A, Rushing J, Newsham K E, et al. Improved permeability prediction relations for low permeability sands[C]. Rocky Mountain Oil & Gas Technology Symposium, Society of Petroleum Engineers, 2007.

[46] Civan F. Effective correlation of apparent gas permeability in tight porous media[J]. Transport in Porous Media, 2010, 82(2): 375-384.

[47] Zhu G Y, Liu L, Yang Z M, et al. Experiment and Mathematical Model of Gas Flow in Low Permeability Porous Media[M]. New Trends in Fluid Mechanics Research, Springer Berlin Heidelberg, 2007: 534-537.

[48] Tang G H, Tao W Q, He Y L. Gas slippage effect on microscale porous flow using the lattice Boltzmann method[J]. Physical Review E, 2005, 72(5): 056301.

[49] Beskok A, Karniadakis G E, Trimmer, W. Rarefaction and compressibility effects in gas microflows[J]. Journal of Fluids Engineering, 1996, 118(3): 448-456.

[50] 蒋廷学, 单文文, 杨艳丽. 垂直裂缝井稳态产能的计算[J]. 石油勘探与开发, 2001, 28(2): 61-63.

[51] 汪永利, 蒋廷学, 曾斌. 气井压裂后稳态产能的计算[J]. 石油学报, 2003, 24(4): 65-68.

[52] 谢维扬, 李晓平. 水力压裂缝导流的页岩气藏水平井稳产能力研究[J]. 天然气地球科学, 2012, 23(2): 387-392.

[53]王坤, 张烈辉, 陈飞飞. 页岩气藏中两条互相垂直裂缝井产能分析[J]. 特种油气藏, 2012, 19(4): 130-134.

[54] 袁淋, 李晓平, 程子洋, 等. 页岩气藏压裂水平井产能及影响因素分析[J]. 天然气与石油, 2014, 32(2): 57-61.

[55] Michel G G, Sigal R F, Civan F, Devegowda D. Parametric investigation of shale gas production considering nanoscale pore size distribution, formation factor, and non-darcy flow mechanisms[C]. SPE 147438, presented in Proceedings of the SPE Annual Technical Conference and Exhibition, Denver, Colo, USA, 2011.

[56] Deng J, Zhu W, Ma Q. A new seepage model for shale gas reservoir and productivity analysis of fractured well[J]. Fuel, 2014, 124: 232–240.

[57] Ozkan E, Raghavan R S, Apaydin O G. Modeling of fluid transfer from shale matrix to fracture network[C]. SPE 134830, presented at SPE Annual Technical Conference and Exhibition, Florence, Italy, 2010.

[58] Kucuk F，Sawyer W K. Transient Flow in Naturally Fractured Reservoirs and its Application to Devonian Gas Shales[C]. SPE 21272, presented at SPE Annual Technical Conference and Exhibition, Dallas, Texas, 1980.

[59] 王坤. 页岩气藏非稳态产能研究[D]. 成都: 西南石油大学硕士学位论文, 2013.

[60] 郭晶晶. 基于多重运移机制的页岩气渗流机理及试井分析理论研究[D]. 成都: 西南石油大学博士学位论文, 2013.

[61] 赵玉龙. 基于复杂渗流机理的页岩气藏压裂井多尺度不稳定渗流理论研究[D]. 成都: 西南石油大学博士学位论文, 2015.

[62] Gatens J M, Olarewaju J S, Lee W J. An integrated reservoir description method for naturally fractured reservoirs[C]. SPE 15235, presented at SPE Unconventional Gas Technology Symposium, Louisville, Kentucky, 1986.

[63] Bumb A C, McKee C R. Gas-well testing in the pressure of desorption for coalbed methane and devonian shale[J]. SPE

Formation Evaluation 1988, 3(01): 179-185.

[64] Zhao Y L, Zhang L H, Liu Y, et al. Transient pressure analysis of fractured well in bi-zonal gas reservoirs[J]. Journal of Hydrology, 2015, 524: 89-99.

[65] 任飞, 王新海, 谢玉银, 等. 考虑滑脱效应的页岩气井底压力特征[J]. 石油天然气学报, 2013(3): 124-126.

[66] 尹虎. 页岩气藏试井解释方法研究[D]. 长江大学硕士学位论文, 2013.

[67] Dehghanpour H, Shirdel M. A triple porosity model for shale gas reservoirs[C]. SPE 149501, presented at the Canadian Unconventional Resources Conference, Calgary, Alberta, Canada, 2011.

[68] Al-Ahmadi H A, Wattenbarger R A. Triple-porosity models: one further step towards capturing fractured reservoirs heterogeneity[C]. SPE 149054, presented at Saudi Arabia Section Technical Symposium and Exhibition, Al-Khobar, Saudi Arabia, 2011.

[69] Tivayanonda V, Wattenbarger R A. Alternative interpretations of shale gas/oil rate behavior using a triple porosity model[C]. SPE 159703, presented at the SPE Annual Technical Confe4rence and Exhibition, San Antonio, Texas, USA, 2012.

[70] Zhao Y, Zhang L, Zhao J, et al. "Triple porosity" modeling of transient well test and rate decline analysis for multi-fractured horizontal well in shale gas reservoirs[J]. J. Petroleum Sci. Eng. 2013, 110: 253-261.

[71] Bustin A M M, Bustin R M, Cui X. Importance of fabric on the production of gas shales[C]. SPE 114167, presented at SPE Unconventional Reservoirs Conference, Keystone, Colorado, USA, 2008.

[72] Freeman C M, Moridis G, Ilk D, et al. A numerical study of performance for tight gas and shale gas reservoir systems[J]. Journal of Petroleum Science and Engineering, 2013, 108: 22-39.

[73] Freeman C M, Moridis G, Ilk D, et al. A numerical study of performance for tight gas and shale gas reservoir systems[C]. SPE 124961, presented at the SPE Annual Technical Conference and Exhibition, New Orleans, Louisiana, 2009.

[74] Moridis G J, Blasingame T A, Freeman C M. Analysis of mechanisms of flow in fractured tight-gas and shale-gas reservoirs[C]. SPE 139250, presented at SPE Latin American and Caribbean Petroleum Engineering Conference, Texas, USA, 2010.

[75] Clarkson C R. , Nobakht M, Kaviani D, et al. Production analysis of tight-gas and shale-gas reservoirs using the dynamic-slippage concept[J]. Spe Journal, 2012, 17(1): 230-242.

[76] Sun H, Chawathe A, Hoteit H, et al. Understanding shale gas flow behavior using numerical simulation[J]. SPE Journal, 2015.

[77] Cipolla C L, Lolon E, Mayerhofer M J. Reservoir modeling and production evaluation in shale-gas reservoirs[C]. International Petroleum Technology Conference, International Petroleum Technology Conference, 2009.

[78] Luo S, Neal L, Arulampalam P, et al. Flow regime analysis of multi-stage hydraulically-fractured horizontal wells with reciprocal rate derivative function: Bakken case study[C]. SPE 137514, presented at Canadian Unconventional Resources and International Petroleum Conference, Calgary, Alberta, Canada, 2010.

[79] Rubin B. Accurate simulation of non Darcy flow in stimulated fractured shale reservoirs[C]. SPE 132093, Presented at SPE Western Regional Meeting, Anaheim, California, USA, 2010.

[80] 姚军, 孙海, 樊冬艳, 等. 页岩气藏运移机制及数值模拟[J]. 中国石油大学学报(自然科学版), 2013, 37(1): 91-98.

[81] 张平平. 页岩气藏压裂数值模拟研究[D]. 大庆: 东北石油大学硕士学位论文, 2013.

[82] 李道伦, 徐春元, 卢德唐, 等. 多段压裂水平井的网格划分方法及其页岩气流动特征研究[J]. 油气井测试, 2013(1): 13-16.

[83] 张小涛, 吴建发, 冯曦, 等. 页岩气藏水平井分段压裂渗流特征数值模拟[J]. 天然气工业, 2013, 33(3): 47-52.

[84] 陆程, 刘雄, 程敏华, 等. 页岩气藏开发中水力压裂水平井敏感参数分析[J]. 特种油气藏, 2013, 20(5): 114-117.

[85] 孙海, 姚军, 孙致学, 等. 页岩气数值模拟技术进展及展望[J]. 油气地质与采收率, 2012, 19(1): 46-49.

[86] Watson A T, Gatens J M, Lee W J, et al. An analytical model for history matching naturally fractured reservoir production data[R]. SPE 18856, 1990.

[87] Ozkan E, Raghavan R. Modeling of fluid transfer from shale matrix to fracture network[R]. SPE 134830, 2009.

[88] Wu Y S, George M, Bai B. A multi-continuum method for gas production in tight fracture reservoirs[R]. SPE 118944, 2009.

[89] Moridis G J, Blasingame T A, Freeman C M. Analysis of mechanisms of flow in fractured tight gas and shale gas reservoirs[R]. SPE 139250, 2010.

[90] Freeman C M, G Moridis, Ilk D, et al. A numerical study of transport and storage effects for tight gas and shale gas reservoirs[R]. SPE 131583, 2010.

[91] Zhang X, Du C, Deimbacher F, et al. Sensitivity studies of horizontal wells with hydraulic fractures in shale gas reservoirs[C]//International Petroleum Technology Conference. International Petroleum Technology Conference, 2009.

[92] Cipolla C L, Lolon E P, Mayerhofer M J, et al. Fracture design consideration in horizontal wells drilled in unconventional gas reservoirs[R]. SPE 119366, 2009.

[93] Huang T, Guo X, Chen F. Modeling transient pressure behavior of a fractured well for shale gas reservoirs based on the properties of nanopores[J]. Journal of Natural Gas Science and Engineering, 2015, 23: 387-398.

第2章　页岩气藏储层特征及储集特征

页岩(狭义)，是指由有机质、黏土矿物以及石英、长石等碎屑矿物构成的页理发育且易剥裂的、粒径在3.9μm以下的一种薄片状泥质岩[1]，目前页岩(广义)越来越倾向于代表所有的细粒硅质碎屑岩，泛指颗粒粒径小于63μm且含量大于50%的所有细粒沉积岩，其中包括泥岩、页岩(狭义)、黏土岩、粉砂岩、泥灰岩等众多低能量环境中沉积的岩类[2]。

页岩气藏不同于常规储层非常重要的一点是“自生自储”特征。“自生”是指其为烃源岩，富含有机质，具有生烃的能力。有机质生烃的同时造成页岩孔隙结构的复杂性。复杂的物质组成和孔隙结构也使得页岩气储存形式多样，既含有游离气，又含有吸附气及少量溶解气。“自储”是指其能储集气体，生成的天然气不能通过长距离运移进入烃源岩以外的储层，反映在储层物性上就是孔隙度低、渗透率低[3]。

本章根据页岩气藏的基本特征，首先调研了页岩的矿物组成及地球化学特征，然后通过实验分析了页岩储层的物性特征；其次根据孔隙尺寸重新划分了页岩储层的孔隙系统；最后，通过国内外文献调研分析了页岩气在储层中的储存方式。

2.1　页岩气藏的储层特征

沉积盆地中只要有富有机质页岩存在，并演化至生气阶段，就可能有页岩气形成[4]。真正具有商业开采价值的页岩气，必须具有优质的烃源岩。目前进行页岩气经济开发的页岩或核心区通常是指TOC值大于2%、处在生气窗内、脆性矿物含量大于40%的有效页岩。有效页岩厚度大于30～50m(有效页岩连续发育时大于30m，断续发育或TOC值小于2%时，累积厚度大于50m)时足以满足商业开发要求[5]。基于北美页岩气勘探开发实践、统计分析及关键实验等结果，认为有利页岩气及核心区具备如下主要地质与开发特点[5-7](表2-1)。

表2-1　页岩气藏主要特征简表[1]

地质特征	源储一体，成藏早、持续聚集；无明显圈闭界限，封闭层或盖层仍必不可少	核心区条件 ①总有机碳含量＞2%； ②石英等脆性矿物＞40%、黏土＜30%； ③暗色富有机质页岩成熟度＞1.1%； ④充气孔隙度＞2%，渗透率＞0.0001mD； ⑤有效富有机页岩连续厚度为30～50m。
	储层致密，以纳米级孔隙为主；天然气以吸附、游离等多种方式赋存	
	不受构造控制，大面积连续分布，与有效生气源岩面积相当	
	资源规模大，有“甜点”核心区	
开发特点	一般单井产量低，生产周期长	有效开发取决于储层的改变，一般需要水平井及多级压裂等先进开发技术。
	非达西流为主，一般不产水或产水很少	
	采收率低	

2.1.1 矿物组成特征

美国在 17 个页岩含气盆地中选择了 71 口井、23 套页岩地层、储层深度为 4790.5m 的页岩岩心，做了页岩 X 射线衍射实验。分析结果的统计表明美国目前发现的含气页岩的主要矿物组成为石英、碳酸盐岩、黏土矿物及干酪根等(图 2-1)。其中石英含量占 28%～52%，碳酸盐岩占 4%～16%，黏土矿物占 8%～25%，干酪根含量为 2%～12%[8]。

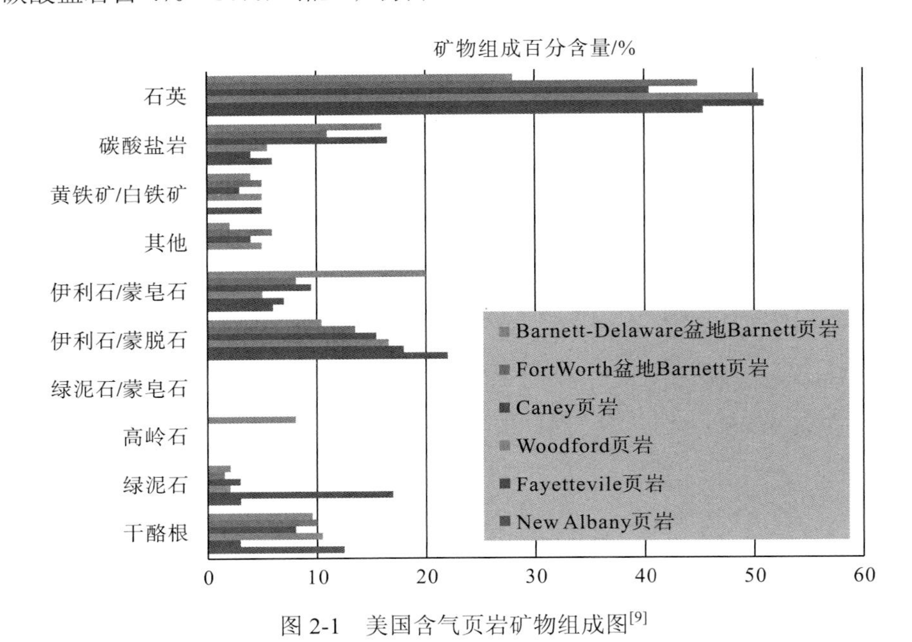

图 2-1 美国含气页岩矿物组成图[9]

其中，脆性矿物含量是影响页岩纳微米孔隙和微裂缝发育程度、含气性及压裂改造方式等的重要因素[10]。页岩中黏土矿物含量越低，石英、长石、方解石等脆性矿物含量越高，岩石脆性越强，在外力作用下越易形成天然裂缝和诱导裂缝，形成树状或网状结构缝从而为页岩气开发提供条件。而高黏土矿物含量的页岩塑性强，以形成平面裂缝为主，不利于页岩体积改造[5]。因此，岩石矿物组成对页岩后期开发至关重要。

2.1.2 地球化学特征

页岩气储层中含有丰富的有机质，其中有机质类型、有机质丰度和有机质的成熟度对页岩气的资源量、页岩的吸附量以及孔隙结构都具有重要影响。

1. 有机碳含量

总有机碳含量(TOC)是衡量页岩有机质丰度的重要指标，有经济开发价值的页岩油气区的最低 TOC 含量一般在 2%以上。大量文献[11-20]都对页岩甲烷吸附量与 TOC 含量之间的相关性进行了研究，实验结果表明页岩的甲烷最大理论吸附量总体上随 TOC 含量增加而增加，两者存在着很好的正相关性。而且，即使是高过成熟的寒武系页岩，有机质丰度仍是影响其吸附性能的重要因素。这是由于有机质干酪根在热演化的过程中不断生烃，从而产生大量纳米级孔隙[21]，而直径小于 2nm 的微孔具有很大的内表面积和吸附能力，使页岩孔隙结构变得复杂的同时，也为甲烷分子提供了大量的吸附位点。同时，Passey 等[22]通过研究发现，页岩有机碳含量与孔隙度存在一定关系。杨峰等[17]也发现页岩的 TOC 含量与微孔、中孔体积具有较好的正相关性。

中国上扬子地区寒武系筇竹寺组、志留系龙马溪组黑色页岩是目前海相页岩较为有利的勘探开发区块，其中寒武系筇竹寺组页岩的平均 TOC 含量为 3.50%～4.71%；志留系龙马溪组页岩平均 TOC 含量为 2.46%～2.59%。而美国含气页岩中的 TOC 含量比较高，从表 2-2 可以看出，Antrim 和 New Albany 页岩中的部分 TOC 含量超过了 20%，Barnett 页岩中的 TOC 含量为 2%～7%。

表 2-2　美国含气页岩层有机质特征[23]

项目	页岩层系				
	Barnett	New Albany	Antrim	Lewis	Ohio
TOC/%	2.0～7.0	1.0～25.0	0.3～24.0	0.5～2.5	0～4.7
R_o/%	1.0～2.1	0.4～0.8	0.4～0.6	1.6～1.9	0.4～1.3
吸附气含量/%	20	40～60	70	13～40	50

2. 热演化程度

热演化程度即热成熟度控制有机质的生烃能力。当热演化程度较高时，无论是 I 型、II 型还是 III 型干酪根，均可生成大量天然气。衡量有机质热成熟度的一个重要指标是镜质体反射率 R_o。R_o<0.5%为未成熟阶段，可生成生物成因气；0.5%<R_o<1.3%为成熟阶段，处于生油窗；1.3%<R_o<2%为高成熟阶段，主要生成湿气；R_o>2%为过成熟阶段，生成干气(表 2-3)。从表 2-2 可以看出，美国典型含气页岩的有机质热演化程度变化范围较大，从未成熟到过成熟阶段均有发现。

表 2-3　中国南方海相页岩成熟度划分标准[16]

项目	成熟阶段				
	未成熟	成熟	高成熟	过成熟早期	过成熟晚期	变质期
R_o/%	<0.5	0.5～1.3	1.3～2.0	2.0～3.0	3.0～4.0	>4.0
成烃阶段	生物气	生油期	湿气	干气		生烃终止

2.1.3　页岩储层物性特征

页岩储层与常规储层相比，是一种孔隙度和渗透率都极低的超致密储层。郭晶晶[24]通过核磁共振法测得四川盆地龙马溪组页岩孔隙度分布范围为 1.017%～3.046%，杨峰[25]通过脉冲衰减法测得四川盆地海相页岩样品的孔隙度为 1%～10%。

本节通过压力脉冲衰减法测得四川盆地龙马溪组和筇竹寺组页岩样品的渗透率，实验装置如图 2-2 所示，实验结果如表 2-4 所示。

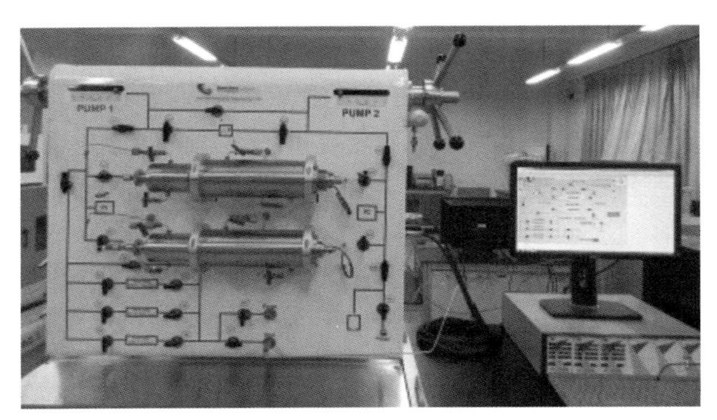

图 2-2　页岩渗透率测试仪

表 2-4　页岩渗透率测量结果(压力脉冲衰减法)

序号	层位	岩心编号	岩心直径/cm	岩心长度/cm	渗透率/mD	备注
1	筇竹寺	LS2-2-1	2.536	4.142	0.0519	有裂缝
2	筇竹寺	LS2-9-2	2.514	4.079	0.0421	有裂缝
3	筇竹寺	LS1-14-2	2.507	4.081	0.1118	有裂缝
4	筇竹寺	LS2-8-1	2.510	3.886	0.2328	有裂缝
5	龙马溪	QJ2-12	2.526	3.186	0.8633	有裂缝
6	筇竹寺	LS1-7-4	2.524	4.221	0.0051	无裂缝
7	筇竹寺	LS1-3-2	2.520	3.955	5.078×10^{-6}	无裂缝
8	筇竹寺	LS1-2-5	2.526	4.054	2.179×10^{-5}	无裂缝
9	筇竹寺	LS1-15-4	2.522	4.068	7.833×10^{-5}	无裂缝
10	筇竹寺	LS1-3-5	2.512	4.167	0.0039	无裂缝
11	筇竹寺	LS1-8-2	2.511	3.941	0.0031	无裂缝
12	筇竹寺	LS1-12-3	2.528	3.982	0.0045	无裂缝
13	龙马溪	QJ1-6	2.527	4.071	0.0107	无裂缝
14	龙马溪	QJ1-4	2.508	4.396	0.0004	无裂缝
15	龙马溪	QJ2-7	2.502	4.256	0.0178	无裂缝

表 2-4 为 15 块页岩岩样渗透率测量结果，测量结果表明四川盆地筇竹寺组和龙马溪组表面有裂缝的页岩岩样渗透率分布范围为 0.0421～0.8633mD，平均渗透率为 0.260mD；表面无裂缝的页岩岩样渗透率分布范围为 5.078×10^{-6}～1.78×10^{-2}mD，平均渗透率为 4.56×10^{-3}mD。从实验结果来看，表面有明显裂缝的页岩岩样渗透率约为表面无裂缝的页岩岩样渗透率的 57.1 倍。

2.2　页岩气藏储层孔隙结构特征

通过 Yang 等[26,27]的研究，根据孔隙发育位置和发育成因，将页岩储层的孔隙系统划分为五种类型：有机质纳米孔、黏土矿物粒间孔、岩石骨架矿物孔隙、古生物化石孔隙和微裂缝。在本节中，根据孔隙尺寸及连通性将页岩储层的孔隙系统重新划分为纳米级孔隙、微米级孔隙和微裂缝。

2.2.1　纳米级孔隙

页岩中发育丰富的纳米级孔隙，北美 Haynesville 盆地[28]页岩主体孔径为 2～20nm，Mississippian 盆地[21]为 5～750nm，邹才能等[29]测得四川盆地页岩孔径在 100nm 左右。根据 Yang 等[26,27]的实验研究结果，纳米级孔隙包括有机质纳米孔、黏土矿物粒间孔和岩石骨架矿物孔隙，这三种孔隙的尺寸一般的分布范围为几纳米～几百纳米。有机质纳米孔隙大小为 8～950nm，黏土矿物孔隙直径大多为 50～800nm，由岩石骨架矿物形成的孔隙大多也属于纳米级孔隙。

1. 有机质孔隙

页岩中的有机质颗粒内部存在丰富的纳米级孔隙，称为有机质孔隙或有机质纳米孔（如图 2-3 所示）。有机质纳米孔是页岩中最广泛的孔隙类型之一，但并不是所有的有机质都发育纳米孔隙，这与有机质成熟度有关[30]，低成熟度的有机质颗粒中孔隙较少。

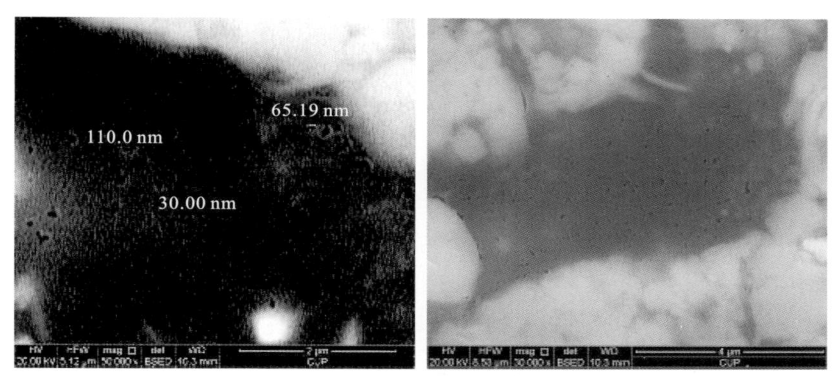

图 2-3　有机质纳米孔[16]

2. 黏土矿物粒间孔隙

页岩中黏土矿物含量较常规油藏储层高，含量可高达 40%以上[16]，且黏土矿物发育大量的粒间孔隙，如图 2-4 所示。

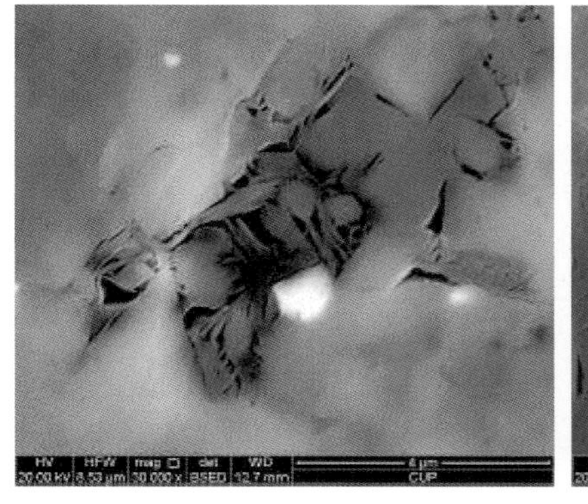
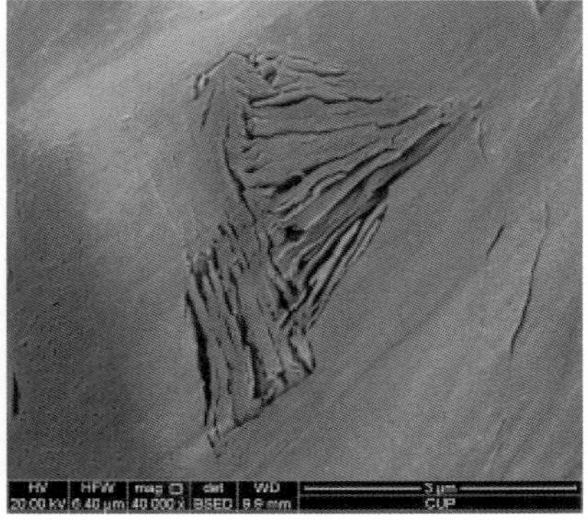

图 2-4　黏土矿物孔隙[16]

3. 页岩骨架矿物孔隙

除了有机质纳米孔和黏土矿物粒间孔隙之外，页岩骨架矿物中还有石英溶蚀、菱锰矿溶蚀、方解石溶蚀、长石溶蚀等形成的纳米级孔隙，此外还有矿物解理缝、晶间隙、晶内孔等。页岩骨架矿物孔隙如图 2-5 所示。

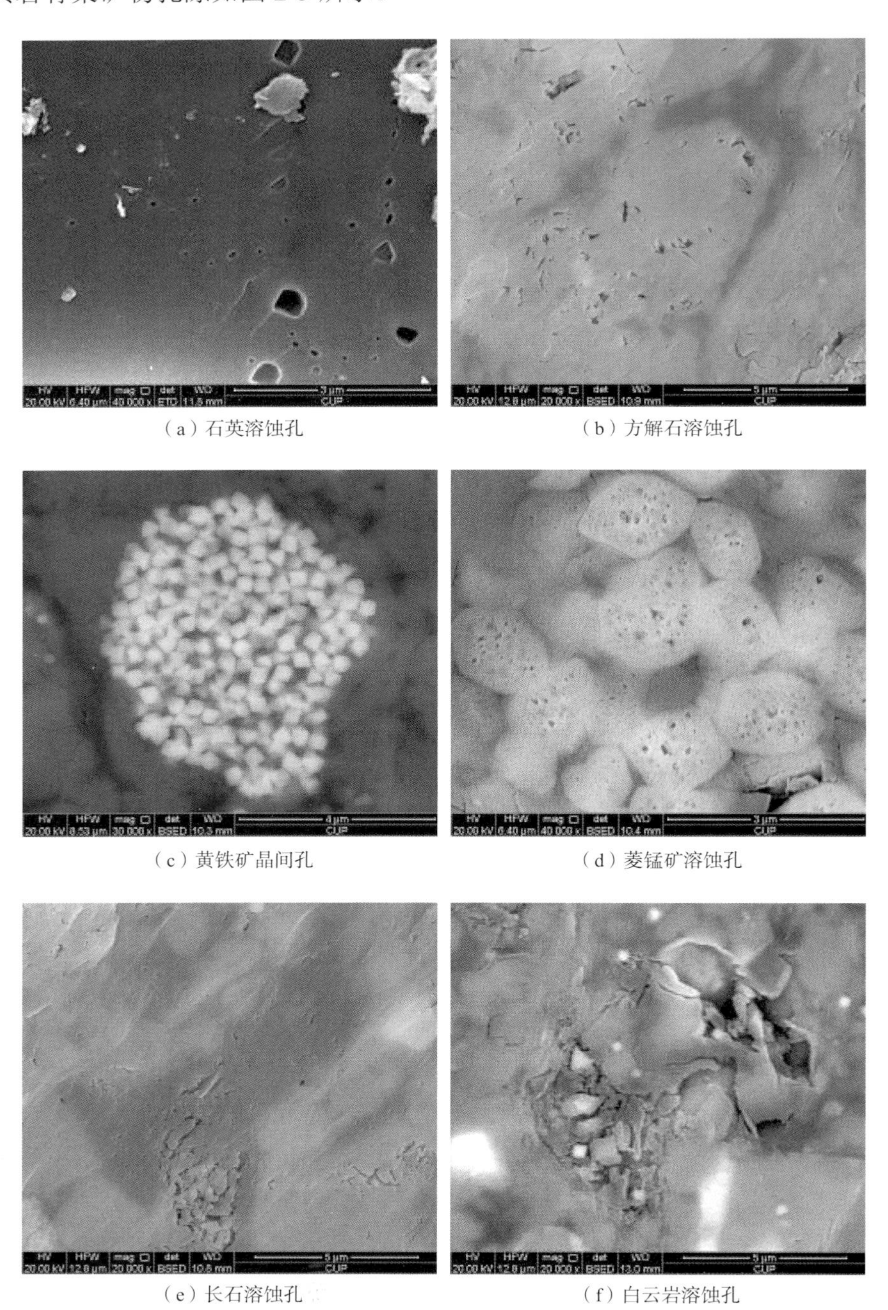

（a）石英溶蚀孔　（b）方解石溶蚀孔

（c）黄铁矿晶间孔　（d）菱锰矿溶蚀孔

（e）长石溶蚀孔　（f）白云岩溶蚀孔

图 2-5　页岩骨架矿物孔隙[16]

有机质纳米孔和黏土矿物孔隙由于发育大量纳米级孔隙，给甲烷的吸附提供了巨大的比表面积，且微孔（孔径＜2nm）的吸附能力较强，因此两种孔隙类型都能起到储集作用。由于有机质具有强亲油性，这使得有机质纳米孔能阻挡水分子进入孔道，气体能在有机质纳米孔中形成连续流动，因此被称为页岩储层中“隐蔽的气体高速公路”。虽然黏土矿物粒间孔发育集中，但水化膨胀后易发生运移，堵塞孔道，使储层渗透性降低，因此单一的黏土矿物粒间孔隙很难具备较好的油气运移能力。岩石骨架矿物孔隙通常分布较零散，孔隙之间不连通或者连通性极差，因此一般也作为油气的储集空间。但如果石英、长石等脆性矿物含量高，形成天然裂缝和诱导裂缝，可提高这类孔隙的渗流能力。

2.2.2　微米级孔隙

在部分页岩岩样中还存在丰富的古生物化石如腹足类、藻类化石等，这些微化石长度在 12～800μm。该类孔隙尺度大、连通性好，但比较少见。页岩古生物化石孔隙如图 2-6 所示。

（a）钙质微化石骨架中的孔隙

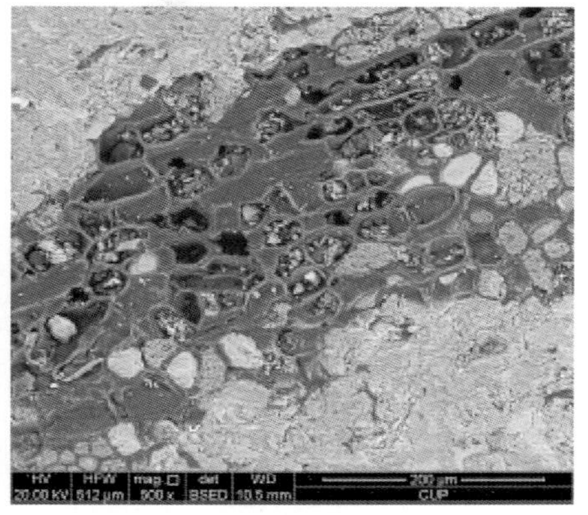

（b）植物化石骨架填充方解石和有机质

（c）藻孢子化石

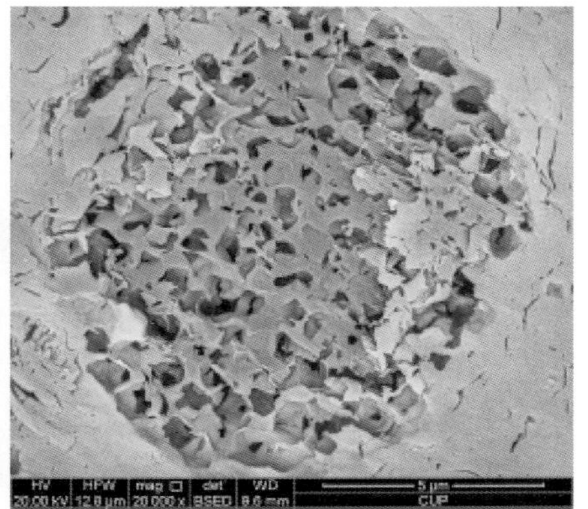

（d）硅质鱼鳞藻

图 2-6　页岩古生物化石孔隙[16]

2.2.3　微裂缝

微裂缝对页岩气的渗流具有重要作用，它是连接微观孔隙与宏观裂缝的桥梁。杨峰等[16]发现页岩中的有机质颗粒、黏土矿物和骨架矿物都能发育微裂缝(图 2-7)，是页岩中微观尺度上油气渗流的主要通道。

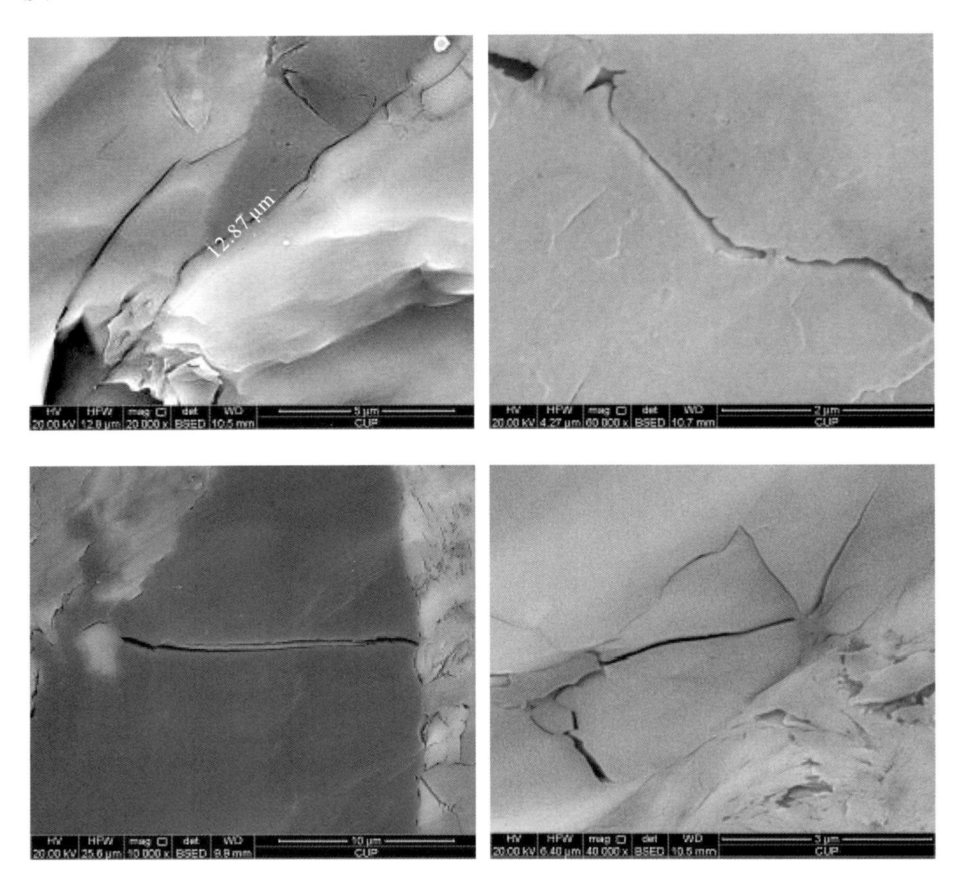

图 2-7　页岩中的微裂缝[16]

2.3　页岩气藏气体储存机理

页岩气是生成并存储在页岩或泥岩中的一种非常规天然气，按照气体的储存方式可分为游离气、吸附气和溶解气 3 种。搞清储层中这 3 种气体的比例关系是准确评价页岩气资源和有效部署勘探开发战略的关键，也是难点[20]。同时，Curtis[31]通过研究发现页岩气绝大部分以游离方式储存于粒间孔隙和天然裂缝中，以吸附状态吸附于有机质和黏土矿物颗粒表面(20%～85%)，还有少部分呈溶解状态存在于干酪根、沥青和结构水中。三种赋存状态处于一个动态平衡过程中[32]，地层压力发生变化，三种赋存状态下的页岩气所占比例随之逐步发生变化，如图 2-8 所示。

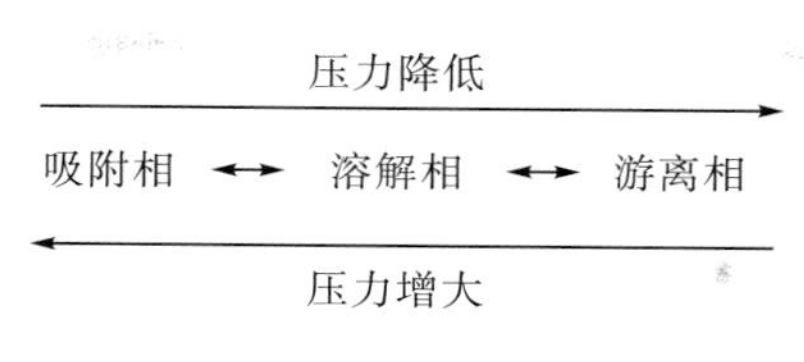

图 2-8　页岩气储存形式转化示意图[9]

2.3.1　游离态页岩气

在页岩气藏中，绝大部分气体以游离方式存储在页岩微纳米孔隙、天然裂缝和人工压裂裂缝中，被称为游离态页岩气。与常规天然气一样，游离态页岩气属于易被压缩的流体，可用真实气体状态方程来描述：

$$pV = znRT \tag{2-1}$$

式(2-1)也可以写为气体密度的表达形式：

$$\rho = \frac{pM}{zRT} \tag{2-2}$$

式中，ρ——气体密度，kg/m^3；

p——气体压力，Pa；

V——气体体积，m^3；

z——气体偏差因子，无量纲；

n——气体的物质的量，mol；

R——气体常数，8.314 $Pa \cdot m^3/(K \cdot mol)$；

T——温度，K。

M——气体摩尔质量，kg/mol。

2.3.2　吸附态页岩气

页岩中含有大量的有机质和黏土矿物，因此能吸附大量的页岩气。有机质对气体的吸附作用主要依赖于干酪根中发育的纳米级孔隙，这是由于干酪根在热演化过程中不断生烃而产生大量的纳米级孔隙；而黏土矿物由于层间结构而具有可观的比表面积，可以把甲烷分子吸附到其表面，虽吸附能力比有机质弱，但同样被认为是重要的吸附载体。页岩气中吸附气的含量一般为 20%～85%[32,33]，通常可达 50%以上[34]。而影响页岩吸附气量的主要因素有很多，通过调研发现总有机碳含量、有机质类型、有机质成熟度、矿物组成、孔隙度、渗透率、湿度、温度、压力等因素均能影响页岩吸附气量[11,35-40]。

2.3.3　溶解态页岩气

Hill 和 Nelson[41](2000)年提出，页岩气不仅存储在孔隙和天然裂缝中，吸附在孔隙表面，并且还溶解在固体有机质中(如图 2-9 所示)。Chalmers 和 Bustin[42](2007)通过实验发现，富含煤素质的煤在微孔体积较小的情况下测出的含气量较高，因此得出甲烷溶解在煤颗粒中是造成这种现象的原因。Javadpour 等[43](2007)提出部分气体以溶解态存储于液烃或吸附于干酪根中的其他物质表面，并且从罐解气实验的结果中观测到气体从干酪根中向孔隙表面扩散的过程。

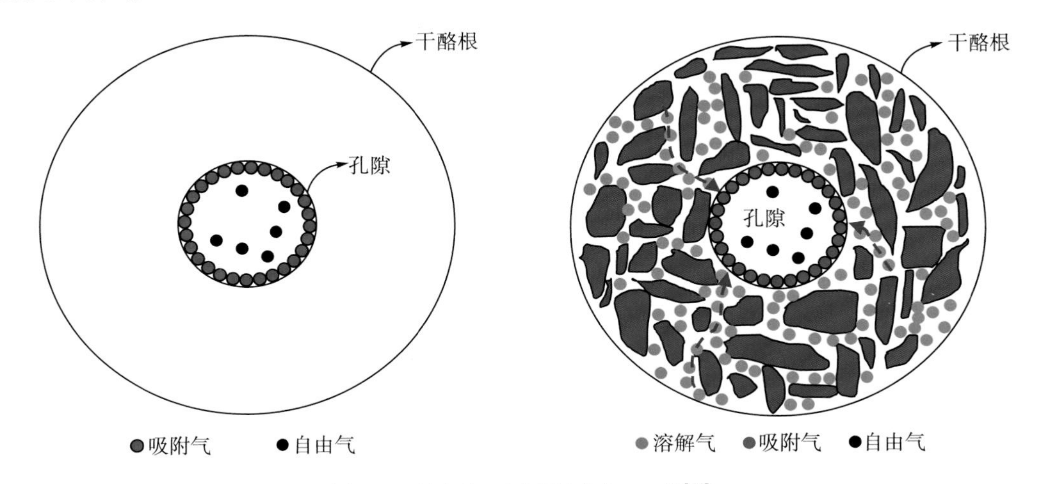

图 2-9　溶解气示意图(改自 Mi 等[44])

Ross 和 Bustin[12] (2009) 通过类似的实验得到富含有机质的 Jurassic 页岩也存在溶解气，并且压力和吸附气含量之间的线性关系表明气体在有机质干酪根中的溶解过程符合 Henry 定律：

$$C = k_{\mathrm{H}} p \tag{2-3}$$

式中，C——气体浓度，$\mathrm{kg/m^3}$；

k_{H}——Henry 常数，$\mathrm{kg/Pa/m^3}$。

如图 2-9 所示，大部分学者在研究页岩气的储存机理时只考虑了孔隙中的游离气和孔隙表面的吸附气，而忽略了以溶解态存储于液烃或吸附于干酪根中的其他物质表面的气体。Swami 和 Settari[45] (2012) 则根据前人的研究以及实验结果，提出了气体从干酪根向纳米孔隙扩散的数学模型。Shabro 等[46] (2012) 也建立了考虑干酪根中的气体扩散、Langmuir 解吸和纳米孔隙中的达西流的数值模型。以上学者仅从微观尺度研究了单根纳米孔隙中的溶解气扩散过程，因此还需要做更多的工作将该物理现象应用到三维页岩气藏压裂井生产模型中去。

2.4　本 章 小 结

本章在对国内外文献进行充分调研的基础上，对页岩气藏的储层特征、储集特征进行了部分实验研究以及理论研究，得到以下结论：

(1) 通过脉冲衰减法测得四川盆地龙马溪组和筇竹寺组页岩岩样的渗透率分布为 5.078nD～0.863mD；通过文献调研，四川盆地海相页岩样品的孔隙度为 1%～10%。

(2) 根据孔隙尺寸及连通性将页岩储层的孔隙系统重新划分为：纳米级孔隙、微米级孔隙和微裂缝。其中，纳米级孔隙包括：有机质纳米孔、黏土矿物粒间孔和页岩骨架矿物

(黄铁矿、菱锰矿、石英、方解石、长石以及白云岩等)孔隙；微米级孔隙则为页岩岩样中存在的古生物(腹足类、藻类)化石孔隙。

(3)根据国内外文献调研，页岩气除了以游离方式储存于粒间孔隙和天然裂缝中，吸附状态吸附在有机质和黏土矿物颗粒表面之外，还有少部分呈溶解状态存在于干酪根、沥青和结构水中，且气体在干酪根中的溶解符合 Henry 定律。

参考文献

[1] 邹才能. 非常规油气地质[M]. 北京：地质出版社, 2011.

[2] 王世谦. 中国页岩气勘探评价若干问题评述[J]. 天然气工业, 2013, 33(12): 13-29.

[3] 杨峰, 宁正福, 胡昌蓬, 等. 页岩储层微观孔隙结构特征[J]. 石油学报, 2013, 34(2): 301-311.

[4] 董大忠，程克明，王玉满，等. 中国上扬子区下古生界页岩气形成条件及特征[J]. 石油与天然气地质，2010, 31(3): 288-299.

[5] 邹才能, 董大忠, 王社教, 等. 中国页岩气形成机理、地质特征及资源潜力[J]. 石油勘探与开发, 2010, 37(6): 641-653.

[6] US Department of Energy, Office of Fossil Energy, National Energy Technology Laboratory, 2009. Modern shale gas development in the United States: A Primer.

[7] 董大忠, 程克明, 王世谦, 等. 页岩气资源评价方法及其在四川盆地的应用[J]. 天然气工业, 2009(5): 33-39.

[8] 《页岩气地质与勘探开发实践丛书》编委会. 中国页岩气地质研究进展[M]. 北京：石油工业出版社, 2011.

[9] 王伟峰. 页岩气藏渗流及数值模拟研究[D]. 成都：西南石油大学硕士学位论文, 2013.

[10] 黄金亮, 邹才能, 李建忠, 等. 川南下寒武统筇竹寺组页岩气形成条件及资源潜力[J]. 石油勘探与开发, 2012, 39(1): 69-75.

[11] 宋叙, 王思波, 曹涛涛, 等. 扬子地台寒武系泥页岩甲烷吸附特征[J]. 地质学报, 2013, 87(7): 1041-1048.

[12] Ross D J K, Bustin R M. The importance of shale composition and pore structure upon gas storage potential of shale gas reservoirs[J]. Marine and Petroleum Geology, 2009, 26: 916-927.

[13] Yang F, Ning Z, Zhang R, et al. Investigations on the methane sorption capacity of marine shales from Sichuan Basin, China[J]. International Journal of Coal Geology, 2015, 146: 104-117.

[14] Manger K C, Oliver S J P, Curtis J B, et al. Geologic influences on the location and production of Antrim shale gas, Michigan Basin[C]. SPE 21854, presented at Low Permeability Reservoirs Symposium, Denver, Colorado, 1991.

[15] Ross D J K, Bustin R M. Shale gas potential of the lower jurassicgordondale member, northeastern British Columbia, Canada[J]. Bulletin of Canadian Petroleum Geology, 2007, 55(1): 51-75.

[16] 杨峰. 页岩储层孔隙结构特征及其吸附[D]. 北京：中国石油大学(北京)博士学位论文, 2014.

[17] 杨峰, 宁正福, 张世栋, 等. 基于氮气吸附实验的页岩孔隙结构表征[J]. 天然气工业, 2013, 33(4): 135-140.

[18] 杨峰, 宁正福, 张睿, 等. 甲烷在页岩上的吸附等温过程[J]. 煤炭学报, 2014, 39(7): 1327-1332.

[19] 武景淑, 于炳松, 李玉喜. 渝东南渝页 1 井页岩气吸附能力及其主控因素[J]. 西南石油大学学报：自然科学版，2012, 34(4): 40-48.

[20] 闫建萍, 张同伟, 李艳芳, 等. 页岩有机质特征对甲烷吸附的影响[J]. 煤炭学报, 2013, 38(5): 805-811.

[21] Loucks R G, Reed R M, Ruppel S C, et al. Morphology, genesis, and distribution of nanometer-scale pores in siliceous mudstones of the Mississippian Barnett Shale[J]. Journal of Sedimentary Research, 2009, 79(12): 848-861.

[22] Passey Q R, Bohacs K, Esch W L, et al. From oil-prone source rock to gas-producing shale reservoir-geologic and petrophysical characterization of unconventional shale gas reservoirs[C]. SPE 131350, Presented at International Oil and Gas Conference and Exhibition in China, Beijing, China, 2010.

[23] 谢川. 页岩气井产能评价及数值模拟研究[D]. 成都: 西南石油大学硕士学位论文, 2015.

[24] 郭晶晶. 基于多重运移机制的页岩气渗流机理及试井分析理论研究[D]. 成都: 西南石油大学博士学位论文, 2013.

[25] 杨峰, 宁正福, 孔德涛, 等. 高压压汞法和氮气吸附法分析页岩孔隙结构[J]. 天然气地球科学, 2013, 24(3): 450-455.

[26] Yang F, Ning Z, Wang Q, et al. Pore structure of Cambrian shales from the Sichuan Basin in China and implications to gas storage[J]. Marine and Petroleum Geology, 2016, 70: 14-26.

[27] Yang F, Ning Z, Wang Q, et al. Pore structure characteristics of lower Silurian shales in the southern Sichuan Basin, China: Insights to pore development and gas storage mechanism[J]. International Journal of Coal Geology, 2016.

[28] Elgmati M. Shale gas rock characterization and 3D submicron pore network reconstruction[J]. 2011.

[29] 邹才能, 朱如凯, 白斌, 等. 中国油气储层中纳米孔首次发现及其科学价值[J]. 岩石学报, 2011, 27(6): 1857-1864.

[30] Sondergeld C H, Ambrose R J, Rai C S, et al. Micro-Structural studies of gas shales[C]. SPE 131771, presented at the SPE Unconventional Gas Conference, Pittsburg, Pennsylvania, 2010.

[31] Curtis J B. Fractured shale-gas systems[J]. AAPG Bulletin, 2002, 86(11): 1921-1938.

[32] Huddleston J. Gas sorption and transport in coals: theory, laboratory procedure and analytical techniques (short course), Raven Ridge Resources. Colorado: incorporated Grand Junction. 1995.

[33] Montgomery S L, Jarvie D M. , Bowker K A, et al. Mississippian Barnett Shale, Fort Worth basin, north-central Texas: Gas-shale play with multi–trillion cubic foot potential[J]. AAPG Bulletin, 2005, 89(2): 155-175.

[34] Lu X C, Li F C, Watson A T. Adsorption measurements in Devonian shales[J]. Fuel, 1995, 74(4): 599-603.

[35] 张雪芬, 陆现彩, 张林晔, 等. 页岩气的赋存形式研究及其石油地质意义[J]. 地球科学进展, 2010, 25(6): 597-604.

[36]于炳松. 页岩气储层的特殊性及其评价思路和内容[J]. 地学前缘, 2012, 19(3): 252-258.

[37] Pollastro R M, Hill R J, Jarvie D M, et al. Assessing undiscovered resources of the Barnett-Paleozoic total petroleum system, Bend Arch-Fort Worth basin province, Texas[C]. AAPG Southwest Section Convention, Fort Worth, Texas, 2003.

[38] 李武广, 杨胜来, 陈峰, 等. 温度对页岩吸附解吸的敏感性研究[J]. 矿物岩石, 2012, 2(2): 115-120.

[39] 聂海宽, 张金川. 页岩气聚集条件及含气量计算——以四川盆地及其周缘下古生界为例[J]. 地质学报, 2012, 86(2): 349-361.

[40] 熊伟, 郭为, 刘洪林, 等. 页岩的储层特征以及等温吸附特征[J]. 天然气工业, 2012, 32(1): 113-116.

[41] Hill D G, Nelson C R. Gas productive fractured shales: an overview and update[J]. Gas Tips. 2000, 6(3): 4-13.

[42] Chalmers G R L, Bustin R M. On the effects of petrographic composition on coalbed methane sorption[J]. International Journal of Coal Geology, 2007, 69(4): 288-304.

[43] Javadpour F, Fisher D, Unsworth M. Nanoscale gas flow in shale gas sediments[J]. J. Can. Petroleum Technol, 2007, 46(10): 55-61.

[44] Mi L, Jiang H, Li J. The impact of diffusion type on multiscale discrete fracture model numerical simulation for shale gas[J]. J. Nat. Gas Sci. Eng, 2014, 20: 74-81.

[45] Swami V, Settari A. A pore scale gas flow model for shale gas reservoir[C]. SPE 155756, Presented at the Americas Unconventional Resources Conference, Pittsburgh, Pennsylvania, USA, 2012.

[46] Shabro V, Torres-Verdin C, Sepehrnoori K. Forecasting gas production in organic shale with the combined numerical simulation of gas diffusion in kerogen, langmuir desorption from kerogen surfaces, and advection in nanopores[C]. SPE 159250, presented at the Annual Technical Conference and Exhibition, San Antonio, Texas, USA, 2012.

第3章　页岩气多尺度运移及产出机理

页岩气在储层中的流动是一个从纳微米孔隙到天然裂缝，再到人工裂缝，最后流向井筒的多尺度流动过程(图 3-1)。随着尺度增加，页岩气在不同孔隙类型中的流动规律则不再相同。因此，只有全面了解气体分别在纳米级孔隙、微米级孔隙和微裂缝中的微观流动机理，以及人工压裂裂缝对气体流动的影响，才能为后面从宏观上深入研究页岩气藏中气体流动规律及建立相应的渗流理论模型提供坚实的理论基础。

本章首先通过计算不同尺寸孔隙在不同压力下所对应的 Knudsen 数，对储层中的流动形态进行了划分，研究了页岩气藏中的主要流动形态；然后通过页岩的等温吸附实验研究了气体的吸附解吸特性，并研究了气体在纳米级孔隙中的微观流动机理；但页岩中除了纳米级孔隙同时也包含一定数量的微米级孔隙及大量的微裂缝，而通过岩心实验实际在测量页岩渗透率的过程中并不能分别测出这三类孔隙的渗透率，而是测出包含三者的页岩等效渗透率。因此，本章又针对适用于所有 Knudsen 数范围内不同气体流动阶段(连续流、滑脱流、过渡流和自由分子流)的 Beskok-Karniadakis 模型进行了理论研究；最后从不同尺度提出了页岩气的运移及产出机理。

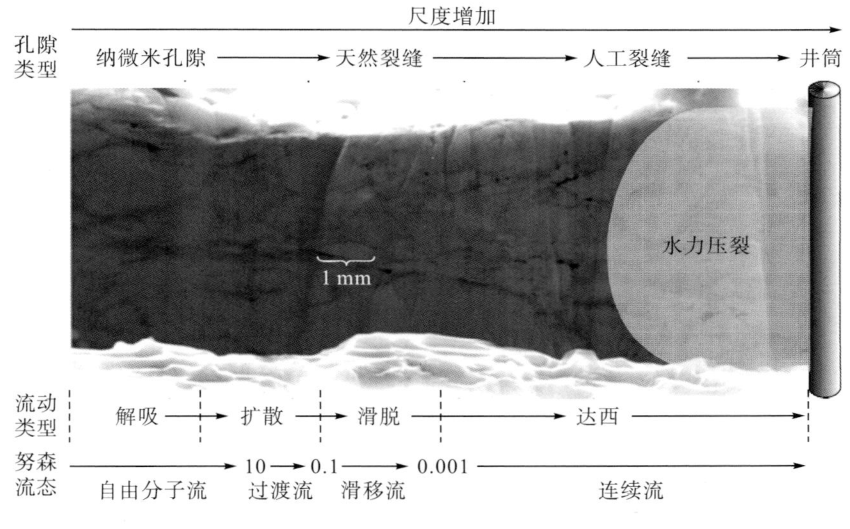

图 3-1　页岩气多尺度流动示意图(改自 Sondergeld 等[1])

3.1　页岩气藏中气体的流动形态

Knudsen 数 Kn 被定义为气体平均自由程 $\bar{\lambda}$ 和孔喉尺寸 r 的比值，并且是被广泛用来判断流体是否适合连续假设的无因次量。Knudsen 数被定义为

$$Kn = \frac{\overline{\lambda}}{r} \tag{3-1}$$

根据 Knudsen 数的数值可以把气体流动形态分为四类(表 3-1)：①连续流；②滑脱流；③过渡流；④自由分子流。在连续流阶段，满足无滑移边界条件的连续流动是成立的且气体流动是线性的。当 Knudsen 数变大，稀薄效应变得更加明显并且连续假设不再成立。因此，在除了连续流之外的流动阶段，达西定律不再适用。

表 3-1　气体流动阶段的分类[2]

项目	Knudsen 数的数值			
	$Kn \leqslant 0.001$	$0.001 < Kn \leqslant 0.1$	$0.1 < Kn \leqslant 10$	$Kn > 10$
流动形态	连续流	滑脱流	过渡流	自由分子流

图 3-2 给出了不同尺寸孔隙在不同压力下所对应的流动形态，根据该图可以对不同储层中的流动形态进行划分：

(1) 常规储层的孔隙尺寸分布范围为 1～200μm，因此气体在孔隙中的流动主要为连续流阶段，可以用达西公式进行描述；当压力下降到 10MPa 之后，气体流动变为滑脱流阶段，可以用 Klinkenberg 滑脱理论进行描述。

(2) 根据前文所述，页岩中存在大量的纳米级孔隙(孔径：5～900nm)、一定数量的微米级孔隙(孔径：12～800μm)以及更大尺度的微裂缝。从图 3-2 中可以看出：页岩中的微米级孔隙和微裂缝中的气体流动主要为连续流阶段，与常规储层相同，可以用达西公式描述；与常规储层不同的是气体在页岩纳米级孔隙中的流动，从图中可以看出，气体在页岩纳米级孔隙中的流动主要为滑脱流阶段，当压力下降到 10MPa 时，气体流动转变为过渡流阶段。

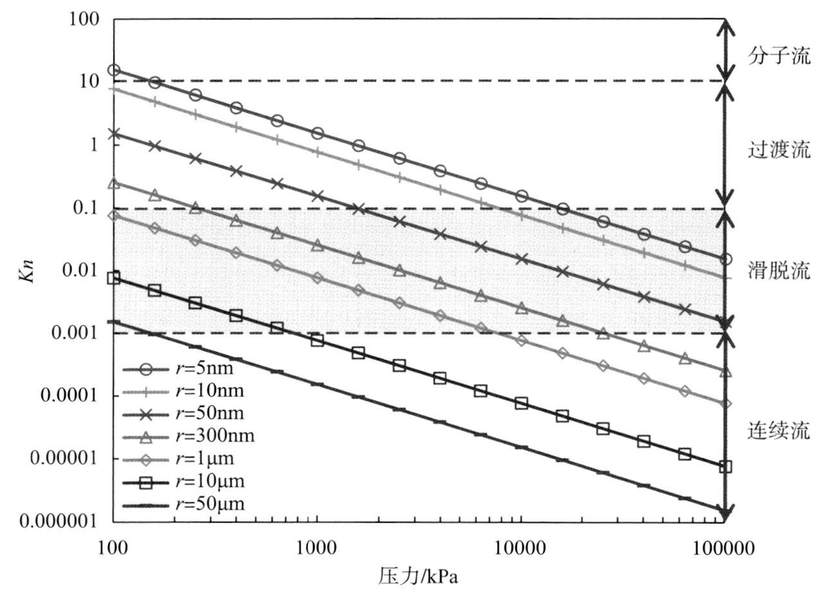

图 3-2　不同尺寸孔隙在不同压力下所对应的流动形态

3.2　页岩中的气体流动

3.2.1　页岩气吸附-解吸

通过国内外文献调研可知，页岩纳微米孔隙表面吸附着大量的页岩气，在开发过程中，随着地层压力的降低，被吸附的气体分子从岩石孔隙表面解吸出来成为游离气。这是开发页岩气藏中不同于常规气藏的一个重要特征，因此在模拟页岩气流动时必须考虑吸附气的解吸作用。

1. 吸附等温线的类型

如图 3-3 所示，1985 年 IUPAC 在 BDDT 等温吸附线分类的基础上，将多孔性吸附体系的吸附等温线统一为 6 个类型[3]，成为现在广泛使用的等温吸附线分类方法。

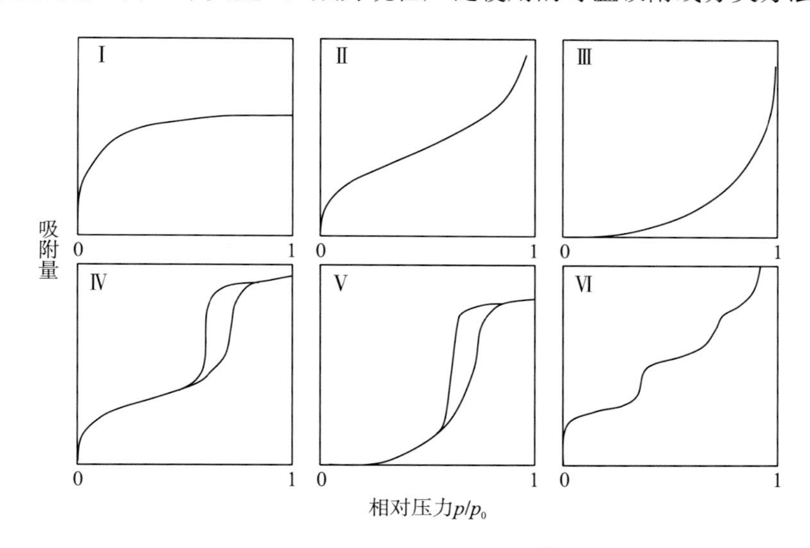

图 3-3　等温物理吸附类型[3]

Ⅰ型等温吸附曲线：单分子层吸附，一般在压力较低时固体表面就吸满了单分子层，即使压力再升高，吸附量也不会再增加。例如：常温下氨在炭上的吸附、氯乙烷在炭上的吸附等[4]。

Ⅱ型等温吸附曲线：在低压时形成单分子层，但随着压力的升高，开始发生多分子层吸附。

Ⅲ型等温吸附曲线：从曲线可看出当压力较低时就发生多分子层吸附，因此该吸附类型并不常见。

Ⅳ型等温吸附曲线：当压力较低时为单分子层吸附，随着压力继续增加，吸附剂的中孔中产生毛细凝聚，吸附量急剧增大，直至毛细孔装满吸附质后才达到吸附饱和。

Ⅴ型等温吸附曲线：低压下就已形成多分子层吸附，随着压力增加开始出现毛细凝聚，在较高压力下吸附量趋于极限值。

Ⅵ型等温吸附曲线：均质无孔材料表面的阶梯式地多分子层吸附。

2. 等温吸附实验

本实验采用 HKY-II 型全自动吸附气含量测试系统进行了页岩的等温吸附实验，实验装置如图 3-4 所示，主要由样品缸、参考缸、压力传感器、温度传感器以及恒温装置组成。实验压力范围为 0～40MPa，温度范围为室温到 95℃。压力传感器的计量精度为 0.001MPa，水浴锅温度计量精度可达到 0.1℃。样品缸和参考缸由不锈钢材料制成，容积分别为 152ml 和 85ml。实验采用高纯度甲烷(99.99%)对页岩进行了等温吸附实验，测试过程中温度保持在 40℃。

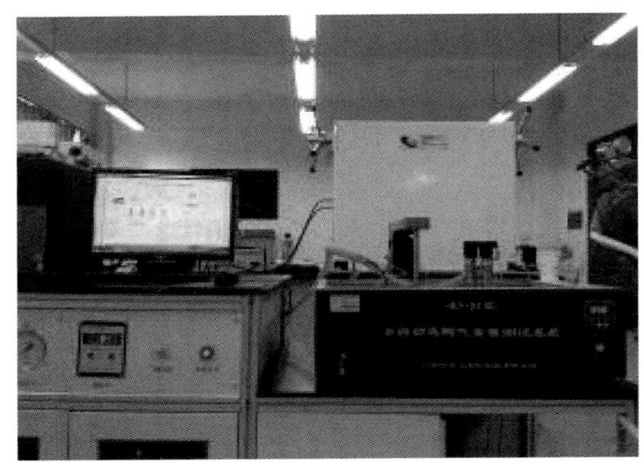

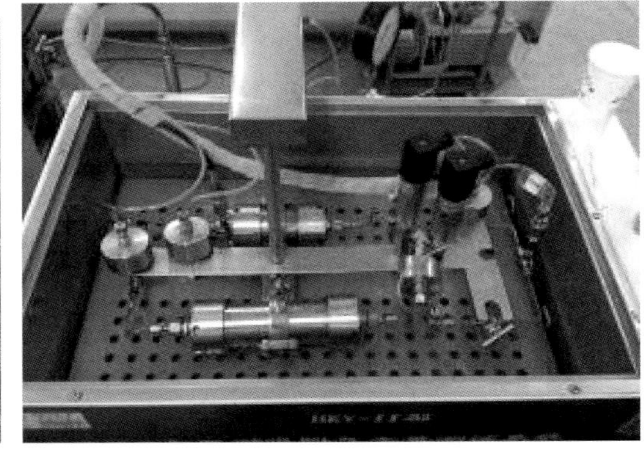

图 3-4　实验设备

页岩样品取自四川盆地 QJ2 井龙马溪组，页岩中气体吸附量的测定方法参考 GB/T 19560—2008 煤的高压等温吸附测定国家标准：

(1) 首先将岩样粉碎筛分制得 60～80 目的粉末，并在 60℃下烘干 48 个小时除去样品中的水分，然后将样品放进样品缸体系抽真空 2 小时。

(2) 利用氦气测定样品缸内自由空间体积。

(3) 将甲烷气体充入已知体积的参考缸中记录参考缸的压力。打开样品阀，待体系压力达到平衡后，记录体系压力值，计算此时体系中气体吸附量。重复此步骤，逐步升高实验压力，完成吸附测试实验。

按照前文所述的实验流程和数据处理步骤，对编号为 QJ2-3 的页岩样品进行纯 CH_4 等温吸附解吸实验研究，实验结果如图 3-5 所示。

通过图 3-5 可以看出，其吸附类型符合等温吸附曲线基本类型中的 I 型等温吸附曲线，因此其吸附现象可以用 Langmuir 单分子层吸附理论来描述。且国内外大多数研究学者都认为，煤体对煤层气的吸附，以及页岩中的有机质和黏土矿物对页岩气的吸附都属于单分子层物理吸附。

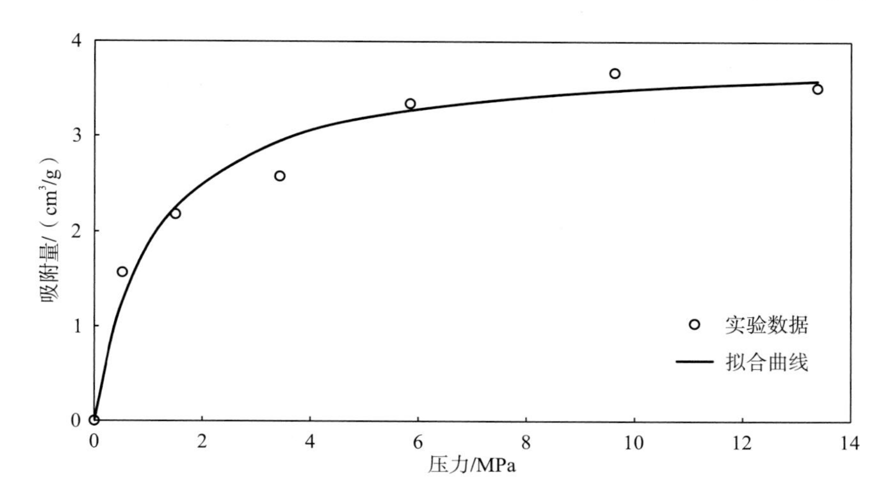

图 3-5　四川盆地 QJ2 井龙马溪组页岩等温吸附实验结果

3. Langmuir 等温吸附理论[4]

Langmuir[5]提出单分子层吸附模型，并从动力学观点推导了单分子层吸附方程式，并提出如下假设：

(1) 气体分子碰撞在没有被吸附质分子占据的表面上时才会产生吸附作用，而碰撞在已被吸附在表面的分子上是弹性碰撞。

(2) 吸附分子从表面跃回气相的概率不受周围环境和位置的影响，表面吸附质分子间无作用力，且表面是均匀的。

(3) 吸附速率与解吸速率相等时，达到吸附平衡。

假设表面上有 S 个吸附位，当有 S_1 个位置被气体分子占据时，令：

$$\theta = S_1/S \tag{3-2}$$

式中，θ——覆盖度。

假设 z 代表单位时间内碰撞在单位表面上的分子数，k_a 代表碰撞分子中被吸附的分数，即吸附速率常数。根据假设(1)，吸附速率 v 为

$$v = k_a z(1-\theta) \tag{3-3}$$

根据假设(2)，单位时间、单位表面上解吸的分子数只与覆盖率 θ 成正比，因此解吸速率为 $k_d\theta$。根据假设(3)，达到吸附平衡时：

$$k_a z(1-\theta) = k_d\theta \tag{3-4}$$

即

$$\theta = \frac{k_a z/k_d}{1+(k_a z/k_d)} \tag{3-5}$$

从分子运动论推导得 $z = p/(2\pi mKT)^{1/2}$，若将 z 代入式(3-5)可得 Langmuir 吸附等温方程式：

$$\theta = \frac{bp}{1+bp} \tag{3-6}$$

式中，p——气体压力，Pa。

上式中，吸附系数 b 被定义为

$$b=\frac{k_{\mathrm{a}}}{k_{\mathrm{d}}\left(2\pi mKT\right)^{1/2}} \tag{3-7}$$

式中，m——气体分子质量，kg/mol；

K—— Boltzmann 常数，J/K；

T——热力学温度，K。

若以 V_{m} 表示单位质量吸附剂的表面覆盖满单分子层时(θ=1)的饱和吸附量(标准状态下的吸附气体体积)，以 V 表示单位质量吸附质在气体压力为 p 时标准状态下的被吸附气体体积，因此在气体压力为 p 时的表面覆盖度又可表示为

$$\theta=V/V_{\mathrm{m}} \tag{3-8}$$

因此 Langmuir 等温吸附方程也可写为

$$V=V_{\mathrm{m}}\frac{bp}{1+bp} \tag{3-9}$$

对式(3-9)进行变形，可得到另外一种形式的 Langmuir 吸附等温方程：

$$V=V_{\mathrm{L}}\frac{p}{p_{\mathrm{L}}+p} \tag{3-10}$$

式中，V_{L}——Langmuir 体积，代表吸附质的饱和吸附量，$V_{\mathrm{L}}=V_{\mathrm{m}}$，$\mathrm{sm^3/t}$；

p_{L}——Langmuir 压力，$p_{\mathrm{L}}=1/b$，Pa。

4. 数据拟合

根据 Langmuir 等温吸附方程：

$$p/V=p/V_{\mathrm{L}}+p_{\mathrm{L}}/V_{\mathrm{L}} \tag{3-11}$$

若令 $A=1/V_{\mathrm{L}}$，$B=p_{\mathrm{L}}/V_{\mathrm{L}}$，则上式可写成：

$$p/V=Ap+B \tag{3-12}$$

将实测的各压力平衡点的压力与吸附量绘制在以 p 为横坐标、p/V 为纵坐标的散点图中，利用最小二乘法求出这些散点图的回归直线方程以及相关系数，进而求出直线的斜率 A 和截距 B，根据斜率和截距再求出 Langmuir 体积 V_{L} 和 Langmuir 压力 p_{L}。

从图 3-5 可以看出，在恒温条件下，岩样的甲烷吸附量随着压力的升高而增加。在压力较低时，吸附量增加较快，随着压力继续升高，甲烷吸附量的增加趋势变缓并逐渐达到饱和。利用 Langmuir 等温吸附方程对 QJ2-3 岩样等温吸附数据进行拟合，得出 Langmuir 体积为 $3.88\mathrm{cm^3/g}$，Langmuir 压力为 1.09MPa，拟合相关系数为 0.9963，表明采用 Langmuir 模型能够较好地描述等温吸附实验数据。

3.2.2 纳米级孔隙中的气体流动

1. 页岩气的扩散

根据 Sandler[6]的研究，要准确地描述多孔介质中气体的流动必须同时考虑黏滞流和扩

散流。扩散流有 3 种不同的类型：容积扩散(bulk diffusion)、Knudsen 扩散和表面扩散，如图 3-6 所示。

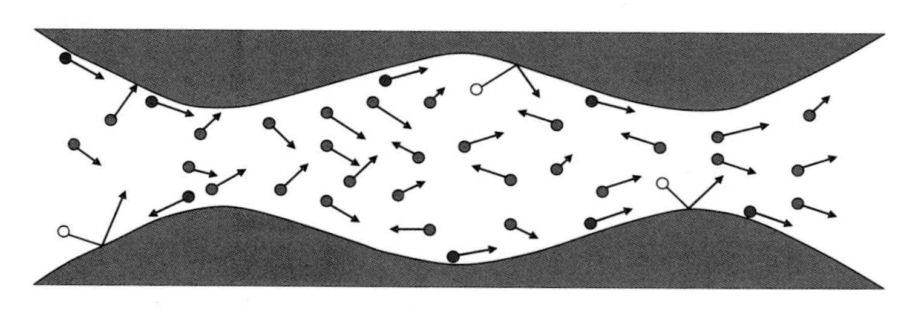

(a) 容积扩散(实心圆球表示进行容积扩散的分子)

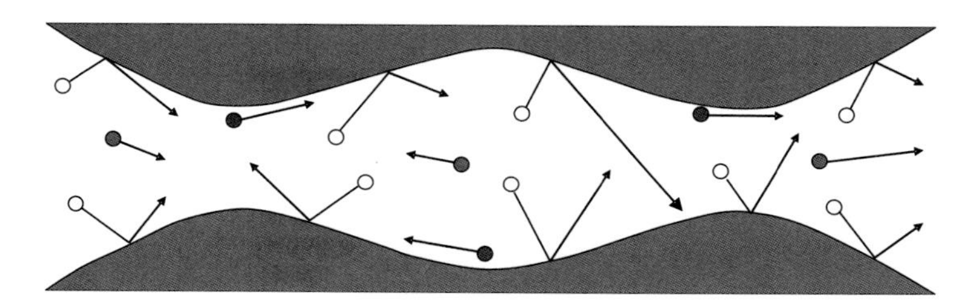

(b) Knudsen 扩散(空心圆球表示进行 Knudsen 扩散的分子)

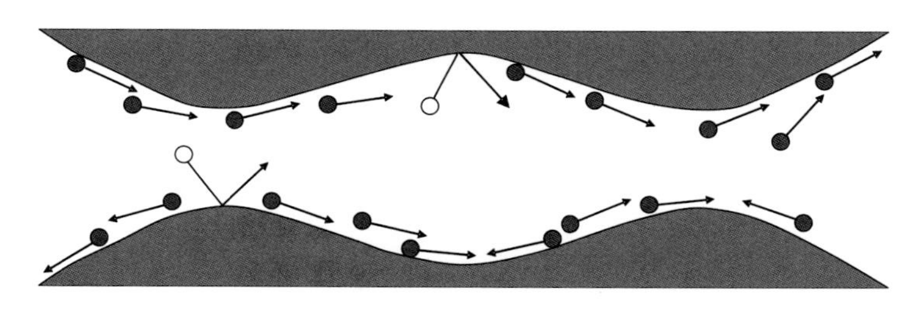

(c) 表面扩散(实心圆球表示进行表面扩散的分子)

图 3-6　不同扩散类型示意图[7]

在大孔道中，由于孔道直径远远大于气体分子平均自由程($r \gg \lambda$)，气体分子间的相互作用要比气体分子与孔隙表面(孔隙壁)的碰撞频繁得多，被称为容积扩散。因此，在大孔道中，黏性流和容积扩散都是主要的传输机制。当孔道直径减少或者分子平均自由程增加(在低压下)，气体分子更容易与孔隙表面发生碰撞而不是与其他气体分子发生碰撞，这意味着气体分子达到了几乎能独立于彼此的点，称为 Knudsen 扩散。当孔隙直径更小或表面能更强，分子吸附在孔隙表面上，因此产生表面扩散。当孔隙的表面能更强时能产生多层吸附，因此可能产生多层表面扩散[7]。

Roy 等[2](2003) 和 Javadpour 等[8](2007) 推导出了纳米孔隙中的 Knudsen 扩散系数 D_K，定义如下：

$$D_K = \frac{2r_n}{3}\left(\frac{8RT}{\pi M}\right)^{0.5} \tag{3-13}$$

式中，D_K——Knudsen 扩散系数，m^2/s；

r_n——纳米孔隙半径，m；

R——气体常数，8.314J/(K·mol)；

M——气体摩尔质量，kg/mol。

2. 页岩气的滑流现象

如图 3-7 所示，当孔隙直径减少到纳米尺寸时，根据式(3-1)可以发现 Knudsen 数变大，在这种情况下满足无滑移边界条件的连续假设不再成立，在孔隙表面上的分子仍有部分处于运动状态，形成了所谓的“气体滑脱效应”。陈代询等[9]指出此时气体的渗流流量应该由基于气体分子在孔隙壁上产生的滑脱流量和基于气体分子间碰撞、服从达西定律的黏滞流量共同组成。Javadpour 等[10]和 Brown 等[11]给出了一个理论的无因次系数 F 来修正管流中的滑脱速度。滑脱因子 F 定义如下：

$$F=1+\left(\frac{8\pi RT}{M}\right)^{0.5}\frac{\mu}{p_{avg}r_n}\left(\frac{2}{f}-1\right) \tag{3-14}$$

式中，F——滑脱因子；

p_{avg}——平均压力，Pa；

μ——黏度，Pa·s；

f——反映气体分子随着扩散碰撞孔隙壁的比例，小数。

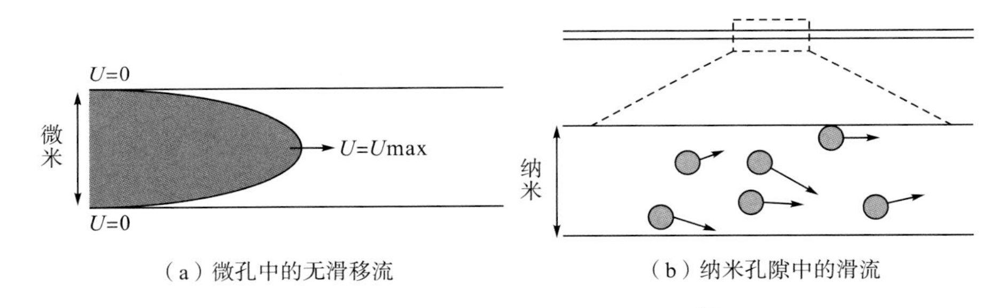

（a）微孔中的无滑移流　　（b）纳米孔隙中的滑流

图 3-7　不同尺度孔隙中的气体流动[8]

从式(3-14)可以看出，当管中压力较高或管径较大时，$F\approx1$，即管中的流量主要由服从达西定律的黏滞流量组成。当管中压力较低或孔径较小时，滑脱效应更加明显。当压力较小时，气体分子间的相互碰撞减少，从而使得气体更容易流动；而当孔径减少时，更接近于气体分子的平均自由程，因此气体滑动这一微观机理更容易表现出来。

3. 气体在纳米孔隙中的流动

Javadpour 等[8](2007)提出了适合更高 Knudsen 数流动阶段的方法来描述气体在纳米孔隙中的流动，并通过理论与实验结果对比表明气体在纳米级孔隙中的流动可以用忽略黏滞效应的 Knudsen 扩散来描述。Javadpour 在 2009 年提出，气体通过纳米孔隙的总质量流量是 Knudsen 扩散和压力差作用的结果[10]，并推导出考虑 Knudsen 扩散和滑脱效应的纳米孔隙质量通量方程，且计算结果与 Roy 等[2]的纳米管实验结果拟合程度较高，从而证实其模型适用于描述页岩气在纳米孔隙中的流动。用数学公式可以表示为

$$J = J_{\mathrm{a}} + J_{\mathrm{D}} \tag{3-15}$$

式中，J_{a}——由压力差作用产生的流量，$\mathrm{kg \cdot m^{-2} \cdot s^{-1}}$；

J_{D}——Knudsen 扩散流量，$\mathrm{kg \cdot m^{-2} \cdot s^{-1}}$。

纳米孔隙中的 Knudsen 扩散可以写为压力梯度的形式，当黏滞效应可忽略不计的时候，纳米孔隙中由 Knudsen 扩散产生的质量流量可写为

$$J_{\mathrm{D}} = -\rho_{\mathrm{avg}} D_{\mathrm{K}} c_{\mathrm{g}} \nabla p \tag{3-16}$$

式中，c_{g}——气体压缩系数，$\mathrm{Pa^{-1}}$。

纳米孔隙中在压力差作用下(考虑滑脱效应)产生的质量流量可写为

$$J_{\mathrm{a}} = -\left[1 + \left(\frac{8\pi RT}{M}\right)^{0.5} \frac{\mu}{p_{\mathrm{avg}} r_{\mathrm{n}}} \left(\frac{2}{f} - 1\right)\right] \frac{r^2 \rho_{\mathrm{avg}}}{8\mu} \nabla p \tag{3-17}$$

Javadpour 通过推导得出气体通过纳米孔隙的总质量流量的表达式为

$$J = -\left[D_{\mathrm{K}} c_{\mathrm{g}} \rho_{\mathrm{avg}} + F \frac{r^2 \rho_{\mathrm{avg}}}{8\mu}\right] \nabla p \tag{3-18}$$

将上式写为达西公式的表达式为

$$J = -\frac{k_{\mathrm{app}} \rho_{\mathrm{avg}}}{\mu} \nabla p \tag{3-19}$$

根据式(3-18)和式(3-19)，可以计算出气体在纳米孔隙中流动时考虑 Knudsen 扩散和滑脱效应的综合表观渗透率：

$$k_{\mathrm{app}} = D_{\mathrm{K}} c_{\mathrm{g}} \mu + F k_{\mathrm{D}} \tag{3-20}$$

其中，k_{D} 是单管的达西渗透率，根据圆形毛细管的 Poiseuille 方程可以得出：

$$k_{\mathrm{D}} = \frac{r_{\mathrm{n}}^2}{8} \tag{3-21}$$

将式(3-20)除以式(3-21)，可以得到气体在纳米孔隙的渗透率修正系数为

$$\frac{k_{\mathrm{app}}}{k_{\mathrm{D}}} = \frac{D_{\mathrm{K}} c_{\mathrm{g}} \mu}{k_{\mathrm{D}}} + F \tag{3-22}$$

图 3-8 为不同压力条件下，视渗透率与达西渗透率的比值 $k_{\mathrm{app}}/k_{\mathrm{D}}$ 随孔隙尺寸变化的关系曲线图。从图中可以看出，随着孔隙尺寸变小，$k_{\mathrm{app}}/k_{\mathrm{D}}$ 比值逐渐越大。当孔隙尺寸大于 1μm 时，页岩的视渗透率与达西渗透率将没有明显差异。然而当孔隙尺寸 1μm> r >1nm(大多数泥页岩的平均孔隙分布范围)时，视渗透率要比达西渗透率大 1～2 个数量级，从而也解释了为什么致密泥页岩储层的实际产量往往比预期产量要高。

图 3-9 为不同储层温度下视渗透率与达西渗透率的比值 $k_{\mathrm{app}}/k_{\mathrm{D}}$ 随孔隙压力变化的关系曲线。从图中可以看出，储层温度对 $k_{\mathrm{app}}/k_{\mathrm{D}}$ 的影响较小，但是压力对 $k_{\mathrm{app}}/k_{\mathrm{D}}$ 影响较大。当储层压力较低时，气体分子的平均自由程增大，因此气体流动逐渐偏离达西流动。同时，图 3-9 也揭示了在页岩气藏开采的整个过程中都需要校正页岩的渗透率。

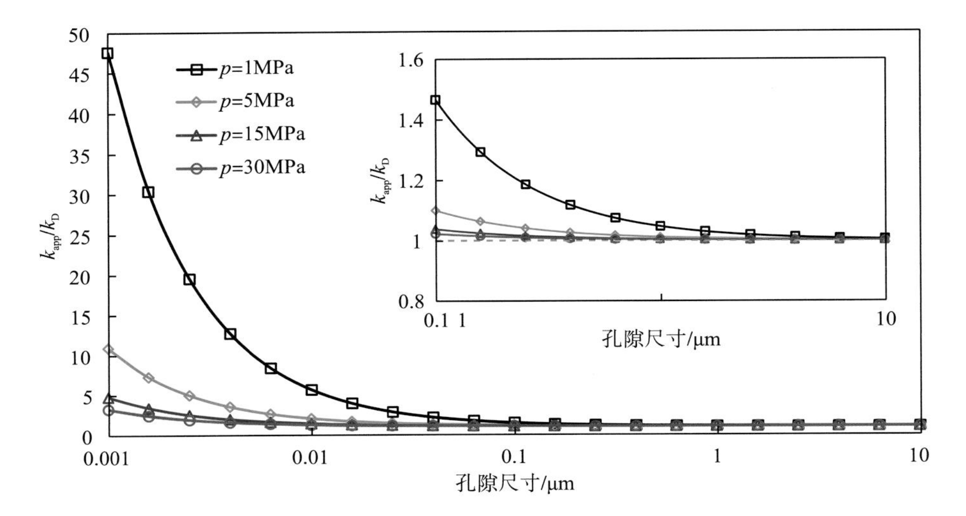

图 3-8 k_{app}/k_D 随孔隙尺寸变化曲线

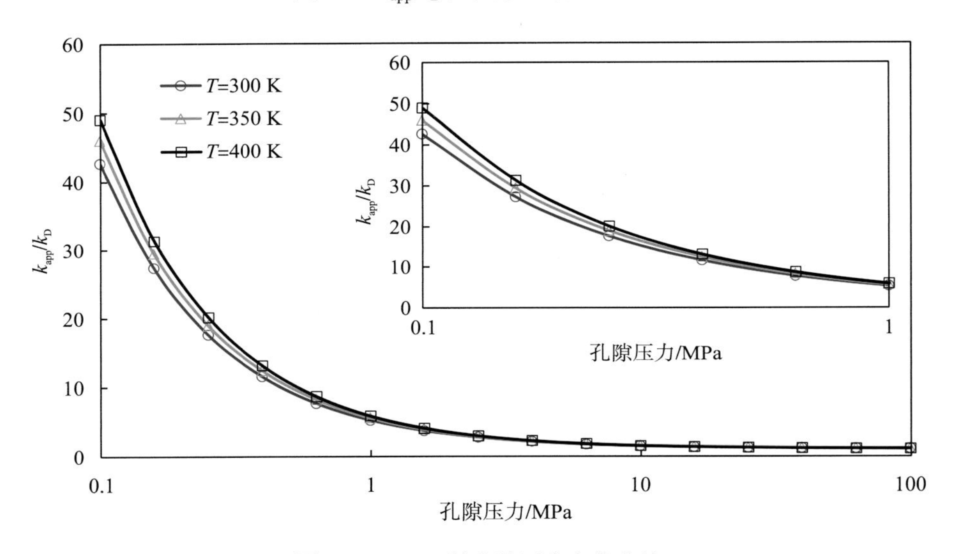

图 3-9 k_{app}/k_D 随孔隙压力变化曲线

根据式(3-18)可以分别计算出黏性流量(达西流动)、滑脱流量和 Knudsen 扩散流量在总流量中所占的比例。图 3-10 为不同储层压力下,孔隙中的黏性流量、滑脱流量和 Knudsen 扩散流量随孔隙尺寸的变化曲线。从图中可以看出,随着孔隙尺寸减小,黏性流动对气体流动的贡献逐渐降低,而 Knudsen 扩散、滑脱效应等非线性输运机制对气体在孔隙中的流动作用逐渐增强。当压力下降时,黏性流量所占比例减少,滑脱流量所占比例增多。但是随着压力下降,Knudsen 扩散流量所占比例也随之减少。这是由于 Knudsen 扩散对孔隙尺寸更为敏感,因此当滑脱流量随着压力降低而大幅增加时,在扩散流量增加较少的情况下使得 Knudsen 扩散流量所占比例降低。

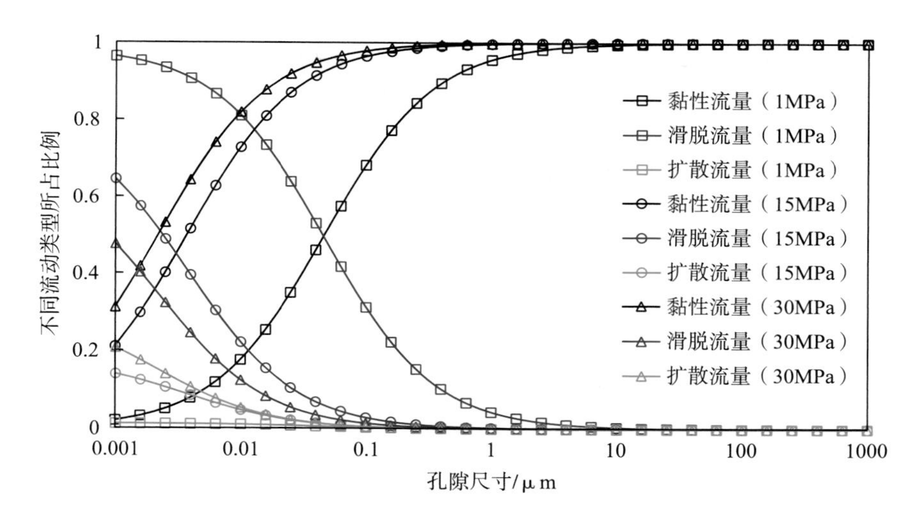

图 3-10　不同流动类型流量随孔隙尺寸变化曲线

图 3-11 分别为黏性流量、Knudsen 扩散流量和滑脱流量占总流量的比例随压力和孔隙尺寸的变化关系图。从图中也可以得出与图 3-10 相同的规律，同时还可以直观地看出当孔隙尺寸大于 10μm 时，不管压力如何变化，气体在孔隙中的质量流量主要由黏性流量组成，滑脱流量和 Knudsen 扩散流量接近于 0；当孔隙尺寸小于 100nm，压力小于 1MPa 时，气体在孔隙中的质量流量主要由滑脱流量组成；当压力升高、孔隙尺寸减小时，黏性流量＞Knudsen 扩散流量＞滑脱流量，这是由于与 Knudsen 扩散流量相比，滑脱流量对压力更为敏感，因此当压力上升时，滑脱流量迅速减少，从而使得 Knudsen 扩散流量在总流量中所占比例上升。

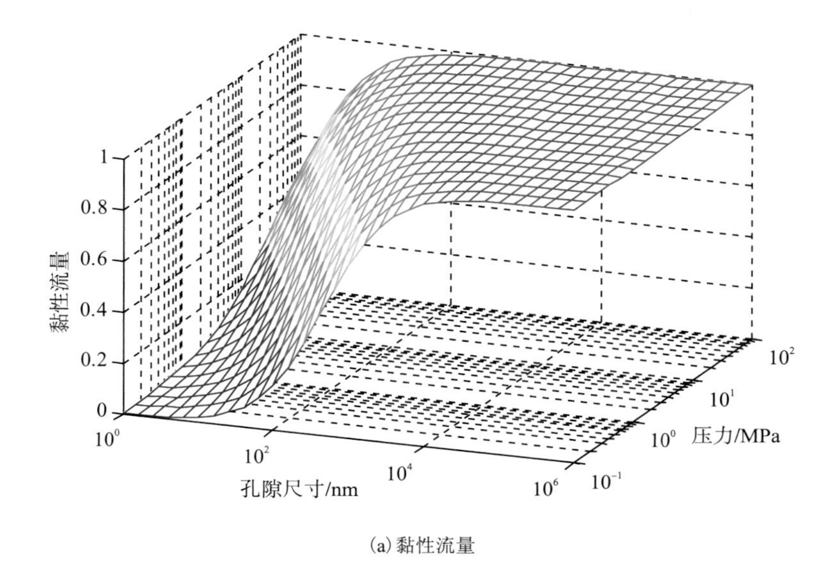

(a) 黏性流量

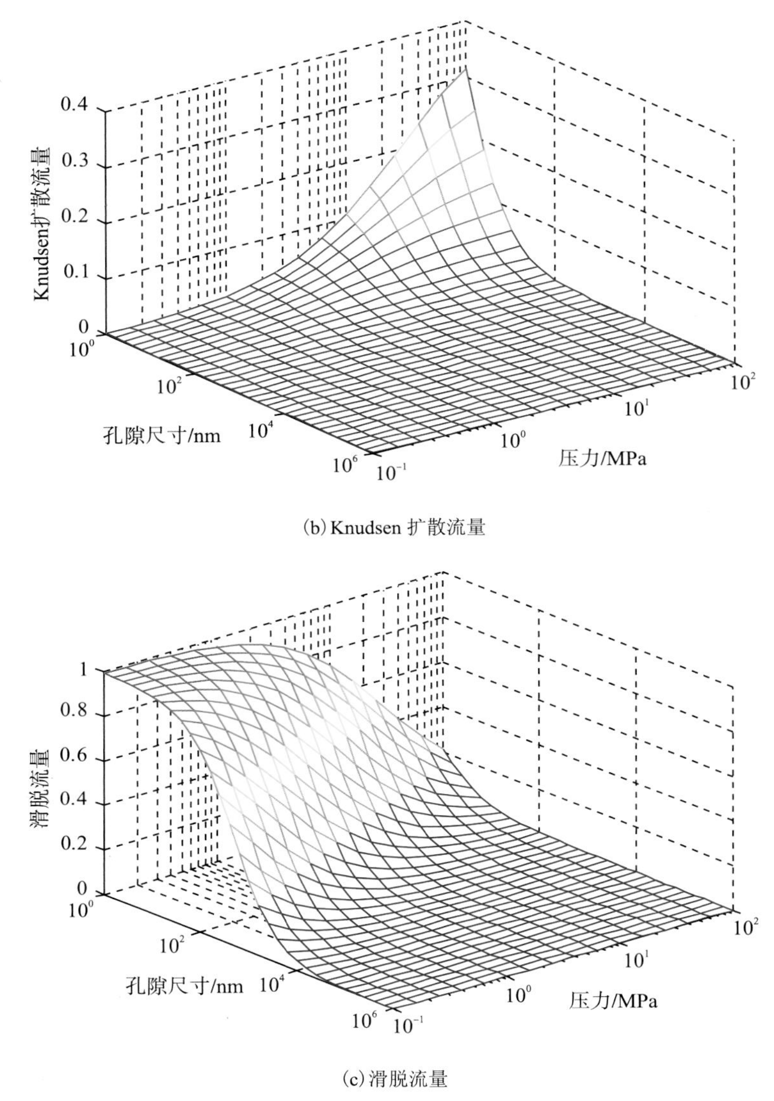

(b) Knudsen 扩散流量

(c) 滑脱流量

图 3-11　不同流动类型流量随孔隙尺寸及压力变化关系图

3.2.3　微米级孔隙及裂缝中的气体流动

由于页岩气藏中存在一定数量的微米级孔隙和大量的微裂缝，以及完井工程实现的大尺度人工裂缝和次生裂缝网络，而此类孔隙的尺度往往相对较大。根据前文所述，气体在微米级孔隙及裂缝中的流动处于连续流阶段，可以采用 Darcy 公式描述该过程：

$$J=-\rho\frac{k}{\mu}\nabla p \tag{3-23}$$

式中，J——质量通量，kg/(m^2·s)；

p——压力，Pa。

3.2.4　气体在页岩中的综合流动机理

如图 3-12 所示，气体在页岩中的流动主要以连续流、滑脱流和过渡流为主。Javadpour 提出了适合较高 Knudsen 数流动阶段的方法来描述气体在纳米级孔隙中的流动，而 Beskok 和 Karniadakis[12]则提出了一个适用于所有 Knudsen 数范围内不同流动阶段(连续流、滑脱流、过渡流和自由分子流)的方程来预测不同尺寸圆管的流量，并且通过其他理论方法(例如：Direct-simulation of Monte Carlo，Linearized Boltzmann solution)以及实验结果验证了模型的可靠性。

但是页岩中除了纳米孔隙同时也包含一定数量的微米级孔隙及大量的微裂缝。然而在实验室测量页岩渗透率过程中，并不能分别测量页岩中这三种类型孔隙的渗透率，而是测出包含这三种孔隙系统的页岩等效渗透率。因此，Ziarani 和 Aguilera[7]基于 Beskok-Karniadakis 模型对不同孔隙尺寸多孔介质的渗透率进行了校正，并通过 Mesaverde 致密气藏砂岩数据对 Beskok-Karniadakis 模型进行了实例分析(如图 3-12 所示)，结果表明 Beskok-Karniadakis 模型可以用来校正不同孔隙尺寸多孔介质的渗透率。

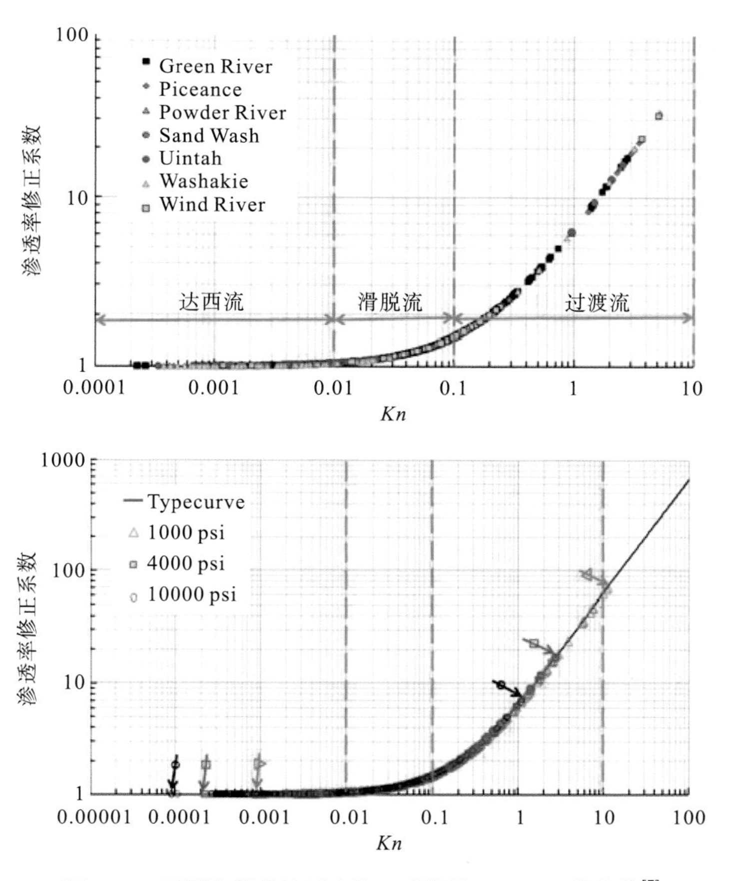

图 3-12　不同岩样的渗透率修正系数随 Knudsen 数变化[7]

Beskok-Karniadakis 公式可写为[7,13]

$$q=\left[1+\alpha(Kn)Kn\right]\left(1+\frac{4Kn}{1-bKn}\right)\frac{\pi r^4}{8\mu}\nabla p \tag{3-24}$$

式中，α 为稀薄系数，被引入用来逐渐减少在过渡流阶段和自由分子流阶段时分子间的碰撞。

将上式中的体积流量写成达西公式的形式：

$$q=\xi q_{\text{Darcy}} \tag{3-25}$$

其中，ξ 被定义为渗透率修正系数[12,13]：

$$\xi=\left[1+\alpha(Kn)Kn\right]\left(1+\frac{4Kn}{1-bKn}\right) \tag{3-26}$$

当 Knudsen 数增加时，分子之间的碰撞效应减少，因此 Beskok 和 Karniadakis[12]（1999）给出了稀薄系数的表达式：

$$\alpha(Kn)=\frac{128}{15\pi^2}\tan^{-1}\left(4Kn^{0.4}\right) \tag{3-27}$$

视渗透率与绝对渗透率的关系式可写为

$$k_{\text{a}}=\xi k_{\infty} \tag{3-28}$$

如表 1-2 所示，可以将 Klinkenberg 公式写为 Knudsen 数的形式为（$c\approx1$）：

$$k_{\text{a}}=k_{\infty}\left(1+\frac{b_{\text{k}}}{p}\right)=(1+4Kn)k_{\infty} \tag{3-29}$$

因此，Klinkenberg 修正系数写为 Knudsen 数的形式：

$$\xi=1+4Kn \tag{3-30}$$

图 3-13 为 Klinkenberg 修正系数和考虑不同流动形态时的 B&K 渗透率修正系数随 Knudsen 数的变化曲线。Klinkenberg 公式为视渗透率的一阶近似方程，而 Zhu 等[14]通过实验测得低渗岩心的气测渗透率不再符合 Klinkenberg 的一阶近似方程，推荐用更高阶的近似方程。因此与 B&K 公式相比，Klinkenberg 公式常常低估了渗透率修正系数。从图中可以看出当气体流动处于连续流及滑脱流时，Klinkenberg 公式可以用来校正存在滑脱效应的气测渗透率，但是当流动处于过渡流和自由分子流时（孔隙尺寸减小），Klinkenberg 修正系数与 B&K 修正系数之间的差异随着 Knudsen 数的增加而增大，在整个过渡流过程中（$0.1<Kn<10$），Klinkenberg 修正系数与 B&K 修正系数的比值从 0.944 降至 0.644，因此 Klinkenberg 公式不能再描述气体处于过渡流和自由分子流时的表观渗透率。综上所述，Beskok 和 Karniadakis 给出的方程可以描述气体在储层中的连续流、滑移流、过渡流和自由分子流等所有流动形态的表观渗透率。

图 3-14 为 B&K 渗透率修正系数随压力和孔隙尺寸的变化关系图，从图中可以看出随着孔隙尺寸减小，渗透率修正系数增大。因此与常规储层相比，对于像致密气藏及页岩气藏这样的致密孔隙介质通常需要更大的修正系数来校正其渗透率。同时压力越大，渗透率修正系数越小，也解释了在高压下流体更接近于液体的性质，由于视渗透率接近绝对渗透率，因此渗透率修正系数越小。

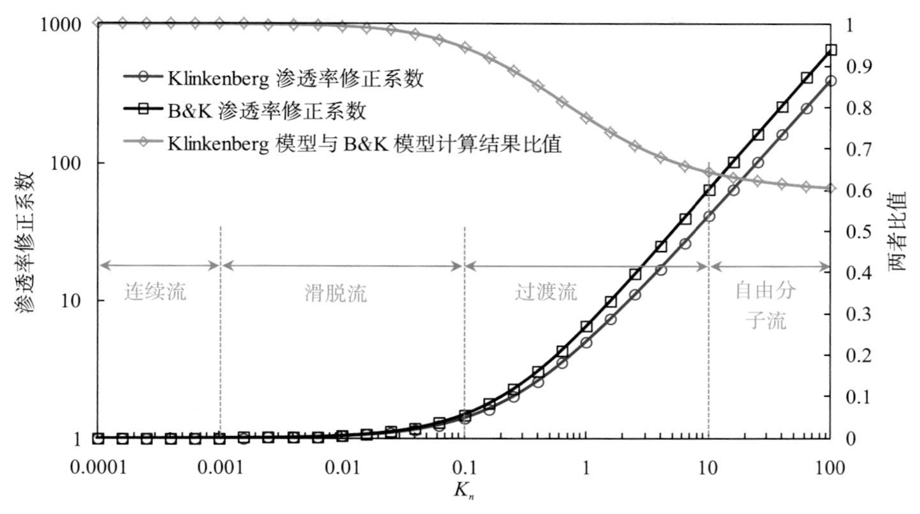

图 3-13　渗透率修正系数随 Knudsen 数变化曲线

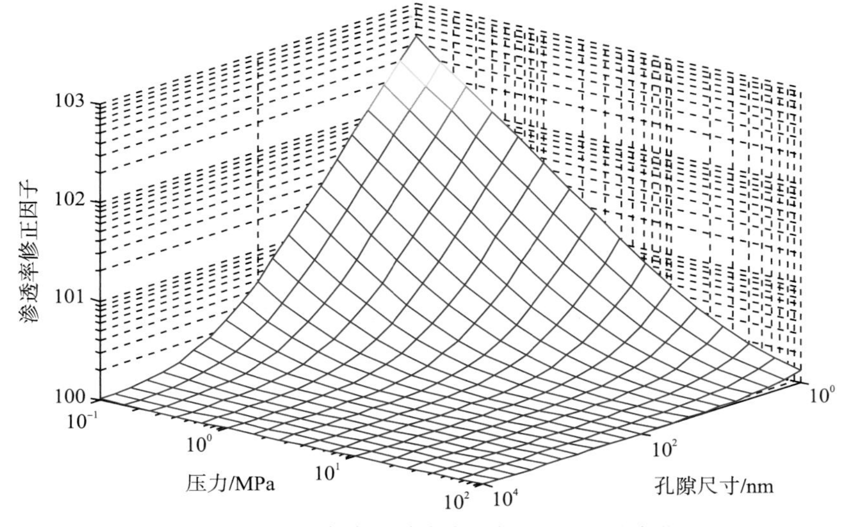

图 3-14　渗透率修正系数随压力和孔隙尺寸变化

3.3　人工裂缝对气体流动的影响

人工压裂井增产增注的渗流力学机理是将原来普通完善井的流体径向渗流模式改变为线性渗流模式。径向渗流模式的特点是流线向井点高度聚集，近井地带渗流阻力大；而线性流的特点是流线垂直于裂缝壁面，其渗流阻力相对小得多[15]。本书在后面章节将介绍用不同的数学方法实现人工压裂裂缝对气体流动的影响。

1. 压裂直井的渗流机理

根据杨芳[15]的研究，压裂直井有 3 个渗流阶段(图 3-15)：首先，气体从裂缝的远端流向井筒，为裂缝中的线性流；其次，裂缝附近地层中的气体以垂直于裂缝壁面的方向向裂缝流动，流入裂缝之后从裂缝两端向井筒流动，为双线性流；最后，当压裂裂缝的影响结束后，远井区的气体向压裂直井(把压裂裂缝和井筒看作为一个整体)流动，为拟径向流动。

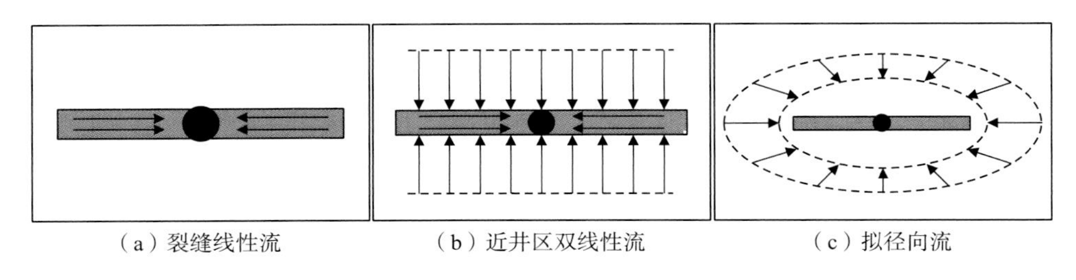

（a）裂缝线性流　（b）近井区双线性流　（c）拟径向流

图 3-15　压裂直井流动规律

2. 压裂水平井的渗流机理

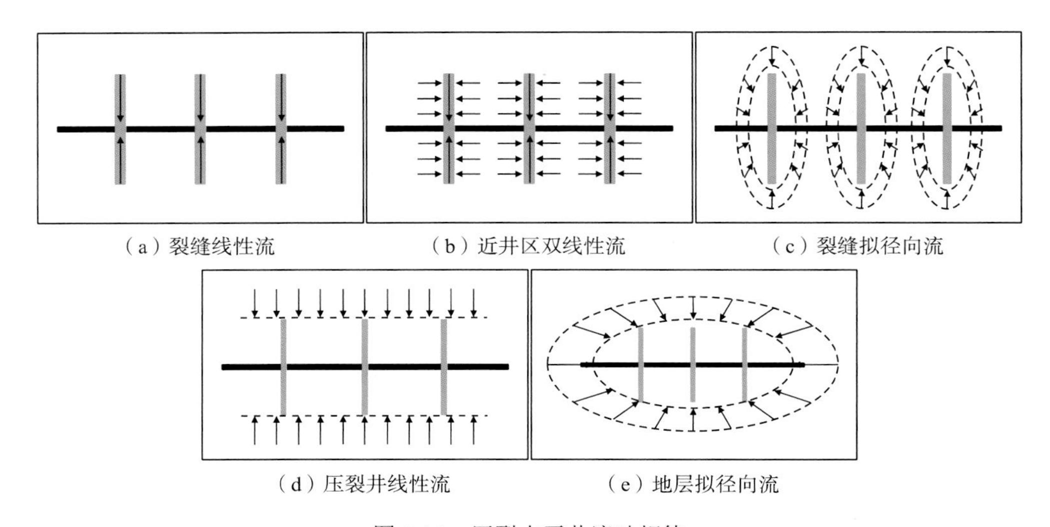

（a）裂缝线性流　（b）近井区双线性流　（c）裂缝拟径向流

（d）压裂井线性流　（e）地层拟径向流

图 3-16　压裂水平井流动规律

根据郭晶晶等[16]的研究，压裂水平井有 5 个渗流阶段(图 3-16)：首先，气体从压裂裂缝两端向井筒流动，为线性流；其次，裂缝附近地层中的气体向裂缝壁面流动，流入裂缝后再沿着裂缝方向向井筒流动，为双线性流动；第三阶段，当压力波尚未传播到相邻裂缝，各压裂裂缝在气藏中独立作用，在各压裂裂缝周围形成拟径向流流动；第四阶段，当压力波传播至相邻裂缝时，裂缝间相互影响，地层中流动主要为平行于裂缝方向的线性流；最后，压裂裂缝的影响已经结束，地层中的气体以拟径向流方式向压裂井流动。

3.4　页岩气多尺度产出机理

根据第 2 章划分的孔隙系统(纳米级孔隙、微米级孔隙和微裂缝)，以及完井技术实现的大尺度人工裂缝，再综合 Javadpour 等[8]的研究成果，可以将页岩气的产出分为以下几个过程(如图 3-17 所示)：

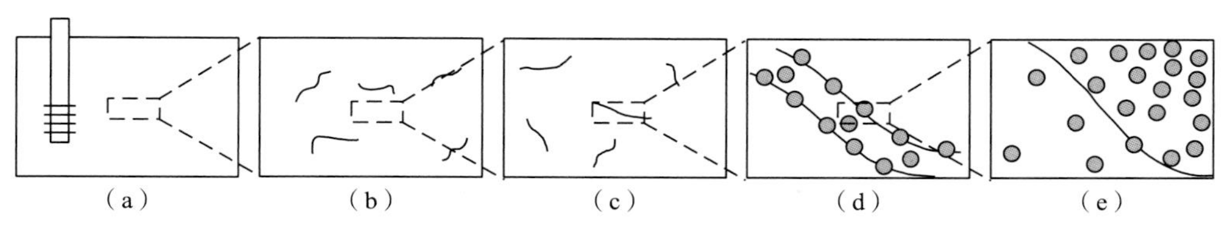

图 3-17　气体从纳米尺度运移至宏观尺度的过程(改自 Javadpour 等[8])

(a) 宏观尺度(油藏)；(b) 介观尺度(微裂缝网络)；(c) 微观尺度(纳米裂缝网络)；(d) 纳米尺度(气体从纳米孔隙表面解吸)；(e) 分子尺度(气体从干酪根向孔隙表面运移)

(1) 在宏观尺度上，井筒及人工压裂裂缝中的气体首先被采出。

(2) 在介观尺度上，当压裂裂缝及井筒的影响结束后，微裂缝中的气体开始向压裂井流动，此过程中气体流动满足达西定律。

(3) 在微观尺度上，随着微裂缝网络中的压力不断下降，页岩纳米孔隙中的气体开始向裂缝系统流动(在这个过程中，气体在纳米孔隙中的流动包括滑脱流、Knudsen 扩散流和黏性流动)。

(4) 在纳米尺度上，当页岩纳米孔隙中的压力下降到一定程度，吸附在孔隙表面的气体开始解吸并进入孔隙中成为游离气，气体的吸附解吸符合 Langmuir 等温吸附理论。

(5) 在分子尺度上，当吸附气的解吸使得孔隙壁和干酪根内部之间产生浓度差时，气体在浓度差的作用下开始从干酪根内部向其表面扩散。

3.5　本章小结

本章首先分析了气体在页岩气藏中的不同流动形态，然后分别对气体在纳米级孔隙、微米级孔隙及裂缝中的微观流动机理进行了物理描述及相关数学表征，最后提出了页岩气的多尺度产出机理，该工作为后面从宏观上深入研究页岩气藏中气体多尺度流动规律及建立相应的渗流理论模型提供坚实的理论基础。通过本章研究可得到以下结论：

(1) 通过计算不同压力和孔隙尺寸下的 Knudsen 数，分析了气体在页岩气藏中的流动形态，研究发现气体在页岩气藏中的流动主要以连续流、滑脱流和过渡流为主，因此不能再单一地用达西公式来表征。

(2) 通过对四川盆地龙马溪组页岩进行等温吸附解吸实验，发现其吸附类型符合 I 型等温吸附曲线，因此其吸附现象可以用 Langmuir 单分子层吸附理论来描述，并利用 Langmuir 等温吸附方程对 QJ2-3 页岩岩样等温吸附数据进行拟合得出相关吸附参数。

(3) 气体在纳米级孔隙中的渗流流量包括：压力差作用产生的黏性流量、孔隙壁上产生的滑脱流量以及气体分子与孔隙壁碰撞产生的 Knudsen 扩散流量；气体在微米级孔隙及裂缝中的流动符合达西定律。此外，针对实验室测出的页岩(包含纳微米孔隙和微裂缝)的等效渗透率，采用适用于所有 Knudsen 数范围内不同流动阶段(连续流、滑脱流、过渡流和自由分子流)的 Beskok-Karniadakis 模型来校正不同孔隙尺寸多孔介质的渗透率。

(4) 根据重新划分的页岩孔隙系统(纳米级孔隙、微米级孔隙和微裂缝)，以及完井技术实现的大尺度人工裂缝，将页岩气在储层中的运移看作是从纳微米孔隙-天然裂缝-人工裂缝-井筒的多尺度流动过程；结合页岩气的多种赋存方式(游离态页岩气、吸附态页岩气和溶解态页岩气)，又分别从宏观尺度、介观尺度、微观尺度、纳米尺度和分子尺度描述了页岩气的运移及产出过程。

参考文献

[1] Sondergeld C H, Newsham K E, Comisky J T, et al. Petrophysical considerations in evaluating and producing shale gas resources[C]. SPE 131768, presented at the SPE Unconventional Gas Conference, Pittsburgh, Pennsylvania, USA, 2010.

[2] Roy S, Raju R. Modeling gas flow through microchannels and nanopores[J]. J. Appl. Phys, 2003, 93 (8): 4870-4879.

[3] Sing K, Everett D, Haul R, et al. Reporting physisorption data for gas/solid systems with special reference to the determination of surface area and porosity[J]. Pure and Applied Chemistry, 1985, 54(11): 2201-2218.

[4] 陈宗淇. 胶体与界面化学[M]. 北京: 高等教育出版社, 2001.

[5] Langmuir I. The adsorption of gases on plane surfaces of glass, mica and platinum[J]. Journal of the American Chemical society, 1918, 40(9): 1361-1403.

[6] Sandler S I. Temperature dependence of the Knudsen permeability[J]. Industrial & Engineering Chemistry Fundamentals, 1972, 11(3): 424-427.

[7] Ziarani A S, Aguilera R. Knudsen’s permeability correction for tight porous media[J]. Transport in porous media, 2012, 91(1): 239-260.

[8] Javadpour F, Fisher D, Unsworth M. Nanoscale gas flow in shale gas sediments[J]. J. Can. Petroleum Technol, 2007, 46(10): 55-61.

[9] 陈代询, 王章瑞. 致密介质中低速渗流气体的非达西现象[J]. 重庆大学学报: 自然科学版, 2000, 23(z1): 25-27.

[10] Javadpour F. Nanopores and apparent permeability of gas flow in mudrocks (shales and siltstone) [J]. J. Can. Pet. Technol, 2009, 48 (8): 16-21.

[11] Brown G P, DiNardo A, Cheng G K, et al. The flow of gases in pipes at low pressures[J]. Journal of Applied Physics, 1946, 17(10): 802-813.

[12] Beskok A, Karniadakis G E. A model for flows in channels, pipes, and ducts atmicro and nanoscales[J]. MicroscaleThermophysical Engineering, 1999, 3(1): 43-77.

[13] Beskok A, Karniadakis G E, Trimmer, W. Rarefaction and compressibility effects in gas microflows[J]. Journal of Fluids Engineering, 1996, 118(3): 448–456.

[14] Zhu G Y, Liu L, Yang Z M, et al. Experiment and mathematical model of gas flow in low permeability porous media[M]. New Trends in Fluid Mechanics Research, Springer Berlin Heidelberg, 2007: 534-537.

[15] 杨芳. 压裂裂缝气藏非稳定流动模型及其解法研究[D]. 成都: 西南石油大学硕士学位论文, 2011.

[16] 郭晶晶. 基于多重运移机制的页岩气渗流机理及试井分析理论研究[D]. 成都: 西南石油大学博士学位论文, 2013.

第4章　页岩气藏压裂井稳态产能模型

页岩储层极为致密，其中发育大量的纳微米级孔隙，因此与常规储层相比，气体在页岩储层中的流动更为复杂。虽然目前国内外在水平井完井技术和压裂增产工艺等方面取得了成功，但对于页岩气在储层中的复杂渗流理论的研究还远落后于开发实践。因此，深入研究考虑页岩气多尺度运移机理的稳态产能模型，既能简单有效地确定气井合理工作方式，也是分析气井动态的基础。

由于页岩中发育大量的纳米级孔隙，气体分子和孔隙壁之间的碰撞作用更为显著，气体在极低渗透率页岩中的流动经历着一个从达西流态到其他流态转变的过程。达西公式不能描述页岩气藏中的所有流态，因此有必要建立一个适用于多尺度页岩气藏不同流态的运动方程。为了使研究成果更为贴近实际，因此针对实验室测出的页岩(包含纳微米孔隙和微裂缝)等效渗透率，本章采用适用于所有 Knudsen 数范围内不同流动阶段(连续流、滑脱流、过渡流和自由分子流)的 Beskok-Karniadakis 模型来校正不同孔隙尺寸多孔介质的渗透率。

虽然 Michel 等[1]通过 Beskok-Karniadakis 公式建立了一个描述气体在致密纳米介质中流动的模型，但是模型假定气体流动完全处于滑流阶段，并不能应用到页岩气在储层中的全部流动阶段。Deng 等[2]在 Michel 公式基础上建立了一个考虑滑脱、扩散和解吸的多尺度渗流模型，并在此基础上推导出页岩气藏压裂井的稳态产能方程，却并没有考虑 Knudsen 扩散系数随孔隙尺寸等参数变化的情况。

因此，本章基于普遍适用于连续流、滑移流、过渡流和自由分子流动不同流态的 Beskok-Karniadakis 模型，建立了综合考虑滑脱与 Knudsen 扩散等因素的页岩气多尺度渗流模型，且在模拟过程中考虑了 Knudsen 扩散系数随孔隙尺寸变化的情况。分别推导出适用于页岩气藏的考虑无限导流裂缝和有限导流裂缝的压裂井产能模型，通过现场数据验证了模拟结果，并且分析了滑脱因子、Knudsen 扩散系数、页岩渗透率、人工压裂裂缝相关参数对压裂井产能的影响。

4.1　页岩中的多尺度非达西渗流模型

用达西定律来描述体积流速，则：

$$v_{\mathrm{g}}=-\frac{k}{\mu}\frac{\mathrm{d}p}{\mathrm{d}x} \tag{4-1}$$

根据 Beskok 和 Karniadakis[3,4]在 1999 年提出考虑连续流、滑移流、过渡流和自由分子流动的不同流动形态的模型，流速与压力梯度之间的关系可以表示为

$$v_{\mathrm{g}}=-\frac{k_0}{\mu}(1+\alpha Kn)\left(1+\frac{4Kn}{1-bKn}\right)\frac{\mathrm{d}p}{\mathrm{d}x} \tag{4-2}$$

式中，Kn——Knudsen 数，表达式为 $Kn=\bar{\lambda}/r$；

$\bar{\lambda}$——为分子平均自由程；

μ——气体黏度，Pa·s；

α——稀薄系数；

b——滑脱系数；

p——压力，Pa。

结合式(4-1)与式(4-2)，则渗透率修正系数可以表示为

$$k=k_0\xi \tag{4-3}$$

$$\xi=(1+\alpha Kn)\left(1+\frac{4Kn}{1-bKn}\right) \tag{4-4}$$

从式(4-3)和式(4-4)中可以看出，当 Kn 值趋近于 0 时，表观渗透率接近绝对渗透率的数值；当 Kn 值变大时，说明微管中的流动不再是达西流，需要用渗透率修正系数来校正。

Beskok 和 Karniadakis(1999)提出了稀薄系数的表达式，用来逐渐减少在过渡流阶段和自由分子流阶段时分子间的碰撞：

$$\alpha=\frac{128}{15\pi^2}\tan^{-1}\left(4Kn^{0.4}\right) \tag{4-5}$$

为了化简 Beskok-Karniadakis 模型，渗透率修正系数可以写为

$$\xi=1+\alpha Kn+\frac{4Kn}{1-bKn}+\frac{4\alpha Kn^2}{1-bKn} \tag{4-6}$$

式(4-6)中的前两项为 Beskok-Karniadakis 模型的一阶修正。当 $Kn<0.1$ 时，可以采用以下近似：

$$\alpha\approx\frac{128}{15\pi^2}\left[4Kn^{0.4}-\frac{1}{3}\left(4Kn^{0.4}\right)^3\right] \tag{4-7}$$

$$\frac{Kn}{1-bKn}\approx Kn\left(1+bKn+b^2Kn^2\right) \tag{4-8}$$

当 $Kn>0.1$ 时，通过式(4-7)计算的稀薄系数为负值，与式(4-5)计算的稀薄系数相差较大，因此式(4-5)可近似为

$$\alpha\approx\frac{128}{15\pi^2}\left(4Kn^{0.4}\right) \tag{4-9}$$

通过式(4-8)和式(4-9)，则渗透率修正系数可写为

$$\xi=1+4Kn+\frac{512}{15\pi^2}Kn^{1.4}+4bKn^2+\frac{2048}{15\pi^2}Kn^{2.4}+4b^2Kn^3+o\left(Kn^3\right) \tag{4-10}$$

如图 4-1 所示，$Kn^{2.4}$ 项对图 4-1(a)和图 4-1(b)中的渗透率修正系数的影响都不大；当 b 较小时，Kn^2 项对渗透率修正系数的影响可忽略不计，但是当 b 值变大时，Kn^2 项对渗透率修正系数的影响较大。因此对于滑移流和连续流，当 $Kn<0.1$ 时渗透率修正系数的高阶修正项(大于二阶)可以忽略，则式(4-2)可演变为

$$v_g = -\frac{k_0}{\mu}\left(1+4Kn+\frac{512}{15\pi^2}Kn^{1.4}+4bKn^2\right)\frac{dp}{dx} \tag{4-11}$$

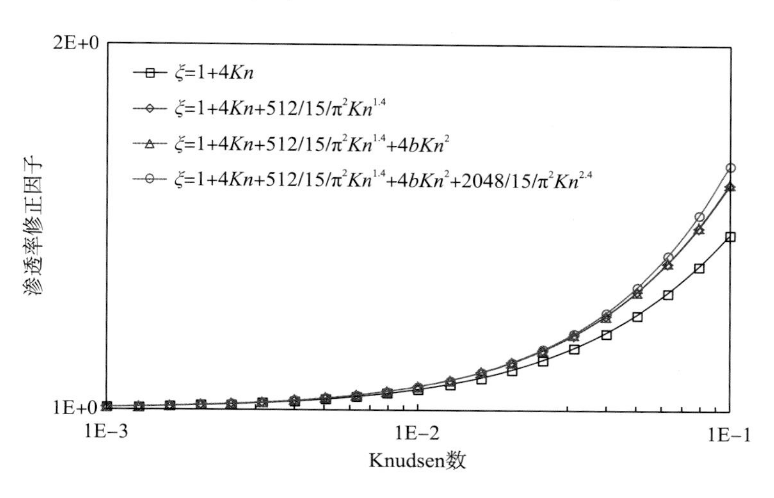

(a) 滑脱因子 b=0.1

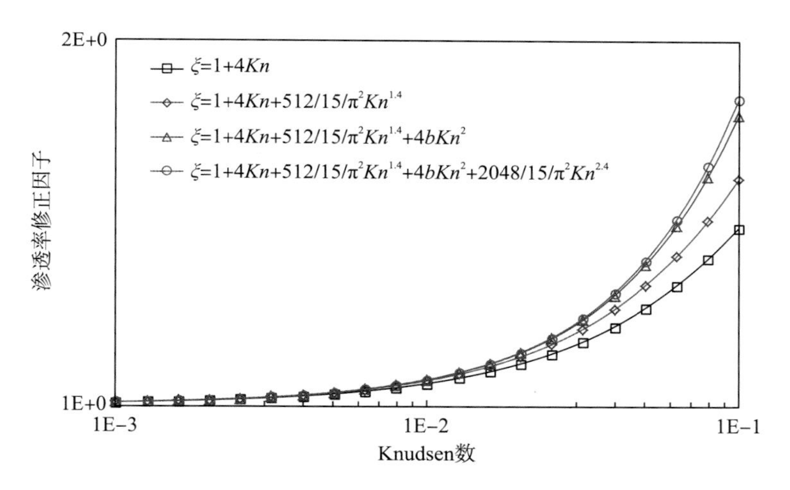

(b) 滑脱因子 b=5

图 4-1　渗透率修正系数随 Knudsen 数变化曲线

根据 Guggenheim[5] (1960) 的研究，分子的平均自由程被定义为

$$\bar{\lambda} = \sqrt{\frac{\pi RT}{2M}}\frac{\mu}{p} \tag{4-12}$$

Knudsen 扩散系数主要与孔隙尺寸相关，被定义为[6-8]

$$D_K = \frac{2r}{3}\left(\frac{8RT}{\pi M}\right)^{0.5} \tag{4-13}$$

式中，R——气体常数，8.314J/(K · mol)；

T——温度，K；

M——气体摩尔质量，kg/mol；

r——纳米孔隙半径，m；

D_K——Knudsen 扩散系数，m^2/s。

根据式(4-12)和式(4-13)，Knudsen 数可以用 Knudsen 扩散系数来表示：

$$Kn = \frac{3\pi}{8r^2}\frac{\mu}{p}D_K \tag{4-14}$$

将式(4-14)代入式(4-11)，可得

$$v_g = -\frac{k_0}{\mu}\left[1+4\frac{3\pi}{8r^2}\frac{\mu}{p}D_K+\frac{512}{15\pi^2}\left(\frac{3\pi}{8r^2}\frac{\mu}{p}D_K\right)^{1.4}+4b\left(\frac{3\pi}{8r^2}\frac{\mu}{p}D_K\right)^2\right]\frac{dp}{dx} \tag{4-15}$$

渗透率又可以写成孔隙半径的关系式：

$$k_0 = \frac{\phi r^2}{8} \tag{4-16}$$

把上式代入式(4-15)，可得

$$v_g = -\frac{k_0}{\mu}\left[1+\frac{3\pi\phi}{16k_0}\frac{\mu}{p}D_K+\frac{512}{15\pi^2}\left(\frac{3\pi\phi}{64k_0}\frac{\mu}{p}D_K\right)^{1.4}+4b\left(\frac{3\pi\phi}{64k_0}\frac{\mu}{p}D_K\right)^2\right]\frac{dp}{dx} \tag{4-17}$$

式(4-17)两端同时乘以渗流面积再除以气体体积系数 B_g，则可以得到地面标准条件下的气体体积流量：

$$q_v = \frac{vA}{B_g} = \frac{Ak_0}{B_g\mu}\left[1+\frac{3\pi\phi}{16k_0}\frac{\mu}{p}D_K+\frac{512}{15\pi^2}\left(\frac{3\pi\phi}{64k_0}\frac{\mu}{p}D_K\right)^{1.4}+4b\left(\frac{3\pi\phi}{64k_0}\frac{\mu}{p}D_K\right)^2\right]\frac{dp}{dx} \tag{4-18}$$

式中，气体体积系数 B_g 的表达式为

$$B_g = \frac{p_{sc}}{p}\frac{zT}{T_{sc}} \tag{4-19}$$

式中，p_{sc}——标准压力，Pa；

T_{sc}——标准温度，K；

p——储层压力，Pa；

T——储层温度，K；

z——气体压缩因子。

4.2 考虑多尺度流动的压裂井的稳态产能模型

页岩气储层一般自然产能极低，大多数页岩气井必须进行压裂改造才具有经济效益，因此利用保角变化，基于页岩气多尺度流动模型建立了页岩气藏压裂直井的稳定渗流模型。由保角变换原理可知，保角变换后产量不变，边界上的势不变，变化的只是线段的长短和流动形式[9,10]。

4.2.1　压裂直井产能模型

1. 物理假设

为了使数学模型更容易求解出其解析解，列出以下简化条件：

(1) 储层是各向同性的，并且气体在页岩气藏中的流动是稳定的。

(2) 页岩储层和裂缝中的流体是单相的，且气体在页岩中的流动为非达西流动。

(3) 压裂直井以定井底流压生产，并且储层被完全压开，压裂裂缝的高度与储层厚度相等。

(4) 压裂裂缝是垂直的且对称分布于井筒两侧，裂缝半长为 L_f。当垂直裂缝假设为无限导流时，裂缝宽度忽略不计；当垂直裂缝假设为有限导流时，裂缝宽度为 W_f。

2. 无限导流裂缝压裂直井

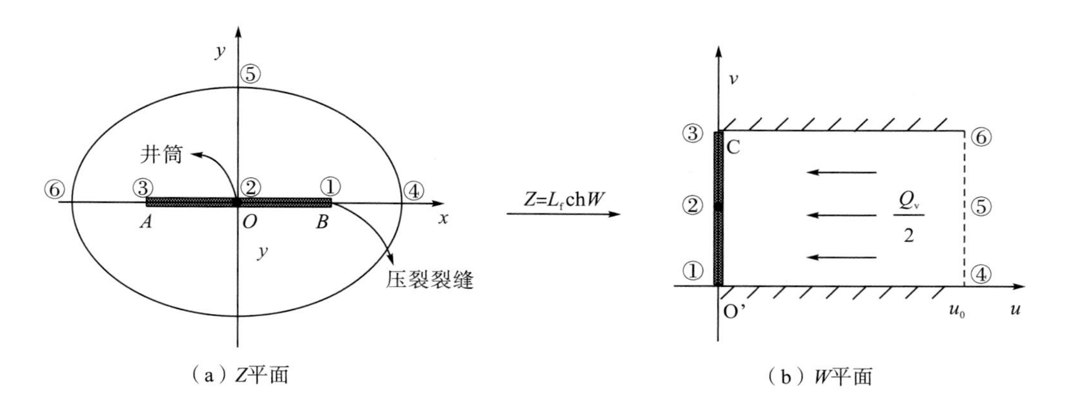

（a）Z平面　　（b）W平面

图 4-2　保角变换示意图

如图 4-2 所示，定义保角变换函数：

$$Z = L_f \operatorname{ch} W \tag{4-20}$$

把 $z=x+iy$，$w=u+iv$ 代入式(4-20)，则可得到：

$$x = L_f \operatorname{ch} u \cos v \tag{4-21}$$

$$y = L_f \operatorname{sh} u \sin v \tag{4-22}$$

式中，L_f——裂缝半长，m；

x，y——Z 平面坐标；

u，v——W 平面坐标。

如表 4-1 所示，通过式(4-21)和式(4-22)的变换，图 4-2(a)中 Z 平面上半平面地层变换为图 4-2(b)中 W 平面带宽为 π 的半无限大地层(u 轴右侧)，半径为 R_e 的椭圆形定压边界变为长度为 π 的直线定压边界，长度为 $2L_f$ 的压裂井变为长度为 π 的线源。

表 4-1 保角变换计算

点的位置	W 平面		Z 平面	
①	$u=0$	$v=0$	$x=L_f$	$y=0$
②	$u=0$	$v=\pi/2$	$x=0$	$y=0$
③	$u=0$	$v=\pi$	$x=-L_f$	$y=0$
④	$u=u_0$	$v=0$	$x=L_f\text{ch}u_0$	$y=0$
⑤	$u=u_0$	$v=\pi/2$	$x=0$	$y=L_f\text{sh}u_0$
⑥	$u=u_0$	$v=\pi$	$x=-L_f\text{ch}u_0$	$y=0$

由式(4-21)和式(4-22)可得 Z 平面中气体流动的等势线方程：

$$\frac{x^2}{L_f^2\text{ch}^2u}+\frac{y^2}{L_f^2\text{sh}^2u}=1 \tag{4-23}$$

当 Z 平面中的定压边界离压裂井的距离较大时，可以看作圆形边界，即

$$\text{ch}u_0 \approx \text{sh}u_0 \approx \frac{1}{2}\text{e}^{u_0} \tag{4-24}$$

式中，u_0——W 平面中边界与长度为 π 的线源之间的距离。

则 Z 平面在边界上的等势线方程可变为

$$x^2+y^2=L_f^2\left(\frac{1}{2}\text{e}^{u_0}\right)^2=R_e^2 \tag{4-25}$$

解得上式可得图 4-2(b)中 W 平面中线源与边界之间的距离 u_0 和 Z 平面中边界半径 R_e 的关系为

$$u_0=\ln\frac{2R_e}{L_f} \tag{4-26}$$

根据式(4-18)先求得 W 平面中线源的产量：

$$Q_v=\frac{2\pi k_0 hT_{sc}}{p_{sc}T\overline{\mu z}u_0}\left[\begin{array}{l}\dfrac{p_e^2-p_w^2}{2}+\dfrac{3\pi\mu\phi D_K}{16k_0}(p_e-p_w)+\dfrac{512}{9\pi^2}\left(\dfrac{3\pi\mu\phi D_K}{64k_0}\right)^{1.4}\left(p_e^{0.6}-p_w^{0.6}\right)\\ +4b\left(\dfrac{3\pi\mu\phi D_K}{64k_0}\right)^2\ln\dfrac{p_e}{p_w}\end{array}\right] \tag{4-27}$$

式中，p_e——供给边界的压力，Pa；

p_w——井筒压力，Pa；

h——地层厚度，m。

再根据式(4-26)则可得到 Z 平面中压裂井的产量：

$$Q_v=\frac{2\pi k_0 hT_{sc}}{p_{sc}T\overline{\mu z}\ln\dfrac{2R_e}{L_f}}\left[\begin{array}{l}\dfrac{p_e^2-p_w^2}{2}+\dfrac{3\pi\mu\phi D_K}{16k_0}(p_e-p_w)+\dfrac{512}{9\pi^2}\left(\dfrac{3\pi\mu\phi D_K}{64k_0}\right)^{1.4}\left(p_e^{0.6}-p_w^{0.6}\right)\\ +4b\left(\dfrac{3\pi\mu\phi D_K}{64k_0}\right)^2\ln\dfrac{p_e}{p_w}\end{array}\right] \tag{4-28}$$

3. 有限导流裂缝压裂直井

与无限导流压裂裂缝相比，考虑有限导流裂缝的压裂直井更符合实际情况，并且也可以分析压裂裂缝的参数对气井产能的影响。

考虑有限导流裂缝时(先讨论 W 平面)，取 W 平面中裂缝微元如图 4-3 所示，假设气体在压裂裂缝中只沿着 v 轴流动(沿着人工裂缝方向)。因此，裂缝中的流速在 u 方向为定值，在 v 方向为变量，即从储层到微元体 dv 微元段上流速 v_u 为定值。

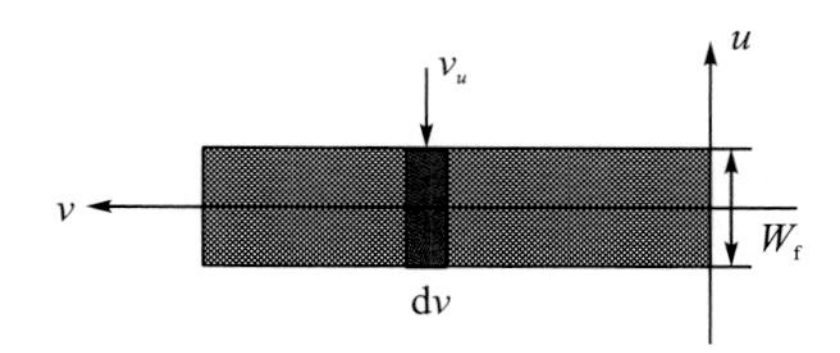

图 4-3　裂缝微元示意图

根据流出单元体的质量等于流入单元体的质量，裂缝中气体流动的质量守恒方程可以写为

$$-\left(v_v\big|_{v+\Delta v}-v_v\big|_v\right)\cdot\frac{1}{2}W_f h+v_u\cdot\Delta v h=0 \tag{4-29}$$

上式两边同除 Δv，且当 Δv 取无穷小时，可得偏微分方程：

$$\frac{\mathrm{d}v_v}{\mathrm{d}v}\cdot\frac{1}{2}W_f=v_u \tag{4-30}$$

气体在压裂裂缝中流动的拟压力函数可定义为[11]

$$m(p)=2\int_{p_e}^{p}\left[1+\frac{3\pi\phi}{16k_0}\frac{\mu}{p}D_K+\frac{512}{15\pi^2}\left(\frac{3\pi\phi}{64k_0}\frac{\mu}{p}D_K\right)^{1.4}+4b\left(\frac{3\pi\phi}{64k_0}\frac{\mu}{p}D_K\right)^2\right]\frac{p}{\mu z}\mathrm{d}p \tag{4-31}$$

式(4-30)可变为

$$\frac{\partial^2 m}{\partial v^2}-\frac{k_0}{\frac{1}{2}k_f W_f}\frac{1}{\ln\frac{2R_e}{L_f}}m=-\frac{k_0}{\frac{1}{2}k_f W_f}\frac{1}{\ln\frac{2R_e}{L_f}}m_e \tag{4-32}$$

压裂裂缝的边界条件为

$$\begin{cases}\mathrm{d}m/\mathrm{d}v=0\,; & v=0\\ m=m_w\,; & v=\pi/2\end{cases} \tag{4-33}$$

结合式(4-33)，则可得式(4-32)的解：

$$m(p)=c_1\mathrm{e}^{\lambda v}+c_2\mathrm{e}^{-\lambda v}+m_e \tag{4-34}$$

其中 c_1、c_2、λ分别为

$$\lambda=\sqrt{\frac{2k_0}{k_f W_f}\frac{1}{\ln 2R_e/L_f}}\,,\quad c_1=c_2=\frac{m_w-m_e}{\mathrm{e}^{\frac{\pi}{2}\lambda}+\mathrm{e}^{-\frac{\pi}{2}\lambda}} \tag{4-35}$$

垂直裂缝井的总产量为

$$Q_{\mathrm{f}}=-\frac{k_{\mathrm{f}}W_{\mathrm{f}}hT_{\mathrm{sc}}}{p_{\mathrm{sc}}T}\frac{\mathrm{d}m}{\mathrm{d}v}\bigg|_{v=\frac{\pi}{2}}=\frac{k_{\mathrm{f}}W_{\mathrm{f}}hT_{\mathrm{sc}}}{p_{\mathrm{sc}}T}\lambda\left(m_{\mathrm{e}}-m_{\mathrm{w}}\right)\frac{\mathrm{e}^{\frac{\pi}{2}\lambda}-\mathrm{e}^{-\frac{\pi}{2}\lambda}}{\mathrm{e}^{\frac{\pi}{2}\lambda}+\mathrm{e}^{-\frac{\pi}{2}\lambda}} \tag{4-36}$$

利用式(4-31)，可以得到考虑有限导流裂缝的垂直裂缝井的产能公式为

$$Q_{\mathrm{f}}=\frac{2k_{\mathrm{f}}W_{\mathrm{f}}h\lambda T_{\mathrm{sc}}}{p_{\mathrm{sc}}T\overline{\mu z}}\tanh\frac{\pi\lambda}{2}\left[\begin{array}{l}\dfrac{p_{\mathrm{e}}^{2}-p_{\mathrm{w}}^{2}}{2}+\dfrac{3\pi\mu\phi D_{\mathrm{K}}}{16k_{0}}\left(p_{\mathrm{e}}-p_{\mathrm{w}}\right)+\dfrac{512}{9\pi^{2}}\left(\dfrac{3\pi\mu\phi D_{\mathrm{K}}}{64k_{0}}\right)^{1.4}\left(p_{\mathrm{e}}^{0.6}-p_{\mathrm{w}}^{0.6}\right)\\+4b\left(\dfrac{3\pi\mu\phi D_{\mathrm{K}}}{64k_{0}}\right)^{2}\ln\dfrac{p_{\mathrm{e}}}{p_{\mathrm{w}}}\end{array}\right] \tag{4-37}$$

式中，右边中括号里的第一项为满足达西公式的产量，用 Q_{D} 表示。

4.2.2 压裂水平井产能模型

如图 4-4 所示，压裂水平井由多个垂直裂缝组成，而单个垂直裂缝的流场图与压裂直井垂直裂缝的流场图相同。因此，压裂水平井的泄流面积等于多个垂直裂缝的泄流面积之和。当水平井压裂为多条垂直裂缝时，又可分为以下两种情况。

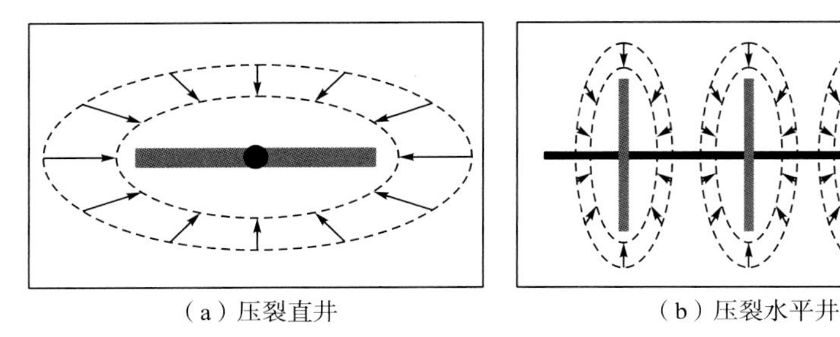

（a）压裂直井　　（b）压裂水平井

图 4-4 不同井型的渗流示意图

1. 多条裂缝泄流，各条裂缝形成的泄流区域不互相干扰

此时压裂水平井的总流量为各垂直裂缝的泄流量之和。根据等值渗流阻力法，页岩气藏多级压裂水平井的产能公式为

$$Q=\sum_{i=1}^{n}q_{i} \tag{4-38}$$

式中，q_i——第 i 条裂缝的泄流量，可以用式(4-37)来计算。

2. 多条裂缝泄流，各条裂缝形成的泄流区域互相干扰

由等值渗流阻力法可知，当两椭圆泄流区域相交时，相当于减少了该区域的渗流阻力，而裂缝内流体流动的流动阻力不受影响。当所有垂直裂缝引起的椭圆泄流区均相互干扰时，页岩气藏压裂水平井的产能公式为[2,12,13]：

$$Q=\sum_{i=1}^{n}\left(1-\frac{S_{i}}{\pi a_{i}b_{i}}\right)q_{i} \tag{4-39}$$

式中，S_i——第 i 条裂缝和第 i+1 条裂缝椭圆泄流区域的相交面积，m^2；

a_i——第 i 条裂缝椭圆泄流区域的长轴，m；

b_i——第 i 条裂缝椭圆泄流区域的短轴，m；

假设所有垂直裂缝的椭圆泄流面积相等，通过定积分可得到相交面积的计算公式：

$$S_i = 2a_i b_i \left[\arccos\frac{y_i}{b_i} - \frac{y_i}{b_i}\sqrt{1-\left(\frac{y_i}{b_i}\right)^2} \right] \tag{4-40}$$

其中，y_i 为井距的一半(i=1，2，…，n−1)，且 S_n=0。

4.3　考虑多尺度流动的压裂井产能分析

本章在建立页岩气藏压裂井稳态产能模型的过程中，考虑了气体在页岩中存在的多尺度流动现象。当储层压力以及孔隙尺寸发生变化时，页岩气藏压裂井的产能也随之产生变化。当孔隙尺寸变小或压力下降时，Knudsen 扩散和滑脱效应对产能的影响更加明显，因此研究了不同页岩渗透率以及不同气井工作制度下，考虑多尺度流动的页岩气藏压裂井的产能变化情况。

图 4-5 为推导的考虑页岩气多尺度流动的压裂井产能 Q_f 与满足达西公式的产量 Q_D 的对比，并研究其随页岩孔隙尺寸与井底流压的变化规律。从图 4-5(a)可以看出，页岩渗透率越大，井底流压越小时，压裂井的产量越大，且考虑滑脱与扩散效应的压裂井产量 Q_f 要大于仅考虑达西公式的产量 Q_D。图 4-5(b)通过对比 Q_f 和 Q_D 的比值，可以看出 Knudsen 扩散和滑脱效应对压裂井产能的影响。当页岩渗透率变小、井底流压降低时，Q_f 和 Q_D 的比值快速增大；当页岩渗透率减少到 1×10^{-5}mD，井底流压降到 1MPa 时，Knudsen 扩散和滑脱效应最为明显。说明当页岩渗透率处于纳达西级别时，页岩纳米孔隙中的扩散和滑脱效应使得页岩的视渗透率变大从而导致气井产量增加。因此对于渗透率较小的页岩储层，Knudsen 扩散和滑脱效应对气井产能的影响更大。

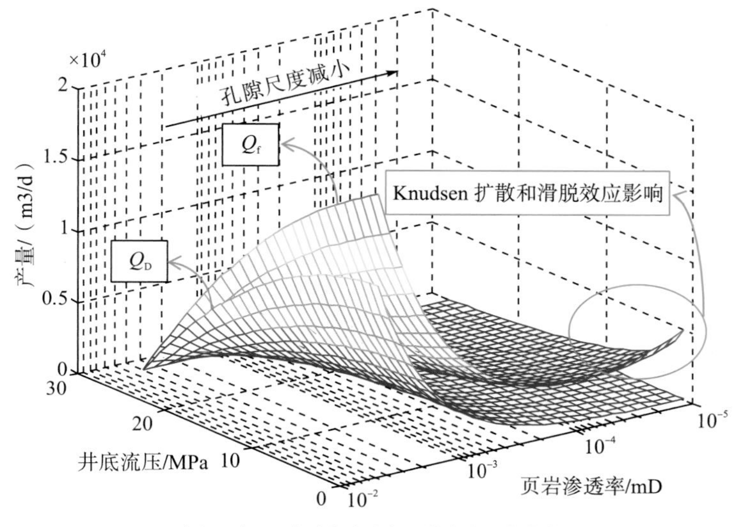

(a) Q_D 与 Q_f 随页岩渗透率和井底流压的变化

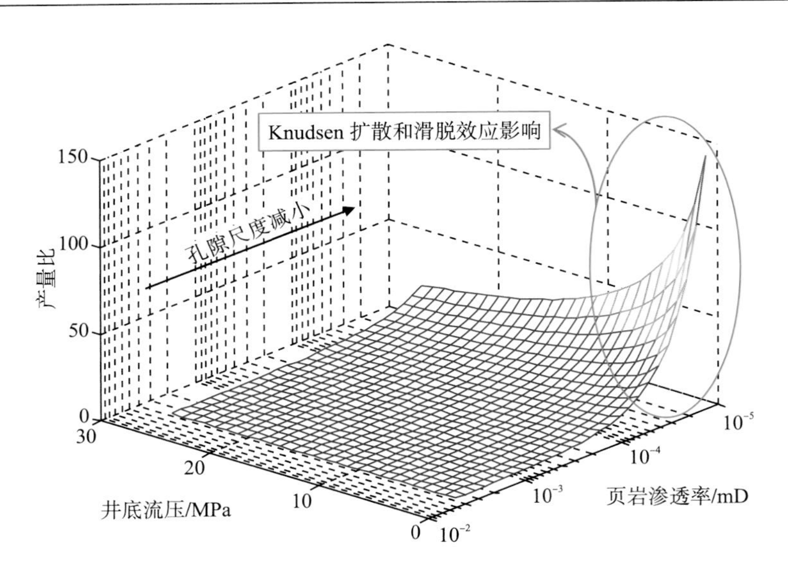

(b) Q_f/Q_D 随页岩渗透率和井底流压的变化

图 4-5 Knudsen 扩散和滑脱效应对产能的影响

图 4-6 绘制了不同井底流压下，产气速度 Q_f 与页岩渗透率的关系曲线。对于常规储层，储层渗透率越低，产量越少；但是对于页岩气藏，刚开始的时候产气量随着渗透率的降低而减少，但是当渗透率减少到某一程度，由于 Knudsen 扩散和滑脱效应，产气量会随

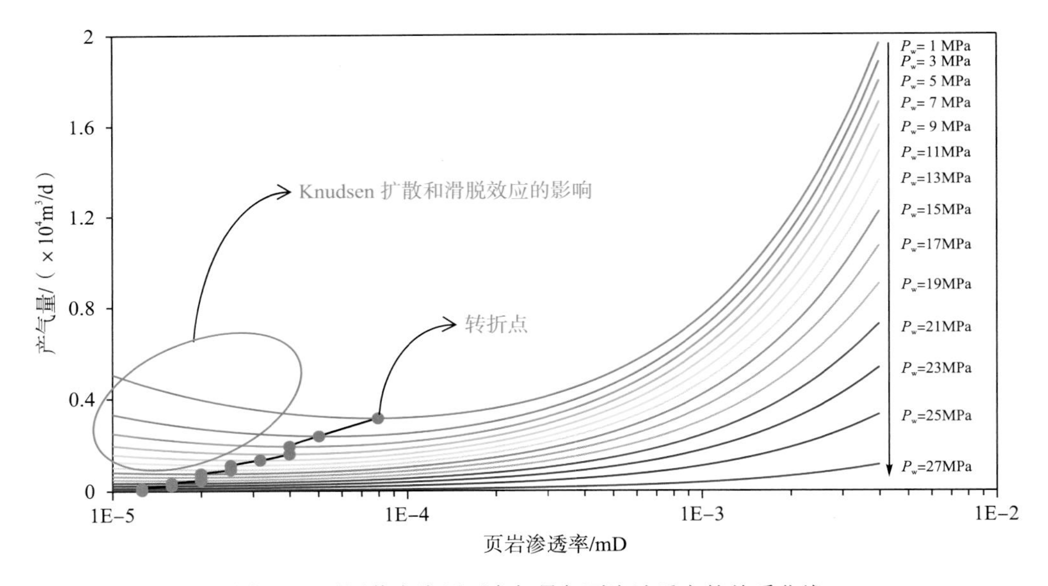

图 4-6 不同井底流压下产气量与页岩渗透率的关系曲线

着渗透率的降低而增加。随渗透率的降低，产气量下降趋势发生变化时的渗透率被称为转折点。转折点的数值随着井底流压升高而降低，这是由于 Knudsen 扩散和滑脱效应更容易发生在渗透率更小、压力越低的储层。因此当井底流压升高时，需要更小的渗透率才能使 Knudsen 扩散和滑脱效应产生影响。

表 4-2　不同井底流压下转折点处的产气速度与最小渗透率处的产气速度对比

p_w/MPa	Q_{Kmin}/(10^4 m^3/d)	Q_{TP}/(10^4 m^3/d)	Q_{Kmin}/Q_{TP}
1	0.505	0.315	1.601
3	0.333	0.238	1.398
5	0.250	0.193	1.296
7	0.197	0.160	1.228
9	0.158	0.134	1.178
11	0.127	0.112	1.138
13	0.103	0.093	1.109
15	0.082	0.076	1.082
17	0.065	0.061	1.064
19	0.050	0.048	1.046
21	0.037	0.035	1.034
23	0.025	0.024	1.024
25	0.014	0.014	1.014
27	0.005	0.004	1.010

表 4-2 给出了图 4-6 中不同井底流压下页岩渗透率取值最小处(图 4-6 中的页岩渗透率取值范围中的最小值)的产量 Q_{Kmin} 与拐点处的产气量 Q_{TP} 的比值。井底流压越高，两者比值越小，说明 Knudsen 扩散和滑脱效应在井底流压较低时对压裂井的产能影响更大。尽管在图 4-5(b)中压裂井产量 Q_f 是达西产量 Q_D 的 150 倍，但是当页岩渗透率为 1×10^{-5}mD、井底流压为 1MPa 时的产气量仅为拐点处产气量的 1.6 倍。这说明虽然 Knudsen 扩散和滑脱效应能显著提高极低渗储层的产量，但是与较高渗透率储层相比，气井产量提高幅度有限。

4.4　页岩气压裂井的产能影响因素分析

根据上述推导出的压裂井稳态产能方程，结合现场实例分析了渗透率修正系数、滑脱因子、Knudsen 扩散系数、页岩渗透率、人工压裂裂缝相关参数对气井产能的影响。已知某页岩气藏的基本参数如表 4-3 所示。

表 4-3　某页岩气藏数据[2]

参数	数值	单位
渗透率，K	0.0005	mD
孔隙度，ϕ	0.07	-
储层温度，T	366.15	K
储层压力，p_e	28	MPa
储层厚度，h	30.5	M
压力供给半径，R_e	400	M
气体黏度，μ_g	0.027	mPa·s
气体压缩因子，z	0.89	-
井筒半径，r_w	0.1	M

4.4.1 压裂直井产能影响因素

1. 渗透率修正系数的影响

通过图 4-7 可以看出，渗透率修正系数ξ对产量的影响较大。当气体在页岩中的流动仅考虑达西流动时(ξ=1)，压裂井的产量较小；当根据 Beskok-Karniadakis 模型对页岩渗透率进行修正后，压裂井的产量也随着ξ的修正阶数增加而逐渐增大。现场数据显示当生产压差为 7MPa 且裂缝半长为 200m 时，垂直裂缝井的产气量为 $1.2\times10^4\text{m}^3$[2]。与根据达西公式以及考虑 Klinkenberg 渗透率修正系数建立的产能模型相比，基于页岩气多尺度渗流模型建立的压裂井产能公式的计算结果更加接近现场生产数据。

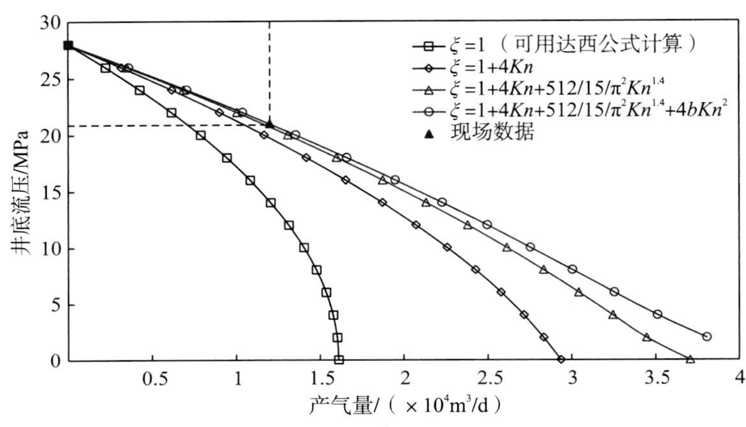

图 4-7 渗透率修正系数ξ对压裂直井产量的影响

2. Knudsen 扩散及滑脱效应的影响

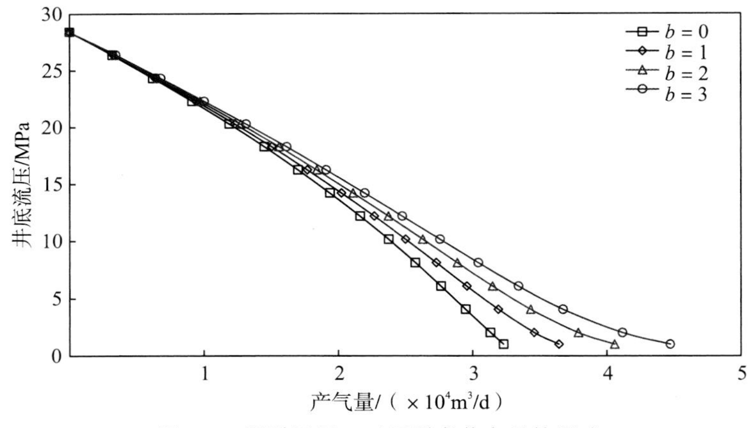

图 4-8 滑脱因子 b 对压裂直井产量的影响

图 4-8 绘制了在不同的滑脱系数 b 下考虑有限导流裂缝压裂井的井底流压与产量的关系曲线。当井底流压较大时，滑脱效应对压裂井产量影响几乎可以忽略；当流压低于 15MPa 时，滑脱效应开始影响压裂井的产量，且随着滑脱因子变大，压裂井的产量也随

之增加。这是因为，根据 Javadpour 等提出的滑脱因子的表达式式(4-14)可以看出，当平均压力较大时，$b\approx0$，即管中的流量主要由服从达西定律的黏性流量组成；当平均压力较小时，滑脱效应更加明显。因此在开采页岩气时，适当降低井底流压可以提高气井产量。从图 4-9 可以看出，Knudsen 扩散系数越大，压裂直井的产气量越大。

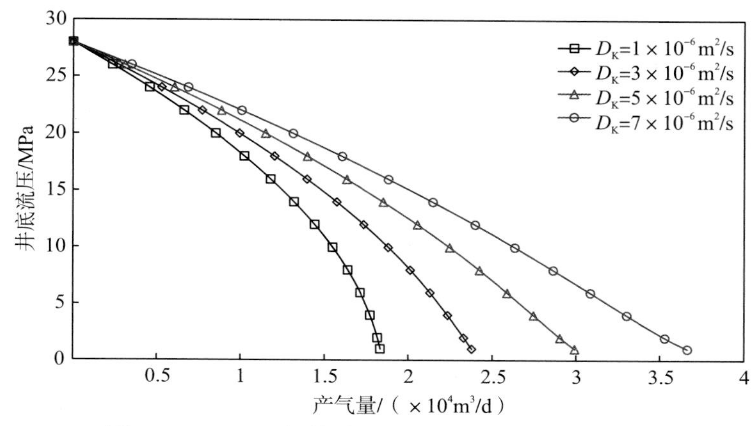

图 4-9　Knudsen 扩散系数 D_K 对压裂直井产量的影响

3. 储层物性及裂缝参数的影响

图 4-10 为页岩渗透率对压裂井产量的影响，可以看出压裂井产气量随页岩渗透率的增大而增大，当渗透率分别增加到 2 倍、3 倍和 4 倍时，压裂井的产量分别增加到 1.71 倍、2.32 倍和 2.87 倍。图 4-11 为裂缝半长对压裂井产量的影响，可以看出压裂井产气量随裂缝半长的增加而增大，当裂缝半长分别增加到 3 倍、5 倍和 7 倍时，压裂井的产量分别增加到 1.54 倍、2.06 倍和 2.65 倍。即当压裂半长增加的倍数大于页岩渗透率增加的倍数时，前者的压裂井产气量的增加幅度依然小于后者产气量的增加幅度，这说明裂缝半长的增加虽然能提高压裂井的产气量，但也只能改善裂缝附近储层的渗流能力，而整个储层流动能力的提高才能使产气量大幅增加。

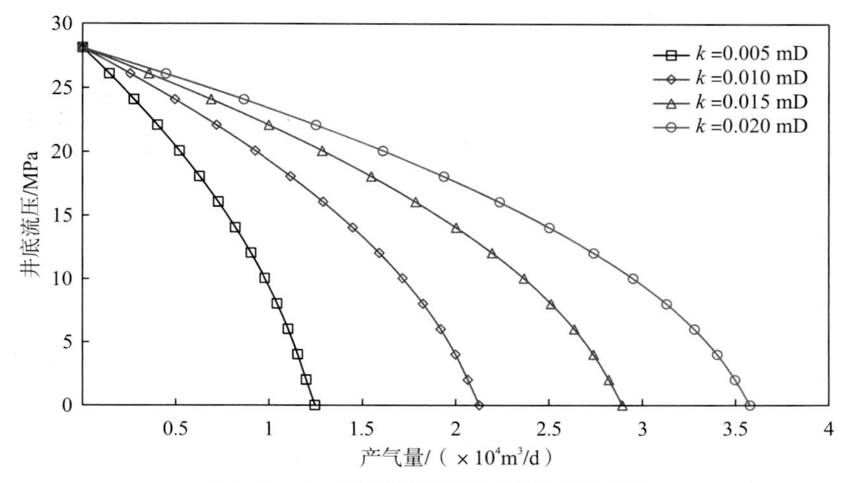

图 4-10　页岩渗透率对压裂直井产量的影响

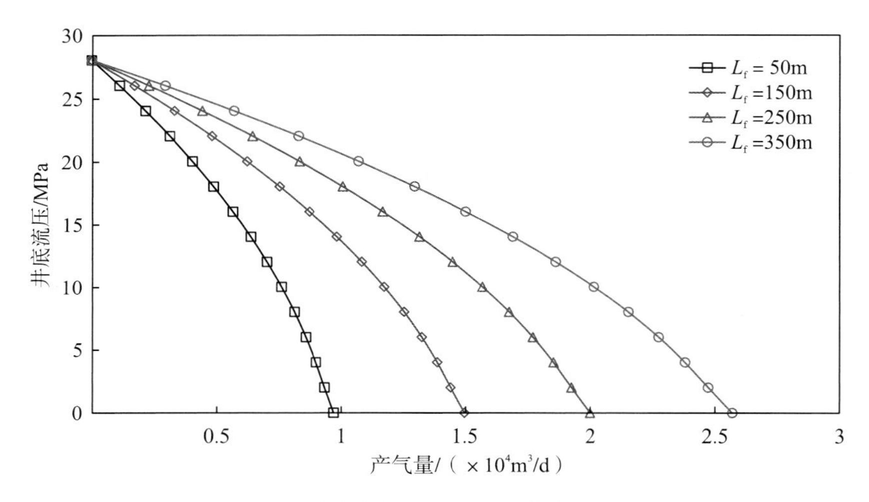

图 4-11 裂缝半长 L_f 对压裂直井产量的影响

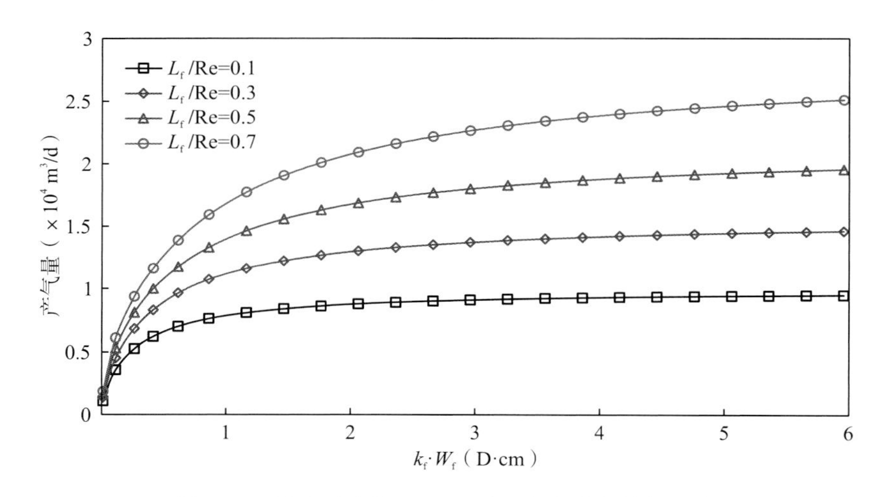

图 4-12 裂缝导流能力 $k_f \cdot W_f$ 对压裂直井产量的影响

由产能公式得到了不同裂缝穿透比（L_f/R_e）条件下，压裂井产能随裂缝导流能力（$k_f \cdot W_f$）的变化情况。由图 4-12 可以发现，随着裂缝导流能力或裂缝穿透比的增加，气井的产能也随之增加，但是当裂缝导流能力增加到一定数值后，产气量的增加幅度逐渐变小，且当裂缝穿透比增加时，此数值会随之变大。比如，当裂缝穿透比为 0.1 时，裂缝导流能力大于 2D·cm 后产气量的增加幅度变缓，但是当裂缝穿透比为 0.3 时，裂缝导流能力则要大于 4D·cm 后产气量的增加幅度才开始变缓。此图版可为不同裂缝穿透比的压裂井裂缝导流能力的优选提供依据。

4.4.2 压裂水平井产能影响因素

由于上一节主要研究了滑脱因子、Knudsen 扩散系数、页岩渗透率等与储层相关的参数对压裂直井产能的影响，因此这一节主要研究压裂水平井相关参数对产能的影响。

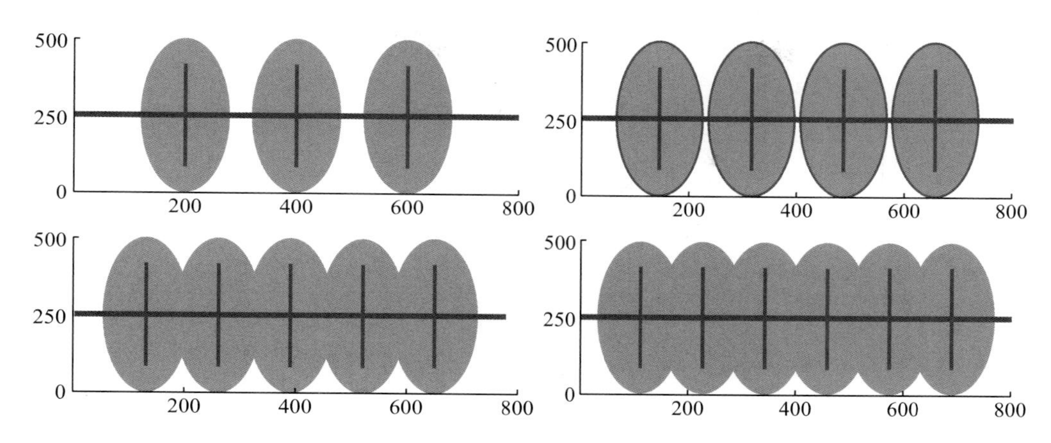

图 4-13 不同裂缝条数的压裂水平井泄气面积

假设水平井的水平段长度为 800m，裂缝以等间距均匀地分布在水平段上，图 4-13 为不同裂缝条数下的气井有效泄气面积，当水平段长度不变时，裂缝间距随着裂缝条数增加而减小，裂缝之间的相互干扰逐渐增强，单个垂直裂缝对压裂水平井的贡献减少。图 4-14 为不同裂缝条数下井底流压与产量的关系曲线，随着裂缝条数增加，裂缝之间的干扰增强，压裂水平井的总产量增加幅度变缓。

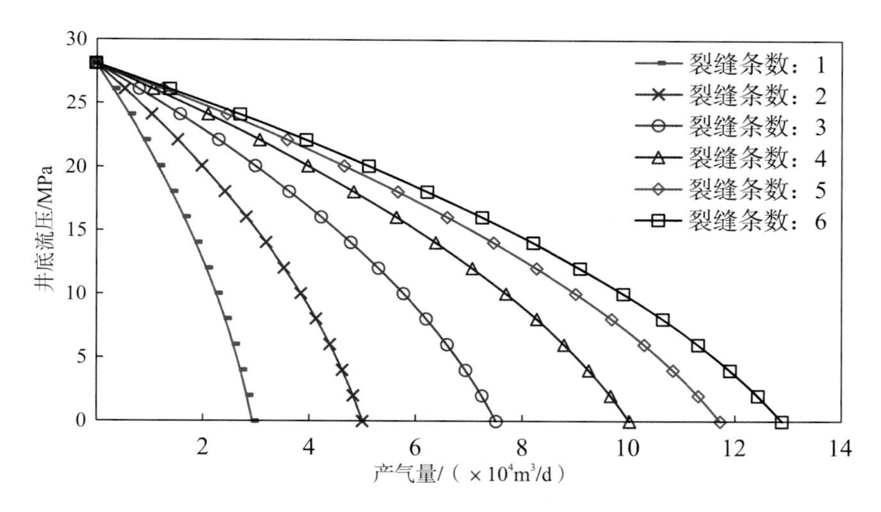

图 4-14 裂缝条数对压裂水平井产量的影响

假设水平井的水平段长度为 800m，裂缝以等间距均匀地分布在水平段上，图 4-15 为不同裂缝半长条件下的气井控制面积示意图，实际为 6 条裂缝，当裂缝半长增加时，气井控制面积增大。图 4-16 为不同裂缝半长条件下井底流压与产量的关系曲线，从图中可以看出，随着裂缝半长增加，气井有效泄气面积增大，因此压裂水平井的总产量也随之增大。

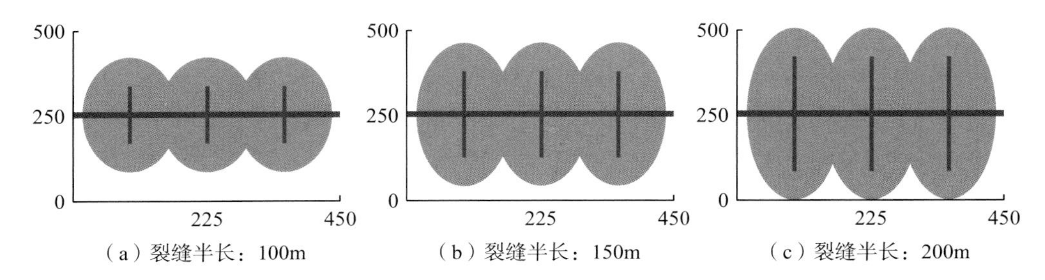

图 4-15 不同裂缝半长的压裂水平井泄气面积示意图(6 条裂缝)

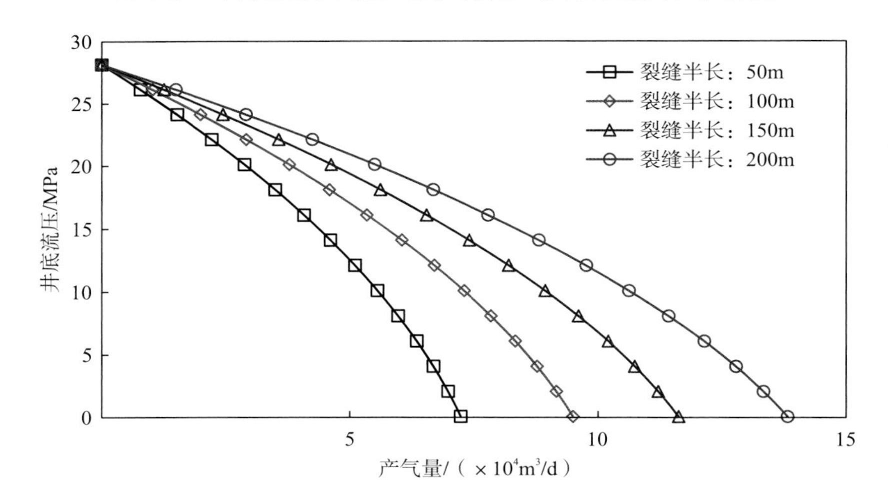

图 4-16 裂缝半长对压裂水平井产量的影响

图 4-17 为不同裂缝导流能力下井底流压与产气量的关系曲线。从图 4-17 中可以看出，随着压裂裂缝导流能力增强，压裂水平井产量增加。但是随着裂缝导流能力继续增强，压裂水平井产量增加幅度变缓。此外，与裂缝条数、裂缝半长相比，裂缝导流能力对气井产能的影响较小。

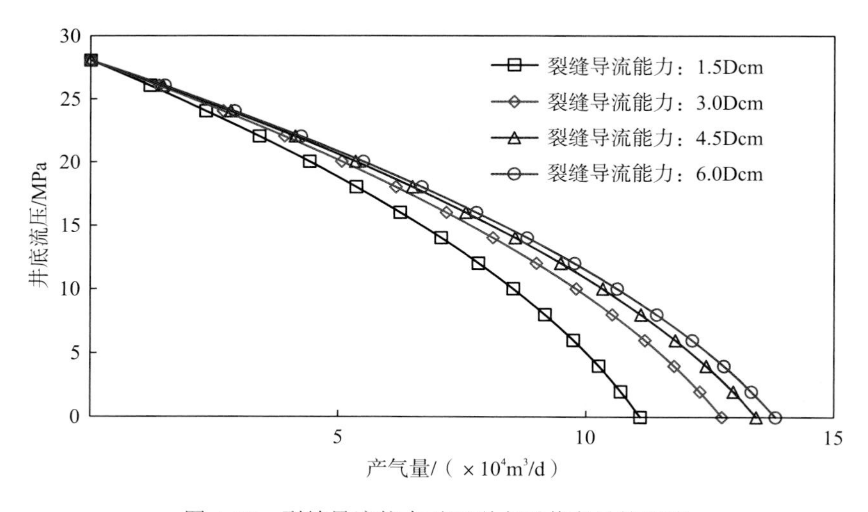

图 4-17 裂缝导流能力对压裂水平井产量的影响

4.5 本章小结

本章建立了一个能模拟连续流、滑脱流、过渡流和自由分子流不同流态的多尺度综合渗流模型，推导出页岩气藏考虑有限导流裂缝的压裂直井稳态产能方程和压裂水平井稳态产能方程，在模型中考虑了 Knudsen 扩散系数随孔隙尺寸变化的情况，得到了页岩气藏压裂井的 IPR 曲线，并与现场实例进行对比验证及进行了敏感性因素分析。得到以下结论：

(1) 基于 Beskok-Karniadakis 模型，推导了一个新的适用于不同流态的非达西渗流方程，并且分析了不同 Knudsen 数下，Beskok-Karniadakis 公式的高阶项对渗透率修正系数的影响，研究发现随着 Knudsen 数逐渐增加，渗透率修正系数越来越偏离达西公式。

(2) 建立了考虑裂缝变质量流的压裂直井产能模型。模拟结果表明：与通过达西公式计算的产量和仅考虑 Klinkenberg 渗透率修正系数计算的产量相比，通过高阶渗透率修正系数的非达西渗流模型计算的产量更接近现场数据。

(3) 模拟中考虑了 Knudsen 扩散系数随孔隙尺寸变化的情况。模拟结果表明：当井底流压低于 15MPa 时，滑脱效应开始影响压裂井的产量；并且 Knudsen 扩散和滑脱效应对较低页岩渗透率储层的产量影响更大，特别是当页岩渗透率达到纳达西级别。

(4) 对压裂井产能进行了敏感性因素分析，研究发现：①压裂直井：滑脱因子、Knudsen 扩散系数、页岩渗透率、裂缝半长、裂缝穿透比与裂缝导流能力对压裂井的产气量均有不同程度的影响；②压裂水平井：与裂缝条数、裂缝半长对压裂水平井产能的影响相比，裂缝导流能力对气井产能的影响较小。

参考文献

[1] Michel G G, Sigal R F, Civan F, et al. Parametric investigation of shale gas production considering nanoscale pore size distribution, formation factor, and non-darcy flow mechanisms[C]. SPE 147438, presented in Proceedings of the SPE Annual Technical Conference and Exhibition, Denver, Colo, USA, 2011.

[2] Deng J, Zhu W, Ma Q. A new seepage model for shale gas reservoir and productivity analysis of fractured well[J]. Fuel, 2014, 124: 232–240.

[3] Beskok A, Karniadakis G E, Trimmer, W. Rarefaction and compressibility effects in gas microflows[J]. Journal of Fluids Engineering, 1996, 118(3): 448–456.

[4] Beskok A, Karniadakis G E. A model for flows in channels, pipes, and ducts atmicro and nanoscales[J]. MicroscaleThermophysical Engineering, 1999, 3(1): 43-77.

[5] Guggenheim E A. Elements of the Kinetic Theory of Gases[M]. Oxford: Pergamon Press, 1960.

[6] Javadpour F, Fisher D, Unsworth M. Nanoscale gas flow in shale gas sediments[J]. J. Can. Petroleum Technol, 2007, 46(10): 55-61.

[7] Knudsen M. The law of the molecular flow and viscosity of gases moving through tubes[J]. Annals of Physics, 1909, 28(1): 75-130.

[8] Roy S, Raju R. Modeling gas flow through microchannels and nanopores[J]. J. Appl. Phys, 2003, 93 (8): 4870-4879.

[9] 蒋廷学, 单文文, 杨艳丽. 垂直裂缝井稳态产能的计算[J]. 石油勘探与开发, 2001, 28(2): 61-63.

[10] 汪永利, 蒋廷学, 曾斌. 气井压裂后稳态产能的计算[J]. 石油学报, 2003, 24(4): 65-68.

[11]王坤, 张烈辉, 陈飞飞. 页岩气藏中两条互相垂直裂缝井产能分析[J]. 特种油气藏, 2012, 19(4): 130-134.

[12] 王志平. 低渗透油藏整体压裂开发非达西渗流理论研究[D]. 北京: 北京科技大学博士学位论文, 2007.

[13] Song H, Liu Q, Yang D, et al. Productivity equation of fractured horizontal well in a water-bearing tight gas reservoir with low-velocity non-Darcy flow[J]. Journal of Natural Gas Science and Engineering, 2014, 18. 467-473.

第 5 章 页岩气藏压裂井单相气体非稳态渗流模型

第 4 章讨论了页岩气藏压裂井的稳态产能模型，但是由于稳态产能本身的局限性以及不能考虑与时间相关的物理过程，然而孔隙表面上的气体解吸以及存在于干酪根中的溶解气向纳米孔隙的扩散都与时间相关。因此，本章在第 4 章的基础上研究了基于复杂赋存及渗流机理的页岩气多尺度流动的非稳态渗流模型。为了模拟页岩气从纳微米孔隙到天然裂缝，再到人工裂缝，最后流向井筒的多尺度流动过程，分别建立了考虑纳米孔隙流动特性的基质系统、天然裂缝系统，并且采用 Ozkan 的点源函数方法(本章 5.1)来模拟人工压裂裂缝的气体渗流规律，通过耦合不同尺度中的页岩气流动，最终得到页岩气藏压裂井的非稳态渗流模型。通过将现场数据与本章所绘制的瞬态压力图版进行拟合能得到储层的流动特征以及取得压裂井和储层的物性参数。

根据国内外调研，在页岩气藏非稳态渗流模型的研究中主要存在以下问题，根据这些问题也形成了本章的主要内容：

(1) 前人[1-7]在研究页岩气藏压裂井非稳态渗流模型时，采用 Fick 定律来模拟气体在基质中的运动。但是由于基质中含有大量的纳米级孔隙，2007 年 Javadpour 等[8]提出页岩气在纳米级孔隙中的流动并不符合达西定律，并在 2009 年证实了考虑 Knudsen 扩散和滑脱效应的质量通量方程能很好地拟合 Roy 等[9]的纳米管气体流动实验结果[10]。因此，本章 5.2 在考虑页岩气在纳米孔隙中的气体解吸、Knudsen 扩散和滑脱流特性的基础上建立了区别于传统页岩气藏双重孔隙介质模型的非稳态渗流模型。

(2) 根据前文所述，页岩气除了储存在孔隙和裂缝中以及吸附在孔隙壁上，还有部分气体以溶解状态存在于液烃或吸附在干酪根中其他物质表面。因此，本章 5.3 建立了一个考虑干酪根块中的溶解气、孔隙壁上的解吸、纳米孔隙中的 Knudsen 扩散和滑脱流、天然裂缝网络中达西流动，以及人工压裂裂缝的多尺度综合模型。

5.1 点源函数方法

5.1.1 Laplace 空间中的点源解

考虑无限大、天然裂缝储层中的生产问题。假设天然裂缝储层(或双重孔隙介质)的特点可以用 Warren 和 Root 提出的模型表示，即储层包括两种独立的介质：基质系统和裂缝系统。假设基质系统是一个具有高储集能力和低渗透率的介质，且产量主要依赖于裂缝系统，即井筒与基质系统无直接联系。

根据 Ozkan 等[11]的研究，通过质量守恒定律和达西定律，可以得到微可压缩流体在裂缝系统及基质系统中的流动控制方程，如下：

$$\frac{1}{r_{\mathrm{D}}^{2}}\frac{\partial}{\partial r_{\mathrm{D}}}\left(r_{\mathrm{D}}^{2}\frac{\partial \Delta p_{\mathrm{f}}}{\partial r_{\mathrm{D}}}\right)=\omega\frac{\partial \Delta p_{\mathrm{f}}}{\partial t_{\mathrm{D}}}+(1-\omega)\frac{\partial \Delta p_{\mathrm{m}}}{\partial t_{\mathrm{D}}} \tag{5-1}$$

$$\lambda(\Delta p_{\mathrm{m}}-\Delta p_{\mathrm{f}})=-(1-\omega)\frac{\partial \Delta p_{\mathrm{m}}}{\partial t_{\mathrm{D}}} \tag{5-2}$$

式中，下标 f——裂缝系统；

下标 m——基质系统；

Δp_{f}——初始压力的压降，假设初始压力在整个体系中是相同的。

其中，无因次量定义如下：

无因次距离：$x_{\mathrm{D}j}=\frac{x_j}{L}\sqrt{\frac{k_{\mathrm{f}}}{k_{\mathrm{f}j}}}$；

无因次时间：$t_{\mathrm{D}}=\frac{\eta t}{L^2}$；

无因次储容系数：$\omega=\frac{(V\phi c_{\mathrm{t}})_{\mathrm{f}}}{(V\phi c_{\mathrm{t}})_{\mathrm{f}}+(V\phi c_{\mathrm{t}})_{\mathrm{m}}}$；

无因次窜流系数：$\lambda=\alpha\frac{k_{\mathrm{m}}}{k_{\mathrm{f}}}L^2$；

综合系数：$\eta=\frac{k_{\mathrm{f}}}{\left[(V\phi c_{\mathrm{t}})_{\mathrm{f}}+(V\phi c_{\mathrm{t}})_{\mathrm{m}}\right]\mu}$。

式中，L——系统中的参考长度，m；

α——孔内的形状因子，m^{-2}；

k_{m}——基质系统的渗透率，D；

$k_{\mathrm{f}j}$——j 方向的裂缝渗透率，D；

μ——流体的黏度，Pa • s；

$(V\phi c_{\mathrm{t}})_{\mathrm{m}}$——基质系统的储集能力，D(Pa • s)；

$(V\phi c_{\mathrm{t}})_{\mathrm{f}}$——裂缝系统的储集能力，D(Pa • s)。

k_{f}为等效的各向同性系统的渗透率，可以用下式计算：

$$k_{\mathrm{f}}=\sqrt[3]{k_{x\mathrm{f}}k_{y\mathrm{f}}k_{z\mathrm{f}}} \tag{5-3}$$

假设储层中的流体流动是由坐标原点处的瞬时压降(当 t=0 时)引起的。在术语中，由于流体从一点瞬时移走而产生瞬时压降的点称为瞬时点源。因为假设的是无限大地层且点源在坐标原点，因此 Δp 只依赖于球向坐标 r_{D}，其中：

$$r_{\mathrm{D}}=\sqrt{x_{\mathrm{D}}^2+y_{\mathrm{D}}^2+z_{\mathrm{D}}^2} \tag{5-4}$$

假设 t=0 时刻时，从点源瞬时从储层移走有限体积为 $\tilde{q}$ 的流体，使得通过以点源为中心的无限小球面上的累积流量等于从点源移走的流体体积，即

$$\int_0^t\left[\lim_{\varepsilon\to 0+}\frac{4\pi k_{\mathrm{f}}}{\mu}L\left(r_{\mathrm{D}}^2\frac{\partial \Delta p_{\mathrm{f}}}{\partial r_{\mathrm{D}}}\right)_{r_{\mathrm{D}}=\varepsilon}\right]\mathrm{d}t=\tilde{q} \tag{5-5}$$

尽管流体从点源处移走是瞬时发生的，但必然会引起整个系统中流体的流动。因此，通过以点源为中心的无限小球面的流动在时间上是连续的过程。换句话说，q 代表在 0 到 t 时间段内瞬时移走的流体体积 $\tilde{q}$ 的流量分布，即

$$\tilde{q}=\int_0^t q(t)\mathrm{d}t \tag{5-6}$$

应用符号函数 $\delta(t)$ 的性质：

$$\int_a^b \delta(t)\mathrm{d}t=\begin{cases}1, & [a,b]中包含原点\\ 0, & 其他情况\end{cases} \tag{5-7}$$

将式(5-6)中的 $q(t)$ 用 $\tilde{q}\delta(t)$ 代替，因此式(5-5)可以写成：

$$\lim_{\varepsilon\to 0+}\frac{4\pi k_{\mathrm{f}}}{\mu}L\left(r_{\mathrm{D}}^2\frac{\partial\Delta p_{\mathrm{f}}}{\partial r_{\mathrm{D}}}\right)_{r_{\mathrm{D}}=\varepsilon}=-\tilde{q}\delta(t) \tag{5-8}$$

对式(5-1)和式(5-2)关于 t_{D} 进行 Laplace 变化，分别得到：

$$\frac{1}{r_{\mathrm{D}}^2}\frac{\mathrm{d}}{\mathrm{d}r_{\mathrm{D}}}\left(r_{\mathrm{D}}^2\frac{\mathrm{d}\overline{\Delta p_{\mathrm{f}}}}{\mathrm{d}r_{\mathrm{D}}}\right)=\omega s\overline{\Delta p_{\mathrm{f}}}+(1-\omega)s\overline{\Delta p_{\mathrm{m}}} \tag{5-9}$$

$$\overline{\Delta p_{\mathrm{m}}}=\frac{\lambda}{\lambda+(1-\omega)s}\overline{\Delta p_{\mathrm{f}}} \tag{5-10}$$

将式(5-10)代入式(5-9)，可以得到：

$$\frac{1}{r_{\mathrm{D}}^2}\frac{\mathrm{d}}{\mathrm{d}r_{\mathrm{D}}}\left(r_{\mathrm{D}}^2\frac{\mathrm{d}\overline{\Delta p_{\mathrm{f}}}}{\mathrm{d}r_{\mathrm{D}}}\right)=sf(s)\overline{\Delta p_{\mathrm{f}}} \tag{5-11}$$

其中，$f(s)$ 定义为

$$f(s)=\frac{s\omega(1-\omega)+\lambda}{s(1-\omega)+\lambda} \tag{5-12}$$

同时，

$$\int_0^\infty \exp(-st_D)\delta(t)\mathrm{d}t_D=\frac{\eta}{L^2}\int_0^\infty \exp\left(-s\frac{\eta}{L^2}t\right)\delta(t)\mathrm{d}t=\frac{\eta}{L^2} \tag{5-13}$$

可以得到式(5-8)的 Laplace 变换：

$$\lim_{\varepsilon\to 0}\frac{4\pi k_{\mathrm{f}}}{\mu}L\left(r_{\mathrm{D}}^2\frac{\mathrm{d}\overline{\Delta p_{\mathrm{f}}}}{\mathrm{d}r_{\mathrm{D}}}\right)_{r_{\mathrm{D}}=\varepsilon}=-\frac{k_{\mathrm{f}}\tilde{q}}{\left[(V\phi c_{\mathrm{t}})_{\mathrm{f}}+(V\phi c_{\mathrm{t}})_{\mathrm{m}}\right]\mu L^2} \tag{5-14}$$

为了使推导过程更为简单，假设源强度是已知的，令：

$$\frac{\tilde{q}}{(V\phi c_{\mathrm{t}})_{\mathrm{f}}+(V\phi c_{\mathrm{t}})_{\mathrm{m}}}=1 \tag{5-15}$$

式(5-14)则可以写为

$$\lim_{\varepsilon\to 0}4\pi L^3\left(r_{\mathrm{D}}^2\frac{\mathrm{d}\overline{\Delta p_{\mathrm{f}}}}{\mathrm{d}r_{\mathrm{D}}}\right)_{r_{\mathrm{D}}=\varepsilon}=-1 \tag{5-16}$$

为了方便求解上式，定义：

$$g=r_{\mathrm{D}}\overline{\Delta p_{\mathrm{f}}} \tag{5-17}$$

将上式代入式(5-11)，得到：

$$\frac{\mathrm{d}^2 g}{\mathrm{d}r_{\mathrm{D}}^2} - sf(s)g = 0 \tag{5-18}$$

上式的一般解为

$$g = A\exp\left[-\sqrt{sf(s)}r_{\mathrm{D}}\right] + B\exp\left[\sqrt{sf(s)}r_{\mathrm{D}}\right] \tag{5-19}$$

根据式(5-17)和式(5-19)，可得

$$\overline{\Delta p_{\mathrm{f}}} = A\frac{\exp\left[-\sqrt{sf(s)}r_{\mathrm{D}}\right]}{r_{\mathrm{D}}} + B\frac{\exp\left[\sqrt{sf(s)}r_{\mathrm{D}}\right]}{r_{\mathrm{D}}} \tag{5-20}$$

在无穷远处压降为 0，那么在上式中 B=0，由内边界条件则可以得到

$$A = \frac{1}{4\pi L^3} \tag{5-21}$$

将 A 和 B 的值代入式(5-20)，则可得到

$$\overline{\Delta p_{\mathrm{f}}} = \frac{\exp\left[-\sqrt{sf(s)}r_{\mathrm{D}}\right]}{4\pi L^3 r_{\mathrm{D}}} \tag{5-22}$$

上式是瞬时点源的单位强度在原点时 Laplace 空间中的压力分布，那么对于坐标轴中任意一点$(x_{\mathrm{wD}}, y_{\mathrm{wD}}, z_{\mathrm{wD}})$处的点源压力分布可以通过上式的变换得到，定义：

$$R_{\mathrm{D}} = \sqrt{\left(x_{\mathrm{D}} - x_{\mathrm{wD}}\right)^2 + \left(y_{\mathrm{D}} - y_{\mathrm{wD}}\right)^2 + \left(z_{\mathrm{D}} - z_{\mathrm{wD}}\right)^2} \tag{5-23}$$

那么由于单位强度的瞬时点源引起的压力分布为

$$\overline{\Delta p_{\mathrm{f}}} = \frac{\exp\left[-\sqrt{sf(s)}R_{\mathrm{D}}\right]}{4\pi L^3 R_{\mathrm{D}}} \tag{5-24}$$

如果点源不再为单位强度，那么式(5-24)可变为

$$\overline{\Delta p_{\mathrm{f}}} = \frac{\tilde{q}}{\left(V\phi c_{\mathrm{t}}\right)_{\mathrm{f}} + \left(V\phi c_{\mathrm{t}}\right)_{\mathrm{m}}} \frac{\exp\left[-\sqrt{sf(s)}R_{\mathrm{D}}\right]}{4\pi L^3 R_{\mathrm{D}}} \tag{5-25}$$

在一般的试井测试应用中，假设油藏中的压力分布是由流体在 0 到 t 时间段内以流量 $\tilde{q}(t)$ 被连续采出而引起的。因此，通过对分布在时间段 0 到 t 内的瞬时点源运用叠加原理可以得到连续点源的解。定义：

$$\overline{S} = \frac{\exp\left[-\sqrt{sf(s)}R_{\mathrm{D}}\right]}{4\pi L^3 R_{\mathrm{D}}} \tag{5-26}$$

将式(5-25)反演到实空间中可以写为

$$\Delta p_{\mathrm{f}} = \frac{\tilde{q}S\left(t_{\mathrm{D}}\right)}{\left(V\phi c_{\mathrm{t}}\right)_{\mathrm{f}} + \left(V\phi c_{\mathrm{t}}\right)_{\mathrm{m}}} \tag{5-27}$$

如果点源位于$(x_{\mathrm{wD}}, y_{\mathrm{wD}}, z_{\mathrm{wD}})$处，那么应用叠加原理，可以得到

$$\Delta p_{\mathrm{f}} = \frac{1}{\left(V\phi c_{\mathrm{t}}\right)_{\mathrm{f}} + \left(V\phi c_{\mathrm{t}}\right)_{\mathrm{m}}} \int_0^t \tilde{q}(\tau) S\left(t_{\mathrm{D}} - \tau\right) \mathrm{d}\tau = \frac{L^2 \mu}{k_{\mathrm{f}}} \int_0^{t_{\mathrm{D}}} \tilde{q}\left(\tau_{\mathrm{D}}\right) S\left(t_{\mathrm{D}} - \tau_{\mathrm{D}}\right) \mathrm{d}\tau_{\mathrm{D}} \tag{5-28}$$

对上式进行 Laplace 变换可得

$$\overline{\Delta p}=\frac{\tilde{q}\mu}{4\pi kL}\frac{\exp\left[-\sqrt{u}\sqrt{\left(x_{\mathrm{D}}-x_{\mathrm{wD}}\right)^{2}+\left(y_{\mathrm{D}}-y_{\mathrm{wD}}\right)^{2}+\left(z_{\mathrm{D}}-z_{\mathrm{wD}}\right)^{2}}\right]}{\sqrt{\left(x_{\mathrm{D}}-x_{\mathrm{wD}}\right)^{2}+\left(y_{\mathrm{D}}-y_{\mathrm{wD}}\right)^{2}+\left(z_{\mathrm{D}}-z_{\mathrm{wD}}\right)^{2}}} \tag{5-29}$$

其中，由于只求解了裂缝系统中的压力降，因此去掉了上式中的下标 f，并定义：

$$u=sf\left(s\right) \tag{5-30}$$

5.1.2　不同侧向边界及顶底边界下点源的解

1. 侧向无限大储层

在上一节中，已经得到了无限大储层的点源解。由于实际储层的厚度是有限的，因此在这一小节中将推导侧向无限大边界厚度为 h 的储层的点源解。假设 z=0 和 z=h 上下两个边界平面都不渗透，或者是定压边界(与初始压力相等)，或者在 z=0 平面为非渗透性的，z=h 平面为定压边界(与初始压力相等)。

1) 当 z=0 边界和 z=h 边界都为封闭边界

通过镜像反映和叠加原理可以得到这种情况的点源解：

$$\overline{\Delta p}=\frac{\tilde{q}\mu}{4\pi kLs}\sum_{n=-\infty}^{+\infty}\left\{\frac{\exp\left[-\sqrt{u}\sqrt{r_{\mathrm{D}}^{2}+\left(z_{\mathrm{D}}-z_{\mathrm{wD}}-2nh_{\mathrm{D}}\right)^{2}}\right]}{\sqrt{r_{\mathrm{D}}^{2}+\left(z_{\mathrm{D}}-z_{\mathrm{wD}}-2nh_{\mathrm{D}}\right)^{2}}}+\frac{\exp\left[-\sqrt{u}\sqrt{r_{\mathrm{D}}^{2}+\left(z_{\mathrm{D}}+z_{\mathrm{wD}}-2nh_{\mathrm{D}}\right)^{2}}\right]}{\sqrt{r_{\mathrm{D}}^{2}+\left(z_{\mathrm{D}}+z_{\mathrm{wD}}-2nh_{\mathrm{D}}\right)^{2}}}\right\} \tag{5-31}$$

在上式中，定义：

$$r_{\mathrm{D}}^{2}=\left(x_{\mathrm{D}}-x_{\mathrm{wD}}\right)^{2}+\left(y_{\mathrm{D}}-y_{\mathrm{wD}}\right)^{2} \tag{5-32}$$

$$h_{\mathrm{D}}=\frac{h}{L}\sqrt{\frac{k}{k_{z}}} \tag{5-33}$$

引入泊松求和公式：

$$\sum_{n=-\infty}^{+\infty}\exp\left[-\frac{\left(\xi-2n\xi_{\mathrm{e}}\right)^{2}}{4t}\right]=\frac{\sqrt{\pi t}}{\xi_{\mathrm{e}}}\left[1+2\sum_{n=1}^{+\infty}\exp\left(-\frac{n^{2}\pi^{2}t}{\xi_{\mathrm{e}}^{2}}\right)\cos n\pi\frac{\xi}{\xi_{\mathrm{e}}}\right] \tag{5-34}$$

上式两边同乘 $\exp[-a^2/(4t)]/(\pi t^3)^{1/2}$，并对所得到的表达式进行关于 t 的 Laplace 变换，得到求和公式：

$$\sum_{n=-\infty}^{+\infty}\frac{\exp\left[-\sqrt{v}\sqrt{a^{2}+\left(\xi-2n\xi_{\mathrm{e}}\right)^{2}}\right]}{\sqrt{a^{2}+\left(\xi-2n\xi_{\mathrm{e}}\right)^{2}}}=\frac{1}{\xi_{\mathrm{e}}}\left[K_{0}\left(a\sqrt{v}\right)+2\sum_{n=1}^{+\infty}K_{0}\left(a\sqrt{v+\frac{n^{2}\pi^{2}}{\xi_{\mathrm{e}}^{2}}}\right)\cos n\pi\frac{\xi}{\xi_{\mathrm{e}}}\right] \tag{5-35}$$

应用上式，可以得到侧向无限大、z=0 和 z=h 两个封闭边界的储层中在$(x_{\mathrm{wD}}, y_{\mathrm{wD}}, z_{\mathrm{wD}})$处一个连续点源引起的压力分布表达式：

$$\overline{\Delta p}=\frac{\tilde{q}\mu}{2\pi kLh_{\mathrm{D}}s}\left[K_{0}\left(r_{\mathrm{D}}\sqrt{u}\right)+2\sum_{n=1}^{+\infty}K_{0}\left(r_{\mathrm{D}}\sqrt{u+\frac{n^{2}\pi^{2}}{h_{\mathrm{D}}^{2}}}\right)\cos n\pi\frac{z_{\mathrm{D}}}{h_{\mathrm{D}}}\cos n\pi\frac{z_{\mathrm{wD}}}{h_{\mathrm{D}}}\right] \tag{5-36}$$

2) 当 z=0 边界和 z=h 边界都为定压边界

通过同样的方法，可以得到与此情况对应的连续点源解：

$$\overline{\Delta p}=\frac{\tilde{q}\mu}{4\pi kLs}\sum_{n=-\infty}^{+\infty}\left\{\frac{\exp\left[-\sqrt{u}\sqrt{r_{\mathrm{D}}^{2}+\left(z_{\mathrm{D}}-z_{\mathrm{wD}}-2nh_{\mathrm{D}}\right)^{2}}\right]}{\sqrt{r_{\mathrm{D}}^{2}+\left(z_{\mathrm{D}}-z_{\mathrm{wD}}-2nh_{\mathrm{D}}\right)^{2}}}-\frac{\exp\left[-\sqrt{u}\sqrt{r_{\mathrm{D}}^{2}+\left(z_{\mathrm{D}}+z_{\mathrm{wD}}-2nh_{\mathrm{D}}\right)^{2}}\right]}{\sqrt{r_{\mathrm{D}}^{2}+\left(z_{\mathrm{D}}+z_{\mathrm{wD}}-2nh_{\mathrm{D}}\right)^{2}}}\right\} \tag{5-37}$$

通过式(5-35)，上式可以变为

$$\overline{\Delta p}=\frac{\tilde{q}\mu}{\pi kLh_{\mathrm{D}}s}\left[\sum_{n=1}^{+\infty}K_{0}\left(r_{\mathrm{D}}\sqrt{u+\frac{n^{2}\pi^{2}}{h_{\mathrm{D}}^{2}}}\right)\sin n\pi\frac{z_{\mathrm{D}}}{h_{\mathrm{D}}}\sin n\pi\frac{z_{\mathrm{wD}}}{h_{\mathrm{D}}}\right] \tag{5-38}$$

3) 当 z=0 为封闭边界和 z=h 为定压边界

$$\begin{aligned}\overline{\Delta p}=\frac{\tilde{q}\mu}{4\pi kLs}\sum_{n=-\infty}^{+\infty}(-1)^{n}&\left\{\frac{\exp\left[-\sqrt{u}\sqrt{r_{\mathrm{D}}^{2}+\left(z_{\mathrm{D}}-z_{\mathrm{wD}}-2nh_{\mathrm{D}}\right)^{2}}\right]}{\sqrt{r_{\mathrm{D}}^{2}+\left(z_{\mathrm{D}}-z_{\mathrm{wD}}-2nh_{\mathrm{D}}\right)^{2}}}\right.\\&\left.+\frac{\exp\left[-\sqrt{u}\sqrt{r_{\mathrm{D}}^{2}+\left(z_{\mathrm{D}}+z_{\mathrm{wD}}-2nh_{\mathrm{D}}\right)^{2}}\right]}{\sqrt{r_{\mathrm{D}}^{2}+\left(z_{\mathrm{D}}+z_{\mathrm{wD}}-2nh_{\mathrm{D}}\right)^{2}}}\right\}\end{aligned} \tag{5-39}$$

引入下式：

$$\begin{aligned}&\sum_{k=-\infty}^{+\infty}(-1)^{k}\exp\left[-\frac{a\left(x_{\mathrm{D}}-2kx_{\mathrm{eD}}\right)^{2}}{4\xi}\right]\\&=\sum_{k=-\infty}^{+\infty}\left\{2\exp\left[-\frac{a\left(x_{\mathrm{D}}-2k2x_{\mathrm{eD}}\right)^{2}}{4\xi}\right]-\exp\left[-\frac{a\left(x_{\mathrm{D}}-2kx_{\mathrm{eD}}\right)^{2}}{4\xi}\right]\right\}\end{aligned} \tag{5-40}$$

通过上式，可以重新得到式(5-39)：

$$\overline{\Delta p}=\frac{\tilde{q}\mu}{\pi kLh_{\mathrm{D}}s}\left[\sum_{n=1}^{+\infty}K_{0}\left(r_{\mathrm{D}}\varepsilon_{2n-1}\right)\cos(2n-1)\frac{\pi}{2}\frac{z_{\mathrm{D}}}{h_{\mathrm{D}}}\cos(2n-1)\frac{\pi}{2}\frac{z_{\mathrm{wD}}}{h_{\mathrm{D}}}\right] \tag{5-41}$$

其中，$\varepsilon_{2n-1}=\sqrt{u+(2n-1)^{2}\pi^{2}/\left(4h_{\mathrm{D}}^{2}\right)}$。

2. 侧向封闭边界储层

上面介绍的是侧向无限大地层的情况，并得到了与各种情况对应的点源解。为了考虑侧向封闭、侧向定压边界的情况，给出了柱坐标下 Laplace 空间中的流动方程：

$$\frac{1}{r_{\mathrm{D}}}\frac{\partial}{\partial r_{\mathrm{D}}}\left(r_{\mathrm{D}}\frac{\partial\overline{\Delta p_{\mathrm{f}}}}{\partial r_{\mathrm{D}}}\right)+\frac{\partial^{2}\overline{\Delta p}}{\partial z_{\mathrm{D}}^{2}}-u\overline{\Delta p}=0\quad\left(r_{\mathrm{D}}=\sqrt{x_{\mathrm{D}}^{2}+y_{\mathrm{D}}^{2}}\right) \tag{5-42}$$

上式的解在点源处($r_{\mathrm{D}}=0^{+}$，$z_{\mathrm{D}}=z_{\mathrm{wD}}^{+}$)满足下列流量条件：

$$\lim_{\varepsilon_{\mathrm{D}}\to0}\left(\lim_{r_{\mathrm{D}}\to0}\frac{2\pi kL}{\mu\varepsilon_{\mathrm{D}}}\int_{z_{\mathrm{wD}}-\varepsilon_{\mathrm{D}}/2}^{z_{\mathrm{wD}}+\varepsilon_{\mathrm{D}}/2}r_{\mathrm{D}}\frac{\partial\overline{\Delta p}}{\partial r_{\mathrm{D}}}\mathrm{d}z_{\mathrm{wD}}\right)=-\frac{\tilde{q}}{s} \tag{5-43}$$

如果考虑瞬时点源，那么式(5-43)右边改写为与式(5-14)类似的方程：

$$\lim_{\varepsilon_{\rm D}\to 0}\left(\lim_{r_{\rm D}\to 0}\frac{2\pi kL}{\mu\varepsilon_{\rm D}}\int_{z_{\rm wD}-\varepsilon_{\rm D}/2}^{z_{\rm wD}+\varepsilon_{\rm D}/2} r_{\rm D}\frac{\partial\overline{\Delta p}}{\partial r_{\rm D}}{\rm d}z_{\rm wD}\right)=-\frac{k_{\rm f}\tilde{q}}{\left[\left(V\phi c_{\rm t}\right)_{\rm f}+\left(V\phi c_{\rm t}\right)_{\rm m}\right]\mu L^2} \tag{5-44}$$

假设储层以位于 $r_{\rm D}=r_{\rm eD}$ 的圆柱表面为边界，且边界是封闭边界或者定压边界(初始压力)。在 $z_{\rm D}=0$ 和 $z_{\rm D}=h_{\rm D}$ 边界平面上，可以是封闭的、定压的，或者是混合边界。

求下式的解：

$$\overline{\Delta p}=P+R \tag{5-45}$$

在式(5-45)中，P 为满足式(5-43)和 $z_{\rm D}=0$ 和 $z_{\rm D}=h_{\rm D}$ 两个边界条件下式(5-42)的解。R 则是三种不同的 $z_{\rm D}=0$ 和 $z_{\rm D}=h_{\rm D}$ 边界条件式(5-36)、式(5-38)和式(5-41)中的一个解。式(5-45)中的 R 也是式(5-42)满足 $z_{\rm D}=0$ 和 $z_{\rm D}=h_{\rm D}$ 边界条件的解。$P+R$ 满足 $r_{\rm D}=r_{\rm eD}$ 边界条件和满足式(5-43)的流量条件。

当 $z_{\rm D}=0$、$z_{\rm D}=h_{\rm D}$ 和 $r_{\rm D}=r_{\rm eD}$ 边界分别为封闭边界：

$$\left.\frac{\partial\overline{\Delta p}}{\partial z_{\rm D}}\right|_{z_{\rm D}=0,h_{\rm D}}=0 \tag{5-46}$$

$$\left.\frac{\partial\overline{\Delta p}}{\partial r_{\rm D}}\right|_{r_{\rm D}=r_{\rm eD}}=0 \tag{5-47}$$

为了满足式(5-46)给的边界条件，选择 P 作为式(5-36)右边给定的解。式(5-42)的解中有一个解能满足式(5-46)给出的条件，而且当 $r_{\rm D}\to 0$ 时对流量没有贡献：

$$R=AI_0\left(r_{\rm D}\sqrt{u}\right)+\sum_{n=1}^{+\infty}B_nI_0\left(r_{\rm D}\sqrt{u+\frac{n^2\pi^2}{h_{\rm D}^2}}\right)\cos n\pi\frac{z}{h}\cos n\pi\frac{z_{\rm w}}{h} \tag{5-48}$$

如果上式中的 A 和 B_n 两个系数为

$$A=\frac{\tilde{q}\mu}{2\pi Lh_{\rm D}s}\frac{K_1\left(r_{\rm eD}\sqrt{u}\right)}{I_1\left(r_{\rm eD}\sqrt{u}\right)} \tag{5-49}$$

$$B_n=\frac{\tilde{q}\mu}{\pi kLh_{\rm D}s}\frac{K_1\left(r_{\rm eD}\sqrt{u+\frac{n^2\pi^2}{h_{\rm D}^2}}\right)}{I_1\left(r_{\rm eD}\sqrt{u+\frac{n^2\pi^2}{h_{\rm D}^2}}\right)} \tag{5-50}$$

那么 $P+R$ 满足式(5-47)所给的在 $r_{\rm D}=r_{\rm eD}$ 处边界条件，因此根据式(5-45)可以写出系统的连续点源解：

$$\overline{\Delta p}=\frac{\tilde{q}\mu}{2\pi kLh_{\rm D}s}\left\{\begin{aligned}&K_0\left(r_{\rm D}\sqrt{u}\right)+\frac{I_0\left(r_{\rm D}\sqrt{u}\right)K_1\left(r_{\rm eD}\sqrt{u}\right)}{I_1\left(r_{\rm eD}\sqrt{u}\right)}+2\sum_{n=1}^{+\infty}\cos n\pi\frac{z}{h}\cos n\pi\frac{z_{\rm w}}{h}\\&\left[K_0\left(r_{\rm D}\sqrt{u+\frac{n^2\pi^2}{h_{\rm D}^2}}\right)+\frac{I_0\left(r_{\rm D}\sqrt{u+\frac{n^2\pi^2}{h_{\rm D}^2}}\right)K_1\left(r_{\rm eD}\sqrt{u+\frac{n^2\pi^2}{h_{\rm D}^2}}\right)}{I_1\left(r_{\rm eD}\sqrt{u+\frac{n^2\pi^2}{h_{\rm D}^2}}\right)}\right]\end{aligned}\right\} \tag{5-51}$$

3. 侧向定压边界储层

如果用下面的边界条件代替式(5-47)给的边界条件：

$$\left.\overline{\Delta p}\right|_{r_{\mathrm{D}}=r_{\mathrm{eD}}}=0 \tag{5-52}$$

那么函数 P 则可由式(5-36)右边给出，而函数 R 可以写为

$$R=-\frac{\tilde{q}\mu}{2\pi kLh_{\mathrm{D}}s}\left\{\begin{array}{l}\dfrac{I_0\left(r_{\mathrm{D}}\sqrt{u}\right)K_0\left(r_{\mathrm{eD}}\sqrt{u}\right)}{I_0\left(r_{\mathrm{eD}}\sqrt{u}\right)}+2\sum_{n=1}^{+\infty}\cos n\pi\dfrac{z}{h}\cos n\pi\dfrac{z_{\mathrm{w}}}{h}\\ \left[\dfrac{I_0\left(r_{\mathrm{D}}\sqrt{u+\dfrac{n^2\pi^2}{h_{\mathrm{D}}^2}}\right)K_0\left(r_{\mathrm{eD}}\sqrt{u+\dfrac{n^2\pi^2}{h_{\mathrm{D}}^2}}\right)}{I_0\left(r_{\mathrm{eD}}\sqrt{u+\dfrac{n^2\pi^2}{h_{\mathrm{D}}^2}}\right)}\right]\end{array}\right\} \tag{5-53}$$

因此，满足式(5-52)所给的边界条件的解为

$$\overline{\Delta p}=\frac{\tilde{q}\mu}{2\pi kLh_{\mathrm{D}}s}\left\{\begin{array}{l}K_0\left(r_{\mathrm{D}}\sqrt{u}\right)-\dfrac{I_0\left(r_{\mathrm{D}}\sqrt{u}\right)K_0\left(r_{\mathrm{eD}}\sqrt{u}\right)}{\mathrm{I}_0\left(r_{\mathrm{eD}}\sqrt{u}\right)}+2\sum_{n=1}^{+\infty}\cos n\pi\dfrac{z}{h}\cos n\pi\dfrac{z_{\mathrm{w}}}{h}\\ \left[K_0\left(r_{\mathrm{D}}\sqrt{u+\dfrac{n^2\pi^2}{h_{\mathrm{D}}^2}}\right)-\dfrac{I_0\left(r_{\mathrm{D}}\sqrt{u+\dfrac{n^2\pi^2}{h_{\mathrm{D}}^2}}\right)K_0\left(r_{\mathrm{eD}}\sqrt{u+\dfrac{n^2\pi^2}{h_{\mathrm{D}}^2}}\right)}{I_0\left(r_{\mathrm{eD}}\sqrt{u+\dfrac{n^2\pi^2}{h_{\mathrm{D}}^2}}\right)}\right]\end{array}\right\} \tag{5-54}$$

因此根据不同的 $z_{\mathrm{D}}=0$ 和 $z_{\mathrm{D}}=h_{\mathrm{D}}$ 顶底边界条件，P 函数一般从式(5-36)、式(5-38)和式(5-41)中选取一个。其次，R 函数可以通过替换对应边界条件下 P 函数中的 $\mathrm{K}_0\left(r_{\mathrm{D}}\sqrt{u}\right)$ 得到：

(1) 如果边界条件 $r_{\mathrm{D}}=r_{\mathrm{eD}}$ 是封闭的［式(5-47)］，那么就把 P 函数中的 $K_0\left(r_{\mathrm{D}}\sqrt{u}\right)$ 替换成 $I_0\left(r_{\mathrm{D}}\sqrt{u}\right)K_1\left(r_{\mathrm{eD}}\sqrt{u}\right)\big/I_1\left(r_{\mathrm{eD}}\sqrt{u}\right)$。

(2) 如果边界条件 $r_{\mathrm{D}}=r_{\mathrm{eD}}$ 是定压的(式(5-52))，那么就把 P 函数中的 $K_0\left(r_{\mathrm{D}}\sqrt{u}\right)$ 替换成 $-I_0\left(r_{\mathrm{D}}\sqrt{u}\right)K_0\left(r_{\mathrm{eD}}\sqrt{u}\right)\big/I_0\left(r_{\mathrm{eD}}\sqrt{u}\right)$。

5.2　页岩气藏双重孔隙介质理论模型

5.2.1　物理建模

页岩储层是由分别具有独立物理性质的基质系统和裂缝系统组合而成的(图 5-1)。假设在页岩储层中有一口压裂井，气体从基质系统流向裂缝系统，并且在裂缝系统和井筒之间的压力差作用下最终流向人工裂缝和井筒。

物理模型假设如下：

(1) 页岩气藏被假设为双重孔隙介质储层(图 5-1)，为了使考虑纳米孔隙特性的物质守恒方程的推导更加容易，因此假定基质块是圆球形的(Swaan 模型[12])。并且根据 Ei-Banbi 等[13]的研究，采用圆球形基质的瞬态模型与其他形状基质块模型(层状、圆柱和立方体)的解无明显差别。

(2) 假设储层是各向同性且顶底边界封闭，侧向外边界可以是无限大、封闭或者定压边界。

(3) 压裂井以定产量或以定井底流压生产。假设裂缝具有无限导流能力，并且储层被完全压开，裂缝宽度忽略不计。

(4) 在裂缝系统中的气体为游离气，且为达西流动。吸附气从基质颗粒表面解吸，基质纳米孔隙中的气体流动为非达西流动。

(5) 考虑了井筒储集效应和表皮效应。

(6) 页岩气藏中的气体流动是在等温条件下进行的。

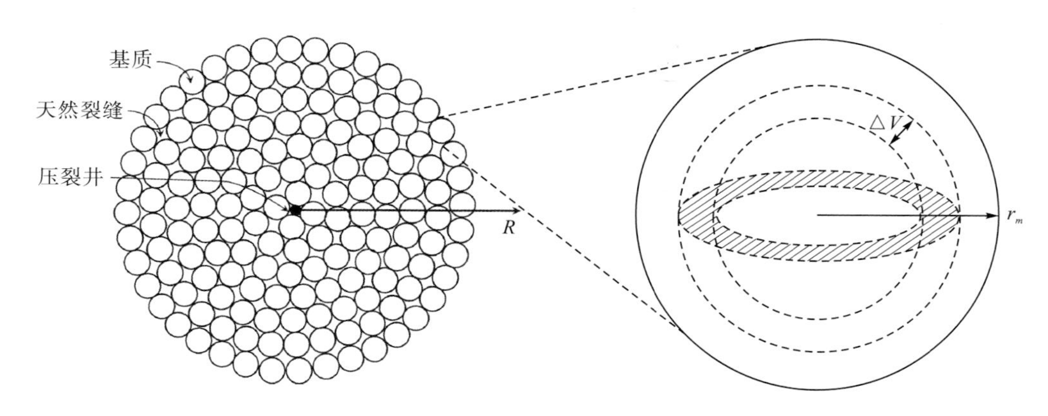

图 5-1　页岩基质系统和裂缝系统示意图[14]

5.2.2　数学建模

1. 数学模型

1) 页岩基质系统

在球形基质中取体积为 ΔV 的单元体(图 5-1)，综合考虑纳米孔隙中在压力差作用下产生的流动(考虑滑脱效应)、Knudsen 扩散以及解吸气，可以得到页岩气在基质纳米孔隙中流动的质量守恒方程：

$$\left[\left(D_{\mathrm{m}}\frac{\partial\rho_{\mathrm{gm}}}{\partial r_1}A-u_{\mathrm{m}}A\rho_{\mathrm{gm}}\right)_{r_1+\Delta r_1}-\left(D_{\mathrm{m}}\frac{\partial\rho_{\mathrm{gm}}}{\partial r_1}A-u_{\mathrm{m}}A\rho_{\mathrm{gm}}\right)_{r_1}\right]=\frac{\Delta\left(\rho_{\mathrm{gm}}\phi_{\mathrm{m}}\Delta V+\Delta V\dfrac{V_{\mathrm{L}}bp_{\mathrm{m}}}{1+bp_{\mathrm{m}}}\cdot\rho_{\mathrm{bi}}\rho_{\mathrm{gsc}}\right)}{\Delta t} \tag{5-55}$$

式中，D_{m}——基质中的 Knudsen 扩散系数，$\mathrm{m^2/s}$；

ρ_{gm}——基质中气体密度，$\mathrm{kg/m^3}$；

r_1——基质系统坐标，m；

A——单元体面积，m^2；

u_m——考虑滑脱效应的气体流速，m/s；

ϕ_m——基质孔隙度；

ΔV——单元体体积，m^3；

V_L——标准条件下的 Langmuir 体积，m^3/kg；

b——Langmuir 常数，Pa^{-1}；

p_m——基质压力，Pa；

ρ_{bi}——初始油藏条件下表观页岩的密度，kg/m^3；

ρ_{gsc}——标准条件下的气体密度，kg/m^3。

吸附气可以用 Langmuir 等温吸附公式计算：

$$V_a = V_L \frac{bp_m}{1+bp_m} \tag{5-56}$$

k_D 是单管的达西渗透率，根据圆形毛细管的 Poiseuille 方程可以得出：

$$k_D = \frac{r_n^2}{8} \tag{5-57}$$

式中，k_D——圆管达西渗透率，m^2；

r_n——基质系统中纳米孔隙半径，m。

对于多孔介质，可以用基质孔隙度和迂曲度对达西渗透率和 Knudsen 扩散系数进行修正，其表达式如下[8,15]：

$$k_m = \frac{\phi_m}{\tau} k_D \qquad D_m = \frac{\phi_m}{\tau} D \tag{5-58}$$

式中，k_m——基质达西渗透率，m^2；

τ——迂曲度；

D——纳米孔隙中的 Knudsen 扩散系数，m^2/s。

式(5-55)中考虑滑脱效应的气体流速 u_m 可以写为

$$u_m = -F\frac{k_m}{\mu_g}\frac{\partial p_m}{\partial r_1} \tag{5-59}$$

式中，F——滑脱因子；

μ_g——气体黏度，Pa·s。

Knudsen 扩散系数和滑脱因子被定义为

$$D = \frac{2r_n}{3}\left(\frac{8RT}{\pi M}\right)^{0.5} \tag{5-60}$$

$$F = 1 + \left(\frac{8\pi RT}{M}\right)^{0.5} \frac{\mu_g}{p_{avg} r_n}\left(\frac{2}{f} - 1\right) \tag{5-61}$$

把式(5-59)代入式(5-55)，并且两边同时除以微元体积 ΔV，整理可得

$$\frac{1}{r_1^2}\frac{\partial}{\partial r_1}\left[\rho_{gm}\left(D_m c_g + F\frac{k_m}{\mu_g}\right) r_1^2 \frac{\partial p_m}{\partial r_1}\right] - \rho_{bi}\rho_{gsc}\frac{V_L b}{(1+bp_m)^2}\frac{\partial p_m}{\partial t} = \frac{\partial(\rho_{gm}\phi_m)}{\partial t} \tag{5-62}$$

其中，c_{g} 为气体压缩系数(Pa^{-1})，表达式为

$$c_{\mathrm{g}}=\frac{1}{\rho_{\mathrm{gm}}}\frac{\partial\rho_{\mathrm{gm}}}{\partial p_{\mathrm{m}}} \tag{5-63}$$

页岩基质的表观渗透率为

$$k_{\mathrm{app}}=c_{\mathrm{g}}D_{\mathrm{m}}\mu_{\mathrm{g}}+Fk_{\mathrm{m}} \tag{5-64}$$

根据真实气体状态方程，页岩气的密度可以定义为

$$\rho_{\mathrm{gm}}=\frac{Mp_{\mathrm{m}}}{ZRT} \tag{5-65}$$

把式(5-64)和式(5-65)代入式(5-62)，最后整理可得基质系统的流动控制方程：

$$\frac{1}{r_1^2}\frac{\partial}{\partial r_1}\left[r_1^2k_{\mathrm{app}}\frac{p_{\mathrm{m}}}{\mu_{\mathrm{g}}Z}\frac{\partial p_{\mathrm{m}}}{\partial r_1}\right]-\frac{RT}{M}\rho_{\mathrm{gsc}}\rho_{\mathrm{bi}}V_{\mathrm{L}}\frac{b}{(1+bp_{\mathrm{m}})^2}\frac{\partial p_{\mathrm{m}}}{\partial t}=c_{\mathrm{g}}\phi_{\mathrm{m}}\frac{p_{\mathrm{m}}}{Z}\frac{\partial p_{\mathrm{m}}}{\partial t} \tag{5-66}$$

假设基质块中的压力是球对称的，因此基质块的中心没有气体通过，则内边界条件可定义为

$$\left.\frac{\partial p_{\mathrm{m}}}{\partial r_1}\right|_{r_1=0}=0 \tag{5-67}$$

在基质块的外边界处，基质压力与裂缝系统的压力相等：

$$p_{\mathrm{m}}\big|_{r_1=r_{\mathrm{m}}}=p_{\mathrm{f}} \tag{5-68}$$

2) 页岩裂缝系统

裂缝系统的质量守恒方程为

$$\frac{1}{r_2^2}\frac{\partial}{\partial r_2}\left(r_2^2\rho_{\mathrm{gf}}\frac{k_{\mathrm{f}}}{\mu_{\mathrm{g}}}\frac{\partial p_{\mathrm{f}}}{\partial r_2}\right)+q_{\mathrm{mf}}=\phi_{\mathrm{f}}\rho_{\mathrm{gf}}c_{\mathrm{g}}\frac{\partial p_{\mathrm{f}}}{\partial t} \tag{5-69}$$

气体从基质表面流向裂缝，因此基质块表面的流动速度可写为

$$v_{\mathrm{m}}\big|_{r_1=r_{\mathrm{m}}}=-\left.\left(\frac{k_{\mathrm{app}}}{\mu_{\mathrm{g}}}\frac{\partial p_{\mathrm{m}}}{\partial r_1}\right)\right|_{r_1=r_{\mathrm{m}}} \tag{5-70}$$

由于单位时间从单位体积基质流出的气体质量为 q_{mf}。基质表面的速度则等于单位时间流出的气体体积除以基质块的表面积：

$$v=\left(\frac{4}{3}\pi r_{\mathrm{m}}^3\frac{q_{\mathrm{mf}}}{\rho_{\mathrm{gm}}}\right)\Big/\left(4\pi r_{\mathrm{m}}^2\right)=\frac{r_{\mathrm{m}}q_{\mathrm{mf}}}{3\rho_{\mathrm{gm}}} \tag{5-71}$$

结合式(5-70)，式(5-71)可以写为

$$q_{\mathrm{mf}}=-\frac{3}{r_{\mathrm{m}}}\left.\left(\rho_{\mathrm{gm}}\frac{k_{\mathrm{app}}}{\mu_{\mathrm{g}}}\frac{\partial p_{\mathrm{m}}}{\partial r_1}\right)\right|_{r=r_{\mathrm{m}}} \tag{5-72}$$

式(5-72)代入式(5-69)，裂缝系统的流动控制方程整理可得

$$\frac{1}{r_2^2}\frac{\partial}{\partial r_2}\left(r_2^2\rho_{\mathrm{gf}}\frac{k_{\mathrm{f}}}{\mu_{\mathrm{g}}}\frac{\partial p_{\mathrm{f}}}{\partial r_2}\right)-\frac{3}{r_{\mathrm{m}}}\left.\left(\rho_{\mathrm{gm}}\frac{k_{\mathrm{app}}}{\mu_{\mathrm{g}}}\frac{\partial p_{\mathrm{m}}}{\partial r_1}\right)\right|_{r_1=r_{\mathrm{m}}}=\phi_{\mathrm{f}}\rho_{\mathrm{gf}}c_{\mathrm{g}}\frac{\partial p_{\mathrm{f}}}{\partial t} \tag{5-73}$$

式中，r_2——裂缝系统坐标，m；

ρ_{gf}——裂缝中的气体密度，kg/m^3；

p_f——裂缝压力，Pa；

k_f——裂缝渗透率，m^2；

r_m——基质平均半径，m；

ϕ_f——裂缝孔隙度。

基质系统和裂缝系统的初始条件为

$$p_m\big|_{t=0} = p_f\big|_{t=0} = p_i \tag{5-74}$$

2. 无因次数学模型

1）无因次量定义如下所示：

无因次基质系统拟压力：$m_{mD} = \dfrac{\pi k_f h T_{sc}}{q_{sc} p_{sc} T}(m_{mi} - m_m)$；

无因次裂缝系统拟压力：$m_{fD} = \dfrac{\pi k_f h T_{sc}}{q_{sc} p_{sc} T}(m_{fi} - m_f)$；

无因次井筒流量：$q_D = \dfrac{q_{sc} p_{sc} T}{\pi k_f h T_{sc}(m_{fi} - m_f)}$；

无因次时间：$t_D = k_f t / \Lambda x_f^2$；

无因次基质系统径向坐标：$r_{1D} = r_1 / r_m$；

无因次裂缝系统径向坐标：$r_{2D} = r_2 / x_f$；

解吸系数：$\sigma = \dfrac{B_g \rho_{bi} V_L}{c_g \phi_m} \dfrac{b}{(1 + b p_m)^2}$；

综合系数：$\Lambda = \phi_m \mu_g c_g + \phi_f \mu_g c_g$；

储容比：$\omega = \dfrac{\phi_f \mu_g c_g}{\Lambda}$；

基质系统向裂缝系统窜流系数：$\lambda = 15 \dfrac{k_{app} x_f^2}{k_f r_m^2}$；

无因次外边界半径：$R_{eD} = r_e / x_f$；

无因次储层厚度：$h_D = h / x_f$；

裂缝系统 x 轴无因次坐标：$x_D = x / x_f$；

裂缝系统 y 轴无因次坐标：$y_D = y / x_f$；

裂缝系统 z 轴无因次坐标：$z_D = z / x_f$；

点源在 x 方向的无因次坐标：$x_{wD} = x_w / x_f$；

点源在 y 方向的无因次坐标：$y_{wD} = y_w / x_f$；

点源在 z 方向的无因次坐标：$z_{wD} = z_w / x_f$。

2）质量守恒方程的无因次化

引入求解数学模型的拟压力为

$$m = 2\int_{p_i}^{p} \frac{p}{\mu Z} \mathrm{d}p \tag{5-75}$$

因此基质系统的质量守恒方程可写为

$$\frac{1}{r_{1\mathrm{D}}^2}\frac{\partial}{\partial r_{1\mathrm{D}}}\left[r_{1\mathrm{D}}^2 \frac{\partial m_{\mathrm{mD}}}{\partial r_{1\mathrm{D}}}\right] = \frac{15(1-\omega)(1+\sigma)\partial m_{\mathrm{mD}}}{\partial t_{\mathrm{D}}} \tag{5-76}$$

裂缝系统的质量守恒方程可写为

$$\frac{1}{r_{2\mathrm{D}}^2}\frac{\partial}{\partial r_{2\mathrm{D}}}\left(r_{2\mathrm{D}}^2 \frac{\partial m_{\mathrm{FD}}}{\partial r_{2\mathrm{D}}}\right) - \frac{\lambda}{5}\left(\frac{\partial m_{\mathrm{mD}}}{\partial r_{1\mathrm{D}}}\right)\bigg|_{r_{1\mathrm{D}}=1} = \omega\frac{\partial m_{\mathrm{fD}}}{\partial t_{\mathrm{D}}} \tag{5-77}$$

基于无因次时间 t_{D}，引入 Laplace 变换：

$$L\left[m_{\mathrm{D}}\left(r_{\mathrm{D}}, t_{\mathrm{D}}\right)\right] = \bar{m}_{\mathrm{D}}\left(r_{\mathrm{D}}, s\right) = \int_0^\infty m_{\mathrm{D}}\left(r_{\mathrm{D}}, t_{\mathrm{D}}\right)\mathrm{e}^{-st_{\mathrm{D}}}\mathrm{d}t_{\mathrm{D}} \tag{5-78}$$

因此在 Laplace 空间中，m_{D} 对 t_{D} 求导可写为

$$L\left[\frac{\mathrm{d}m_{\mathrm{D}}(t_{\mathrm{D}})}{\mathrm{d}t_{\mathrm{D}}}\right] = s\cdot L\left[m_{\mathrm{D}}\left(t_{\mathrm{D}}\right)\right] - m_{\mathrm{D}}\left(t_{\mathrm{D}}\right)\big|t_{D=0} = s\cdot\bar{m}_{\mathrm{D}} \tag{5-79}$$

基质系统和裂缝系统在 Laplace 空间中的无因次质量守恒方程可写为：

基质系统：

$$\frac{1}{r_{1\mathrm{D}}^2}\frac{\partial}{\partial r_{1\mathrm{D}}}\left[r_{1\mathrm{D}}^2 \frac{\partial \bar{m}_{\mathrm{mD}}}{\partial r_{1\mathrm{D}}}\right] = \frac{15(1-\omega)(1+\sigma)}{\lambda} s\cdot\bar{m}_{\mathrm{mD}} \tag{5-80}$$

裂缝系统：

$$\frac{1}{r_{2\mathrm{D}}^2}\frac{\partial}{\partial r_{2\mathrm{D}}}\left[r_{2\mathrm{D}}^2 \frac{\partial \bar{m}_{\mathrm{fD}}}{\partial r_{2\mathrm{D}}}\right] - \frac{\lambda}{5}\left(\frac{\partial \bar{m}_{\mathrm{mD}}}{\partial r_{1\mathrm{D}}}\right)\bigg|_{r_{1\mathrm{D}}=1} = \omega s\cdot\bar{m}_{\mathrm{fD}} \tag{5-81}$$

根据式(5-67)和式(5-68)，基质系统在 Laplace 空间中的边界条件可写为

$$\begin{cases} \dfrac{\partial \bar{m}_{\mathrm{mD}}}{\partial r_{1\mathrm{D}}}\Big|_{r_{1\mathrm{D}}=0} = 0 \\ \bar{m}_{\mathrm{mD}}\left(r_{1\mathrm{D}}, s\right)\big|_{r_{1\mathrm{D}}=1} = \bar{m}_{\mathrm{fD}} \end{cases} \tag{5-82}$$

结合式(5-82)，式(5-80)的解为

$$\bar{m}_{\mathrm{mD}} = \frac{\mathrm{e}^{\sqrt{\frac{15(1-\omega)(1+\sigma)s}{\lambda}}r_{1\mathrm{D}}} - \mathrm{e}^{-\sqrt{\frac{15(1-\omega)(1+\sigma)s}{\lambda}}r_{1\mathrm{D}}}}{\mathrm{e}^{\sqrt{\frac{15(1-\omega)(1+\sigma)s}{\lambda}}} - \mathrm{e}^{-\sqrt{\frac{15(1-\omega)(1+\sigma)s}{\lambda}}}}\frac{\bar{m}_{\mathrm{fD}}}{r_{1\mathrm{D}}} \tag{5-83}$$

将式(5-83)对 $r_{1\mathrm{D}}$ 求导，可写为

$$\frac{\partial \bar{m}_{\mathrm{mD}}}{\partial r_{1\mathrm{D}}}\bigg|_{r_{1\mathrm{D}}=1} = \left(\sqrt{\frac{15(1-\omega)(1+\sigma)s}{\lambda}}\coth\left(\sqrt{\frac{15(1-\omega)(1+\sigma)s}{\lambda}}\right) - 1\right)\bar{m}_{\mathrm{fD}} \tag{5-84}$$

其中，双曲余切函数定义为

$$\coth\left(\sqrt{\frac{15(1-\omega)(1+\sigma)s}{\lambda}}\right) = \frac{\mathrm{e}^{\sqrt{\frac{15(1-\omega)(1+\sigma)s}{\lambda}}} + \mathrm{e}^{-\sqrt{\frac{15(1-\omega)(1+\sigma)s}{\lambda}}}}{\mathrm{e}^{\sqrt{\frac{15(1-\omega)(1+\sigma)s}{\lambda}}} - \mathrm{e}^{-\sqrt{\frac{15(1-\omega)(1+\sigma)s}{\lambda}}}} \tag{5-85}$$

因此，裂缝系统的流动控制方程可写为

$$\frac{1}{r_{2\mathrm{D}}^2}\frac{\partial}{\partial r_{2\mathrm{D}}}\left(r_{2\mathrm{D}}^2\frac{\partial \bar{m}_{\mathrm{fD}}}{\partial r_{2\mathrm{D}}}\right)-\frac{\lambda}{5}\left(\sqrt{\frac{15(1-\omega)(1+\sigma)s}{\lambda}}\coth\left(\sqrt{\frac{15(1-\omega)(1+\sigma)s}{\lambda}}\right)-1\right)\bar{m}_{\mathrm{fD}}=\omega s\cdot\bar{m}_{\mathrm{fD}} \tag{5-86}$$

定义裂缝系统的流动系数为

$$u=\omega s+\frac{\lambda}{5}\left[\sqrt{\frac{15(1-\omega)(1+\sigma)s}{\lambda}}\coth\left(\sqrt{\frac{15(1-\omega)(1+\sigma)s}{\lambda}}\right)-1\right] \tag{5-87}$$

由于 $\Delta m_{\mathrm{f}}=m_{\mathrm{fi}}-m_{\mathrm{f}}$，结合裂缝系统拟压力的无因次定义，式(5-86)可写为

$$\frac{1}{r_{2\mathrm{D}}^2}\frac{\partial}{\partial r_{2\mathrm{D}}}\left(r_{2\mathrm{D}}^2\frac{\partial \Delta\bar{m}_{\mathrm{f}}}{\partial r_{2\mathrm{D}}}\right)=u\Delta\bar{m}_{\mathrm{f}}\ \left(r_{2\mathrm{D}}=\sqrt{x_{\mathrm{D}}^2+y_{\mathrm{D}}^2+z_{\mathrm{D}}^2}\right) \tag{5-88}$$

3. 页岩气藏中的连续点源解方程

通过点源周围的一个小球体表面的累积流量等于从点源流入/出的流体体积，$\tilde{q}$ [16]：

$$\int_0^t\lim_{\varepsilon\to\infty}\left(4\pi r_2^2\frac{k_{\mathrm{f}}}{\mu_{\mathrm{g}}}\frac{\partial p_{\mathrm{f}}}{\partial r_2}\right)_{r_2=\varepsilon}\mathrm{d}t=\int_0^t\tilde{q}\delta(t)\mathrm{d}t=\tilde{q} \tag{5-89}$$

则 Laplace 空间中无因次点源方程可写为

$$\lim_{\varepsilon\to\infty}2\pi x_{\mathrm{f}}^3\left(r_{2\mathrm{D}}^2\frac{\partial\Delta\bar{m}_{\mathrm{f}}}{\partial r_{2\mathrm{D}}}\right)_{r_{2\mathrm{D}}=\varepsilon}=-\frac{p_{\mathrm{sc}}T}{T_{\mathrm{sc}}}\frac{1}{\Lambda}\tilde{q} \tag{5-90}$$

外边界条件可写为

$$\Delta\bar{m}_{\mathrm{f}}\big|_{r_{\mathrm{D}}\to\infty}=0 \tag{5-91}$$

结合式(5-89)、式(5-90)和式(5-91)，则可通过叠加原理得到在球向无限大空间中由不位于原点的连续点源引起的拟压力分布：

$$\Delta\bar{m}_{\mathrm{f}}=\frac{p_{\mathrm{sc}}T}{T_{\mathrm{sc}}}\frac{\tilde{q}}{2\pi k_{\mathrm{f}}x_{\mathrm{f}}s}\frac{\mathrm{e}^{-\sqrt{u}\sqrt{(x_{\mathrm{D}}-x_{\mathrm{wD}})^2+(y_{\mathrm{D}}-y_{\mathrm{wD}})^2+(z_{\mathrm{D}}-z_{\mathrm{wD}})^2}}}{\sqrt{(x_{\mathrm{D}}-x_{\mathrm{wD}})^2+(y_{\mathrm{D}}-y_{\mathrm{wD}})^2+(z_{\mathrm{D}}-z_{\mathrm{wD}})^2}} \tag{5-92}$$

式中，$x_{\mathrm{wD}}, y_{\mathrm{wD}}, z_{\mathrm{wD}}$ 代表任意位置的点源。

5.2.3 数学模型的求解

1. 压裂直井

1) 井以定产量生产

假设储层的顶底边界封闭，因此侧向无限大页岩气藏中的连续点源在 z=0 和 z=h 有 2 个封闭边界，通过镜像反映法和叠加原理可得

$$\Delta\bar{m}_{\mathrm{f}}=\frac{p_{\mathrm{sc}}T}{T_{\mathrm{sc}}}\frac{\tilde{q}}{\pi k_{\mathrm{f}}x_{\mathrm{f}}sh_{\mathrm{D}}}\left\{K_0\left(r_{\mathrm{D}}\sqrt{u}\right)+2\sum_{n=1}^{+\infty}K_0\left(r_{\mathrm{D}}\sqrt{u+\frac{n^2\pi^2}{h_{\mathrm{D}}}}\right)\cos n\pi\frac{z_{\mathrm{D}}}{h_{\mathrm{D}}}\cos n\pi\frac{z_{\mathrm{wD}}}{h_{\mathrm{D}}}\right\} \tag{5-93}$$

式中，$r_{\mathrm{D}}^2=(x_{\mathrm{D}}-x_{\mathrm{wD}})^2+(y_{\mathrm{D}}-y_{\mathrm{wD}})^2$。

通过对式(5-93)中的 z_w 从 0 到 h 积分，可得 Laplace 空间中顶底封闭侧向无限大页岩气藏中垂直井(连续线源)产生的拟压力响应：

$$\Delta\bar{m}_{\mathrm{f}}=\frac{p_{\mathrm{sc}}T}{T_{\mathrm{sc}}}\frac{\tilde{q}h}{\pi k_{\mathrm{f}}x_{\mathrm{f}}sh_{\mathrm{D}}}K_0\left(r_{\mathrm{D}}\sqrt{u}\right) \tag{5-94}$$

通过对式(5-94)中 x_w 从$-x_f$到 x_f求积分，可得 Laplace 空间中页岩气藏压裂井生产时产生的拟压力相应：

$$\Delta\bar{m}_{\mathrm{f}}\frac{p_{\mathrm{sc}}T}{T_{\mathrm{sc}}}\frac{\tilde{q}h}{\pi k_{\mathrm{f}}sh_{\mathrm{D}}}\int_{-1}^{1}K_0\left(\sqrt{u}\sqrt{\left(x_{\mathrm{D}}-x_{\mathrm{wD}}\right)^2+\left(y_{\mathrm{D}}-y_{\mathrm{wD}}\right)^2}\right)\mathrm{d}x_{\mathrm{wD}} \tag{5-95}$$

对于垂直裂缝井，压裂井的产量表达式可写为

$$q_{\mathrm{sc}}=2\tilde{q}hx_{\mathrm{f}} \tag{5-96}$$

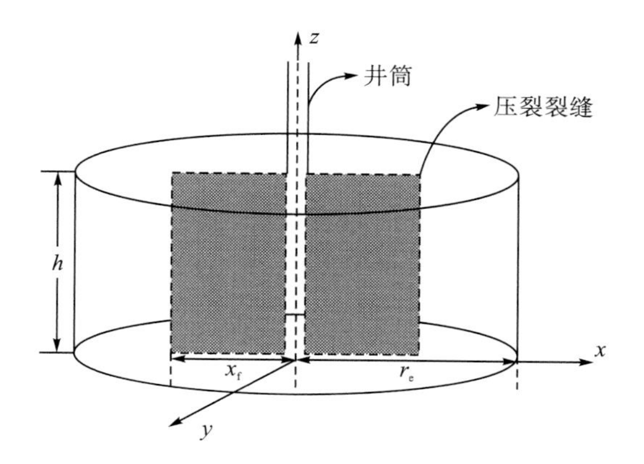

（a）压裂井的3D透视图

井筒　压裂裂缝　x　天然裂缝　基质　y　r　r_m

（b）垂直裂缝的平面示意图

图 5-2　页岩气藏压裂井的物理模型

从图 5-2 可以发现，压裂井在 y 方向上的无因次坐标(y_{wD})等于 0，并且当计算井筒或垂直裂缝的压力时 y_D 也等于 0。因此 Laplace 空间中侧向无限大页岩气藏的压裂井无因次拟压力可写为

$$\bar{m}_{\mathrm{wD}}=\frac{1}{2s}\int_{-1}^{1}K_0\left(\sqrt{u}\left|x_{\mathrm{D}}-x_{\mathrm{WD}}\right|\right)\mathrm{d}x_{\mathrm{wD}} \tag{5-97}$$

侧向封闭边界：

$$\bar{m}_{\mathrm{wD}}=\frac{1}{2s}\int_{-1}^{1}\left[K_0\left(\sqrt{u}\left|x_{\mathrm{D}}-x_{\mathrm{wD}}\right|\right)+\frac{K_1\left(R_{\mathrm{eD}}\sqrt{u}\right)}{I_1\left(R_{\mathrm{eD}}\sqrt{u}\right)}I_0\left(\sqrt{u}\left|x_{\mathrm{D}}-x_{\mathrm{wD}}\right|\right)\right]\mathrm{d}x_{\mathrm{wD}} \tag{5-98}$$

侧向定压边界：

$$\bar{m}_{\mathrm{wD}}=\frac{1}{2s}\int_{-1}^{1}\left[K_0\left(\sqrt{u}\left|x_{\mathrm{D}}-x_{\mathrm{wD}}\right|\right)+\frac{K_0\left(R_{\mathrm{eD}}\sqrt{u}\right)}{I_0\left(R_{\mathrm{eD}}\sqrt{u}\right)}I_0\left(\sqrt{u}\left|x_{\mathrm{D}}-x_{\mathrm{wD}}\right|\right)\right]\mathrm{d}x_{\mathrm{wD}} \tag{5-99}$$

通过杜哈美原理，Everdingen 等[17]提出考虑井储和表皮效应的井响应的解可通过下式计算：

$$\bar{m}_{\mathrm{wD}}=\frac{s\bar{m}_{\mathrm{wDN}}+S_{\mathrm{kin}}}{s+C_{\mathrm{D}}s^2\left(s\bar{m}_{\mathrm{wDN}}+S_{\mathrm{kin}}\right)} \tag{5-100}$$

2) 井以定井底流压生产

当井以定井底流压生产时，无因次产量可定义为

$$q_{\mathrm{D}}=\frac{q_{\mathrm{sc}}p_{\mathrm{sc}}T}{\pi k_{\mathrm{f}}hT_{\mathrm{sc}}\left(m_{\mathrm{fi}}-m_{\mathrm{f}}\right)} \tag{5-101}$$

因此根据无因次压力和产量在 Laplace 空间中的关系式[17]，可以同时得到侧向无限大、封闭和定压边界储层以定井底流压生产时的无因次井筒流量表达式：

$$\bar{q}_{\mathrm{D}}=\frac{1}{s^{2}\bar{m}_{\mathrm{wD}}} \tag{5-102}$$

通过 Stehfest 数值反演[18]可以得到真实空间中的无因次井筒拟压力 (m_{wD}) 和拟压力导数 ($\mathrm{d}m_{\mathrm{wD}}/\mathrm{d}t_{\mathrm{D}}$)：

$$m_{\mathrm{wD}}\left(t_{\mathrm{D}}\right)=\frac{\ln 2}{t}\sum_{i=1}^{N}V_{i}\bar{m}_{\mathrm{wD}}\left(s\right) \tag{5-103}$$

其中，N 为偶数，且 $s=i\cdot\ln 2/t$。

加权系数 V_i 为

$$V_{i}=\left(-1\right)^{\frac{N}{2}+i}\sum_{k=\left[\frac{i+1}{2}\right]}^{\min(i,N/2)}\frac{k^{N/2}\left(2k\right)!}{\left(N/2-k\right)!k!\left(k-1\right)!\left(i-k\right)!\left(2k-i\right)!}\quad (i\text{ 和 }k\text{ 为整数}) \tag{5-104}$$

2. 压裂水平井

如图 5-3 所示，假设页岩气藏中水平井通过多级压裂后共产生 m 条垂直裂缝，且压裂裂缝穿透整个储层厚度，且裂缝宽度忽略不计。建立如图 5-3 中所示坐标系，水平井筒方向与 y 轴平行，压裂裂缝面垂直于 y 轴。压裂裂缝可等距或非等距分布，即压裂裂缝间的间距 ΔL_i (i=1，2，…，$m-1$) 可以相等也可以不等。其中，第 i 条压裂裂缝与水平井筒的交点为 (0，y_i，0)。考虑到形成的裂缝在长度上可能不同，故在此假设裂缝的右翼长度和左翼长度分别为 $L_{\mathrm{fR}i}$ 和 $L_{\mathrm{fL}i}$。实际上页岩气藏裂缝的渗透率远大于储层渗透率，因此页岩气在裂缝中流动所产生的压力损失和气体沿水平井筒流动所产生的压降损失均很小可以忽略，故假设页岩气在裂缝中的渗流为无限导流。

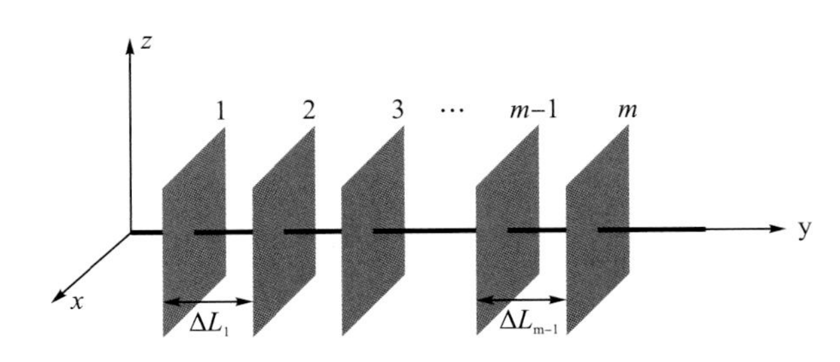

图 5-3 压裂水平井物理模型

由于多级压裂水平井的内边界条件极其复杂，无法直接写出渗流模型的内边界条件并获得解析解，因此采用解析法与数值离散方法相结合的半解析法来得到多级压裂水平井的压力响应，如图 5-4 所示。

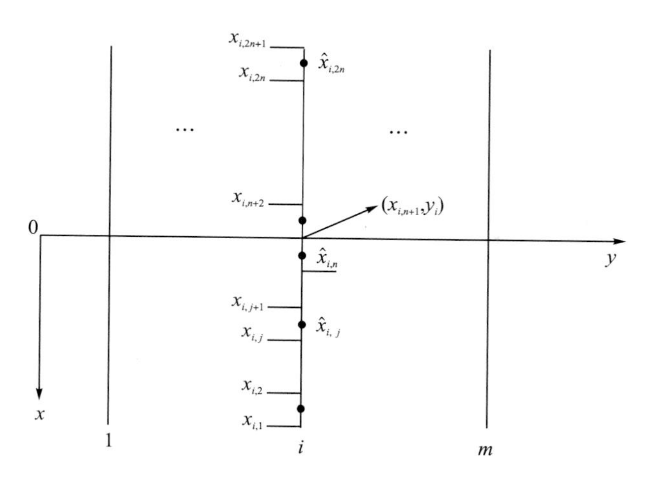

图 5-4　压裂水平井裂缝离散示意图[19]

如图 5-4 所示，将每条裂缝的左右两翼都按相等长度离散为 n 个单元，则每条裂缝都被离散为 $2n$ 个单元。在 x-y 平面内，记第 i 条压裂裂缝上的第 j 个离散单元的中点坐标为 $(\overline{x}_{ij},\overline{y}_{ij})$，记第 i 条裂缝上的第 j 个离散单元端点坐标为 $(x_{ij},\ y_{ij})$。

根据图 5-4 中所示的裂缝离散，第 $i(1\leqslant i\leqslant m)$ 条裂缝上第 $j(1\leqslant j\leqslant 2n)$ 个离散单元的中点坐标可表示为

$$\begin{cases}\overline{x}_{ij}=-\dfrac{2n-2j+1}{2n}L_{\text{fL}i}\\ \overline{y}_{ij}=y_i\end{cases},\quad 1\leqslant j\leqslant n \tag{5-105}$$

$$\begin{cases}\overline{x}_{ij}=-\dfrac{2n-2j+1}{2n}L_{\text{fR}i}\\ \overline{y}_{ij}=y_i\end{cases},\quad n+1\leqslant j\leqslant 2n \tag{5-106}$$

第 $i(1\leqslant i\leqslant m)$ 条裂缝上第 $j(1\leqslant j\leqslant 2n)$ 个离散单元的端点坐标可表示为

$$\begin{cases}x_{ij}=-\dfrac{n-j+1}{n}L_{\text{fL}i}\\ y_{ij}=y_i\end{cases},\ 1\leqslant j\leqslant n \tag{5-107}$$

$$\begin{cases}x_{ij}=-\dfrac{n-j+1}{n}L_{\text{fR}i}\\ y_{ij}=y_i\end{cases},\ n+1\leqslant j\leqslant 2n \tag{5-108}$$

根据本章中的推导，顶底封闭侧向无限大页岩气藏中的线源引起的拟压力响应在 Laplace 空间内可以表示为

$$\Delta\overline{m}_{\text{f}}=\frac{p_{\text{sc}}T}{T_{\text{sc}}}\frac{\overline{\tilde{q}}_1}{\pi k_{\text{f}}Lh_{\text{D}}}K_0\left(r_{\text{D}}\sqrt{u}\right) \tag{5-109}$$

式中，$\overline{\tilde{q}}_1$——Laplace 空间内线密度流量。

按照图 5-4 所示方法对 m 条压裂裂缝进行离散后，当离散单元数 n 足够多时，可近似认为同一个离散裂缝单元上任意位置处的线密度流量相等，即对于离散单元$(i,\ j)$所对应

的线密度流量均为 $\tilde{q}_{\mathrm{l}i,j}$ ，且该离散单元内任意位置处的线密度流量都为该值。

根据上述假设以及式(5-109)给出的页岩气藏中连续线源解,可得到第 i 条裂缝上的第 j 个离散单元在气藏中任意位置$(x,\ y)$所产生的拟压力响应为

$$\Delta\bar{m}_{i,j}(x,y)=\int_{x_{i,j}}^{x_{i,j+1}}\frac{p_{\mathrm{sc}}T}{T_{\mathrm{sc}}}\frac{\bar{\tilde{q}}_{\mathrm{l}i,j}}{\pi k_{\mathrm{f}i}Lh_{\mathrm{D}}}K_0\left(r_{\mathrm{D}}\sqrt{u}\right)\mathrm{d}x_{\mathrm{w}} \tag{5-110}$$

对式(5-110)进行积分化简及无因次化处理，可得到

$$\bar{m}_{\mathrm{D}i,j}(x_{\mathrm{D}},y_{\mathrm{D}})=\bar{q}_{\mathrm{D}i,j}\int\limits_{x_{\mathrm{D}i,j}}^{x_{\mathrm{D}i,j+1}}K_0\left[\sqrt{u}\sqrt{(x_{\mathrm{D}}-x_{\mathrm{wD}})^2+(y_{\mathrm{D}}-y_{\mathrm{D}i})^2}\right]\mathrm{d}x_{\mathrm{wD}} \tag{5-111}$$

式(5-111)中的无因次量定义如下：

$$x_{\mathrm{D}i,j}=\frac{x_{i,j}}{L},\quad x_{\mathrm{D}i,j+1}=\frac{x_{i,j+1}}{L},\quad \bar{q}_{\mathrm{D}ij}=\frac{\bar{\tilde{q}}_{\mathrm{l}i,j}L}{q_{\mathrm{sc}}}$$

根据势的叠加原理，m 条压裂裂缝上的$(m\times 2n)$个离散单元在$(x_{\mathrm{D}},\ y_{\mathrm{D}})$处产生的总响应为

$$\bar{m}_{\mathrm{D}}(x_{\mathrm{D}},y_{\mathrm{D}})=\sum_{i=1}^{m}\sum_{j=1}^{2n}\bar{m}_{\mathrm{D}i,j}(x_{\mathrm{D}},y_{\mathrm{D}}) \tag{5-112}$$

将式(5-112)中的$(x_{\mathrm{D}},\ y_{\mathrm{D}})$取为离散裂缝单元的中点$(\bar{x}_{\mathrm{D}k,v},\bar{y}_{\mathrm{D}k,v})$，其中$(k=1,\ 2,\ \cdots,\ m;\ v=1,\ 2,\ \cdots,\ 2n)$，则 m 条垂直压裂裂缝上的$(m\times 2n)$个离散单元在离散裂缝单元$(\bar{x}_{\mathrm{D}k,v},\bar{y}_{\mathrm{D}k,v})$处产生的拟压力响应为

$$\bar{m}_{\mathrm{D}}(\bar{x}_{\mathrm{D}k,v},\bar{y}_{\mathrm{D}k,v})=\sum_{i=1}^{m}\sum_{j=1}^{2n}\bar{m}_{\mathrm{D}i,j}(\bar{x}_{\mathrm{D}k,v},\bar{y}_{\mathrm{D}k,v}) \tag{5-113}$$

又因为压裂裂缝和水平井筒均具有无限导流能力,则离散裂缝单元$(\bar{x}_{\mathrm{D}k,v},\bar{y}_{\mathrm{D}k,v})$处的拟压力与井底拟压力相等，因此式(5-113)又可写为

$$\begin{aligned}\bar{m}_{\mathrm{wD}}&=\sum_{i=1}^{m}\sum_{j=1}^{2n}\bar{m}_{\mathrm{D}i,j}(\bar{x}_{\mathrm{D}k,v},\bar{y}_{\mathrm{D}k,v})\\&=\sum_{i=1}^{m}\sum_{j=1}^{2n}\bar{q}_{\mathrm{D}i,j}\int\limits_{x_{\mathrm{D}i,j}}^{x_{\mathrm{D}i,j+1}}K_0\left[\sqrt{u}\sqrt{(\bar{x}_{\mathrm{D}k,v}-x_{\mathrm{D}i,j})^2+(\bar{y}_{\mathrm{D}k,v}-y_{\mathrm{D}i})^2}\right]\mathrm{d}x_{\mathrm{wD}}\end{aligned} \tag{5-114}$$

将式(5-114)中的 k、v 取遍所有离散裂缝单元$(k=1,\ 2,\ \cdots,\ m;\ v=1,\ 2,\ \cdots,\ 2n)$，则共可得到$(m\times 2n)$个线性方程。但是从式(5-114)可以看出，要求解的未知量共有$(m\times 2n+1)$个：$\bar{m}_{\mathrm{wD}}$和$\bar{q}_{\mathrm{D}ij}$ $(i=1,\ 2,\ \cdots,\ m;\ j=1,\ 2,\ \cdots,\ 2n)$。因此若要求解出所有未知数，则还需一个含未知量的方程。

由于压裂水平井以定产量 q_{sc} 生产，即

$$\sum_{i=1}^{m}\sum_{j=1}^{2n}\left[\tilde{q}_{i,j}\left(x_{i,j+1}-x_{i,j}\right)\right]=q_{\mathrm{sc}} \tag{5-115}$$

利用定义的无因次量对上式进行无因次化，则

$$\sum_{i=1}^{m}\sum_{j=1}^{2n}\left[\bar{q}_{\mathrm{D}i,j}\left(x_{\mathrm{D}i,j+1}-x_{\mathrm{D}i,j}\right)\right]=\frac{1}{s} \tag{5-116}$$

式(5-114)和式(5-116)刚好构成 $m\times 2n+1$ 个方程，可以封闭求解 $m\times 2n+1$ 个未知量，

方程组可以用矩阵的形式表示：

$$\begin{bmatrix} A_{1\times1,1\times1} & \cdot\cdot & A_{1\times1,i\times j} & \cdot\cdot & A_{1\times1,m\times2n} & -1 \\ \cdots & \cdot\cdot & \cdots & \cdot\cdot & \cdots & -1 \\ A_{k\times v,1\times1} & \cdot\cdot & A_{k\times v,i\times j} & \cdot\cdot & A_{k\times v,m\times2n} & -1 \\ \cdots & \cdot\cdot & \cdots & \cdot\cdot & \cdots & -1 \\ A_{m\times2n,1\times1} & \cdot\cdot & A_{m\times2n,i\times j} & \cdot\cdot & A_{m\times2n,m\times2n} & -1 \\ \Delta L_{\text{fD}11} & \cdot\cdot & \Delta L_{\text{fD}ij} & \cdot\cdot & \Delta L_{\text{fD}m\times2n} & 0 \end{bmatrix} \begin{bmatrix} \bar{q}_{\text{D}1,1} \\ \cdot \\ \bar{q}_{\text{D}i,j} \\ \cdot \\ \bar{q}_{\text{D}m,2n} \\ \bar{m}_{\text{wD}} \end{bmatrix} = \begin{bmatrix} 0 \\ 0 \\ \cdot\cdot \\ \cdot\cdot \\ 0 \\ 1/s \end{bmatrix} \tag{5-117}$$

其中：$A_{k\times v,i\times j}$ 为第 i 条裂缝第 j 个离散单元上的单位强度连续线源在第 k 条裂缝第 v 个离散单元中点处产生的拟压力降系数，其表达式为

$$A_{k\times v,i\times j} = \int_{x_{\text{D}i,j}}^{x_{\text{D}i,j+1}} K_0\left[\sqrt{u}\sqrt{(x_{\text{D}k,v} - x_{\text{D}i,j})^2 + (y_{\text{D}k,v} - y_{\text{D}i})^2}\right] \text{d}x_{\text{wD}} \tag{5-118}$$

5.2.4　典型曲线及流动阶段划分

由于试井典型曲线能直观地反映出瞬态流动的形态特征，并进行瞬态压力分析来识别真实储层的流动特征以及取得井筒和储层的物性参数，因此吸引了许多研究者[20-22]。通过 Stehfest 数值反演方法[18]编程求解可得到真实空间中压裂井的无因次井底压力曲线和产量动态曲线，并对非稳态压力和产量曲线特征及相关影响因素进行分析，模型所用参数如表 5-1 所示。

表 5-1　模型中用到的页岩气藏数据

参数	数值	单位	来源
纳米孔半径，r_n	2	nm	Shabro (2011) [23]
储层温度，T	423	K	Shabro (2011)
储层压力，P_r	1.72×10^7	Pa	Swami (2012) [15]
Knudsen 扩散系数，D	9.96×10^{-7}	m^2/s	Swami (2012)
Langmuir 体积，V_L	0.020	m^3/kg	Shabro (2011)
Langmuir 常数，b	4.0×10^{-7}	1/Pa	Shabro (2011)
页岩密度，ρ_{bi}	2500	kg/m^3	Schamel (2005) [24]
面容比，SV	2.50×10^8	m^{-1}	Howard (1991) [25]
基质半径，r_m	1.91	m	Apaydin (2012) [14]
基质孔隙度，ϕ_m	0.10	-	Zhao (2013) [26]
基质渗透率，k_m	1.0×10^{-21}	m^2	Apaydin (2012)
裂缝孔隙度，ϕ_f	0.0050		Zhao (2013)
裂缝渗透率，k_f	2.0×10^{-12}	m^2	Apaydin (2012)
气体黏度，μ_g	1.84×10^{-5}	Pa·s	Apaydin (2012)
气体压缩系数，c_g	4.39×10^{-8}	1/Pa	Bello (2010) [27]
裂缝半长，x_f	50	m	—
体积系数，B_g	0.0090	m^3/m^3	计算所得

1. 压裂直井

图5-5为不同边界条件下页岩气藏中一口压裂直井以定产量生产时的整个瞬态流动过程。根据 Nie 等[20,21]和 Zhao 等[28]的研究可以划分为6个瞬态流动阶段：

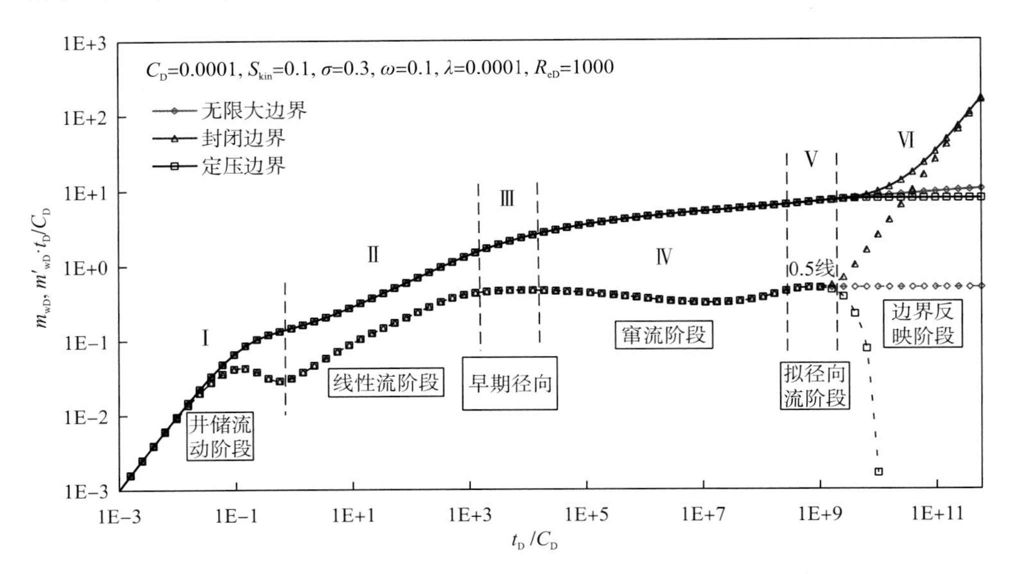

图5-5 页岩气藏中无限导流压裂直井非稳态压力典型曲线

Ⅰ：井储及表皮效应流动阶段。在纯井储流动阶段，拟压力和拟压力导数曲线为一条向上倾斜且斜率为1的直线，且二者相互重合，该阶段主要受井筒中储集的气体影响。在表皮效应流动阶段，拟压力导数曲线上出现明显的“驼峰”，“驼峰”的高低与持续时间长短主要取决于井筒储集系数 C_D 和表皮因子 S。

Ⅱ：线性流阶段，该阶段对应于页岩气藏天然裂缝中的页岩气向压裂裂缝壁面的线性流动(图5-6(a))。在压力响应曲线上，拟压力和拟压力导数曲线相互平行，且曲线斜率均为“1/2”。该阶段的曲线特征是压裂井生产时的典型响应。

Ⅲ：早期径向流动阶段，为天然裂缝系统中的页岩气以拟径向流方式向压裂裂缝及井筒流动(图5-6(b))，此时压裂裂缝对气体流动的影响已结束，拟压力导数曲线表现为数值为“0.5”的水平线。由于生产时间较短，裂缝系统的压力降不足以引起储存或吸附在基质系统中的气体向裂缝系统流动，因此该阶段的产量主要依赖于天然裂缝系统中的气体。

Ⅳ：窜流阶段，随着裂缝系统压力下降，基质系统中的页岩气向裂缝系统进行窜流(图5-6(c))，在拟压力导数曲线上表现为一个“凹子”。随着天然气不断产出，当天然裂缝中的压力下降到一定程度，储存或吸附在基质系统中的气体开始向裂缝系统流动。

Ⅴ：晚期拟径向流阶段，基质系统和裂缝系统的压力达到一个动态平衡，页岩气以拟径向流的方式向井筒流动，拟压力导数曲线表现为数值为“0.5”的水平线。

Ⅵ：边界反映阶段。对于无限大边界，拟压力导数曲线为一条数值为“0.5”的水平线。对于封闭边界，拟压力和拟压力导数曲线上翘且为斜率为“1”的直线；对于定压边界，拟压力导数曲线迅速下掉，拟压力曲线为水平线。

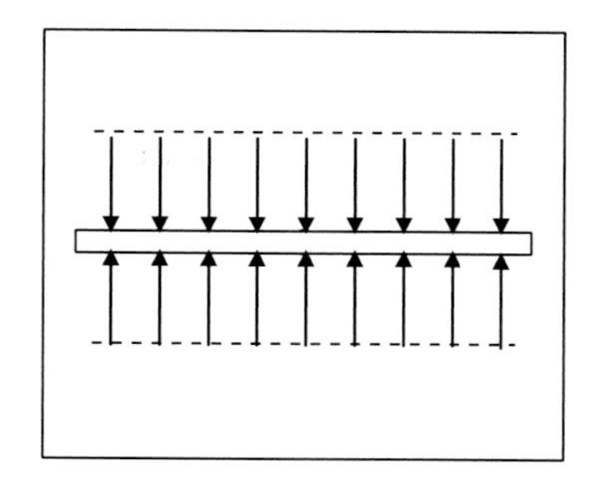

(a)流向裂缝的线性流

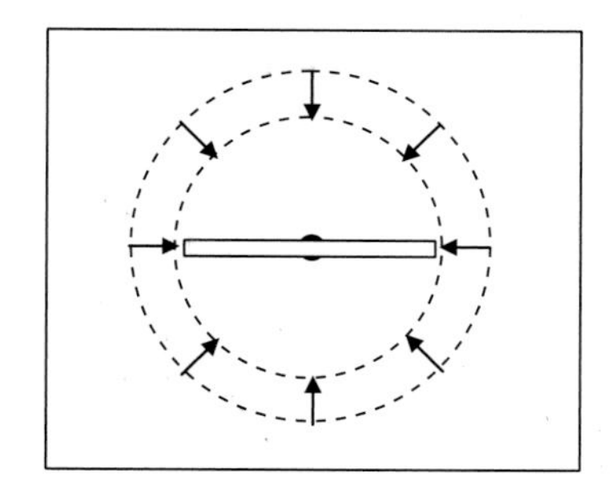

(b)早期径向流

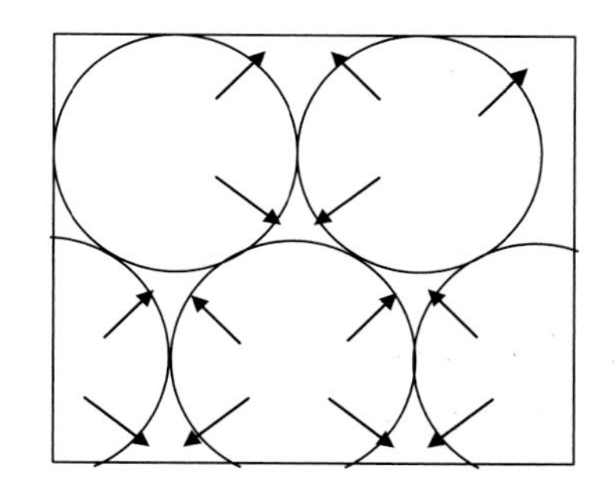

(c)基质系统向裂缝系统的窜流

图 5-6　垂直裂缝井主要流动阶段的流动示意图

从页岩气藏压裂井生产过程中的 6 个瞬态流动阶段可以看出，I、II 阶段揭示了宏观尺度上的井筒和压裂裂缝中气体被采出时井筒压力变化规律，III 阶段揭示了介观尺度上气体在天然裂缝中的流动规律，IV 阶段揭示了微观尺度上气体在基质纳米孔隙中的流动规律以及纳米尺度上的气体解吸作用。利用该压力图版对现场数据进行拟合则可得到压裂井和储层的物性参数。

2. 压裂水平井

图 5-7 为页岩气藏中一口压裂水平井以定产量生产时的整个瞬态流动过程。从图 5-7 中可以看出主要有 7 个瞬态流动阶段。

Ⅰ：井储及表皮效应流动阶段。在纯井储流动阶段，拟压力和拟压力导数曲线为一条向上倾斜且斜率为 1 的直线，且二者相互重合，该阶段主要受井筒中储集的气体影响。在表皮效应流动阶段，拟压力导数曲线上出现明显的“驼峰”，“驼峰”的高低与持续时间长短主要取决于井筒储集系数 C_D 和表皮因子 S。

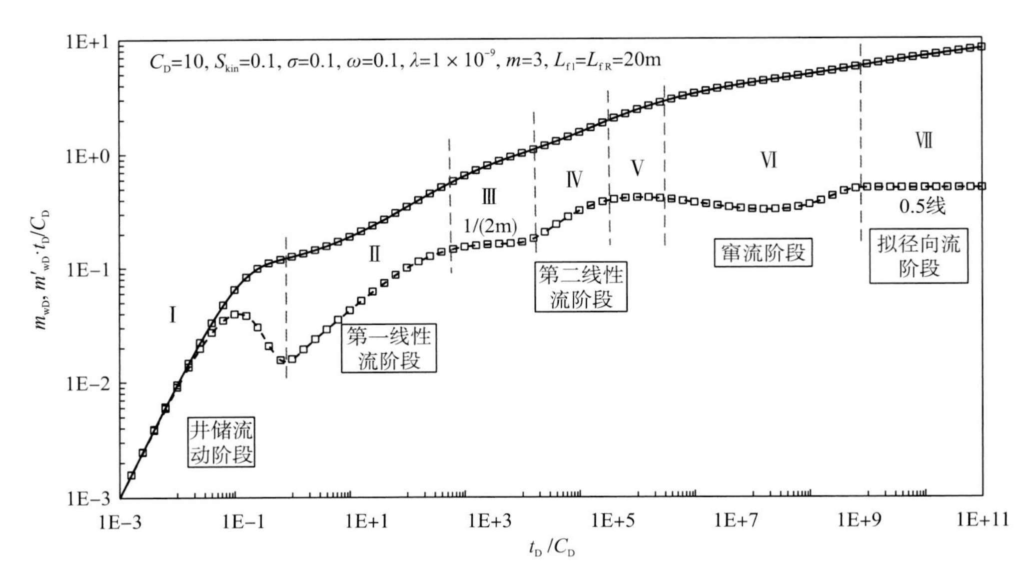

图 5-7 页岩气藏中无限导流压裂水平井非稳态压力典型曲线

Ⅱ：早期第一线性流阶段，该阶段对应于页岩气藏天然裂缝中的气体向压裂裂缝壁面的线性流动(图 5-8(a))。在压力响应曲线上，拟压力和拟压力导数曲线相互平行，且曲线斜率均为“1/2”。

Ⅲ：早期第一径向流动阶段。随着压力波不断向压裂缝端方向传播，在各压裂裂缝周围形成拟径向流(图 5-8(b))，但此时压力波尚未传到相邻裂缝，各压裂裂缝在地层中独立作用。气体以拟径向流动方式向各裂缝流动，拟压力导数曲线表现为数值为“1/(2*m*)”的水平线。

Ⅳ：第二线性流阶段。压力波已经传播到相邻压裂裂缝，裂缝间产生干扰。如图 5-8(c)所示，气体以平行于垂直裂缝壁面的方向向压裂水平井流动(压裂裂缝和井筒作为一个整体)，拟压力和压力导数曲线表现为斜率为“1/2”的平行直线，该阶段主要与裂缝参数相关。

Ⅴ：天然裂缝系统径向流阶段。天然裂缝系统中的页岩气以拟径向流方式向压裂裂缝及井筒流动(图 5-8(d))，此时压裂裂缝对气体流动的影响已结束，拟压力导数曲线表现为数值为“0.5”的水平线，该阶段的产量主要依赖于储存在天然裂缝系统中的游离气。

Ⅵ：窜流阶段。随着裂缝系统压力下降，基质系统中的页岩气向裂缝系统窜流，在拟压力导数曲线上表现为一个“凹子”。随着天然气不断产出，当天然裂缝中的压力下降到一定程度，储存或吸附在基质系统中的气体开始向裂缝系统流动。

Ⅶ：晚期拟径向流阶段，基质系统和裂缝系统的压力达到一个动态平衡，页岩气以拟径向流的方式向井筒流动，拟压力导数曲线表现为数值为“0.5”的水平线。

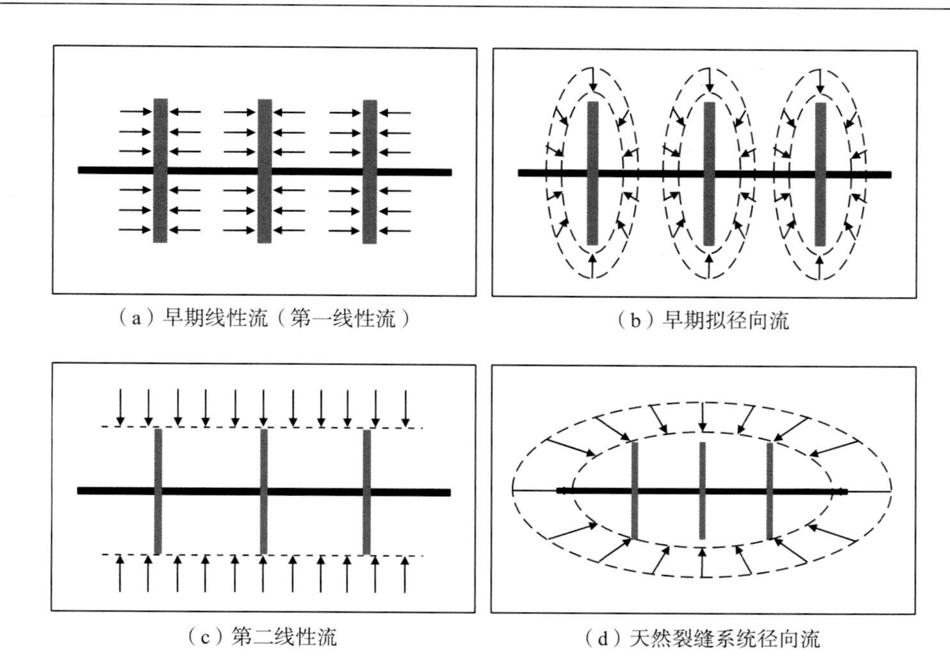

图 5-8　压裂水平井主要流动阶段的流动示意图

从页岩气藏压裂水平井生产过程中的 7 个瞬态流动阶段可以看出，I、II、III、IV 阶段揭示了宏观尺度上的井筒和压裂裂缝中气体被采出时井筒压力变化规律，V 阶段揭示了介观尺度上气体在天然裂缝中的流动规律，VI 阶段揭示了微观尺度上气体在基质纳米孔隙中的流动规律以及纳米尺度上的气体解吸作用。利用该压力图版对现场数据进行拟合则可得到压裂井和储层的物性参数。

5.2.5　影响因素分析

1. 压裂直井

1）瞬态压力曲线影响因素分析

图 5-9 是在其他参数不变的条件下，储容比 ω 对侧向无限大页岩气藏中压裂直井拟压力和拟压力导数曲线的影响。从图 5-9 中可以看出，储容比 ω 不仅对窜流段有影响，并且还会影响线性流阶段的曲线形态。ω 越小，“凹子”就越深，线性流阶段的拟压力和拟压力导数曲线位置越靠上。根据 ω 的定义，ω 值越大说明裂缝系统中的气量越丰富，因此基质系统供给裂缝系统的气量就少，因此“凹子”越浅；由于裂缝系统中的气量充足，向压裂裂缝提供的气量就多，因此拟压力和拟压力导数曲线就靠下。

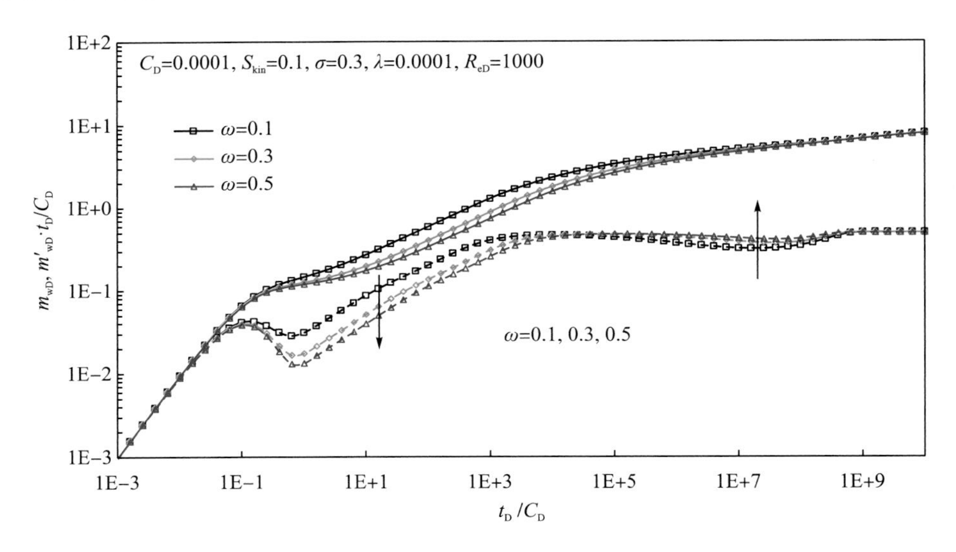

图 5-9 储容比 ω 对页岩气藏中压裂直井瞬态压力曲线的影响

图 5-10 为窜流系数 λ 对页岩气藏压裂直井拟压力和拟压力导数曲线的影响。从图 5-10 中可以看出，窜流系数 λ 主要影响窜流段出现的时间。窜流系数 λ 越大，基质系统中的页岩气越早向裂缝系统发生窜流，拟压力导数曲线上的“凹子”出现得就越早。

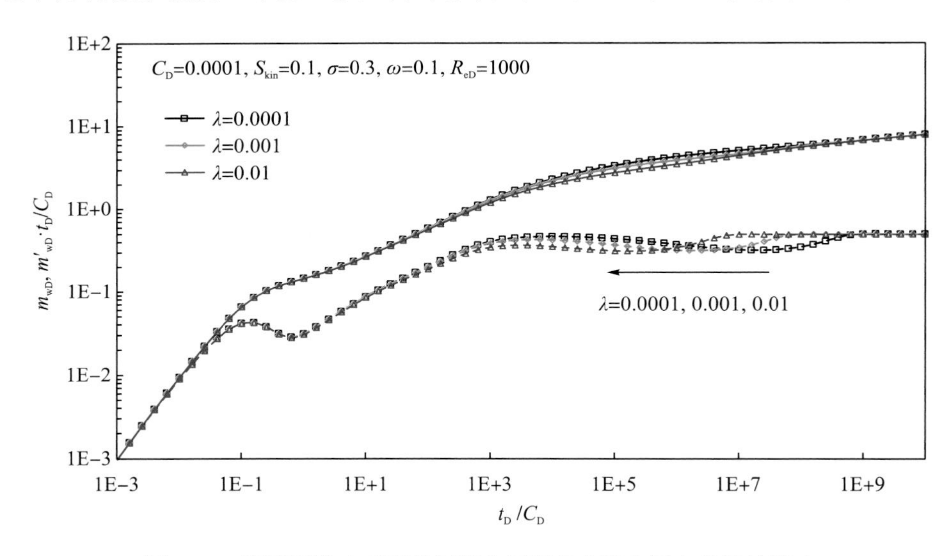

图 5-10 窜流系数 λ 对页岩气藏中压裂直井瞬态压力曲线的影响

从图 5-11 中可以观察到，解吸系数 σ 主要影响基质系统向裂缝系统窜流段的“凹子”深度及宽度。解吸系数反映了颗粒表面向页岩基质纳米孔隙提供解吸气的能力。当裂缝系统中储存的游离气产出，裂缝系统的压力降导致气体从基质系统向裂缝系统的窜流。从图 5-11 中可以看出，解吸系数 σ 越大，“凹子”越深，窜流段越长，且并不影响其他阶段的曲线形态。这说明解吸系数 σ 越大，在基质系统压力下降时能够提供更多的解吸气，能减缓井筒压力的下降，反映在压力导数曲线上的“凹子”就越深。

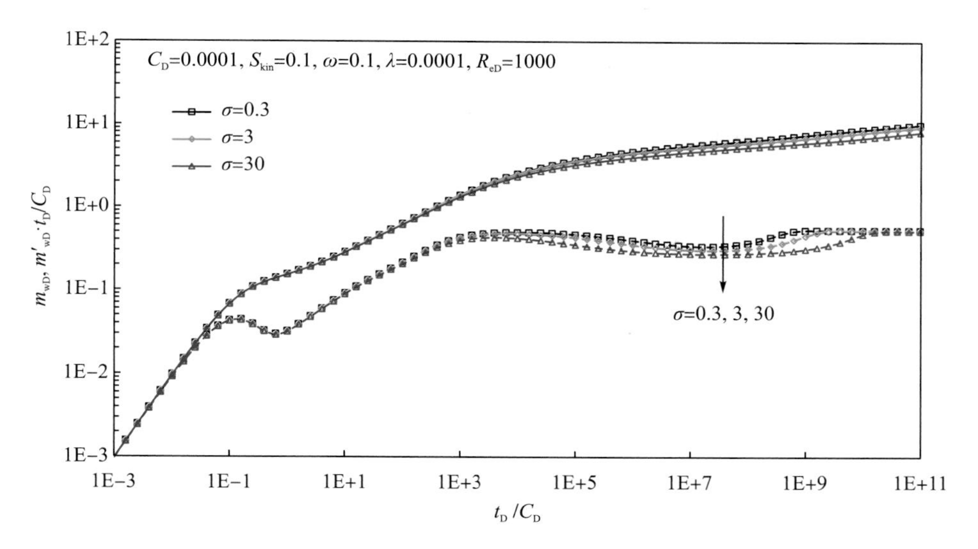

图 5-11　解吸系数 σ 对页岩气藏中压裂直井瞬态压力曲线的影响

图 5-12 为 Knudsen 扩散及滑脱效应对页岩气藏压裂直井拟压力和拟压力导数曲线的影响。根据表观渗透率的定义($k_{app}=c_gD_m\mu_g+Fk_m$)，其中包括滑脱系数和扩散系数，因此这里用 k_{app}/k_m 来评价滑脱及扩散效应对曲线形态的影响。从图 5-12 中可以发现，k_{app}/k_m 值越大，基质系统的视渗透率越大，基质向裂缝的窜流阶段结束得越早，越早进入到晚期拟径向流阶段。

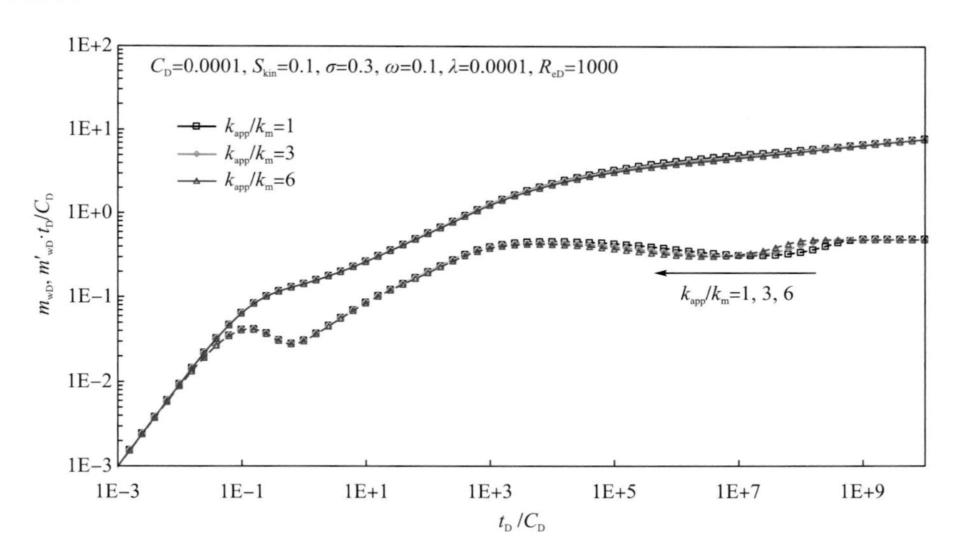

图 5-12　Knudsen 扩散及滑脱效应对页岩气藏中压裂直井瞬态压力曲线的影响

2）产量动态曲线影响因素分析

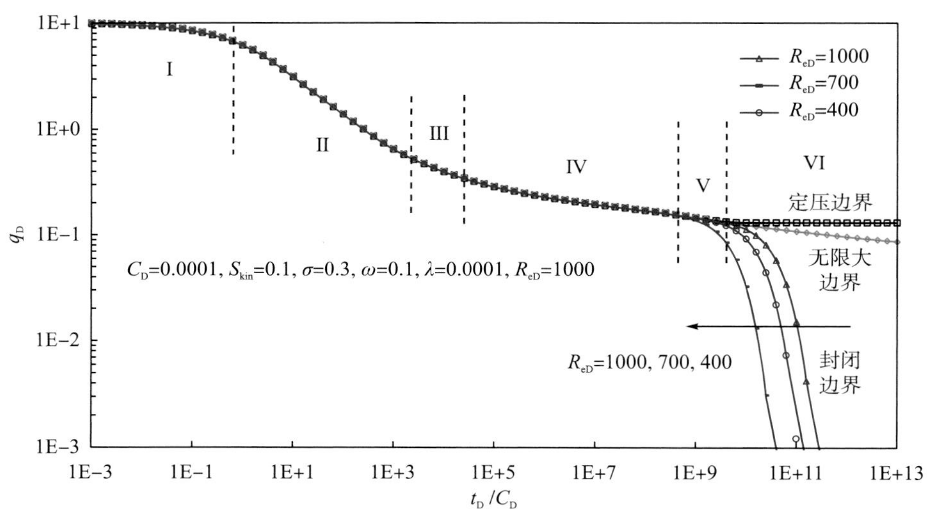

图 5-13 不同外边界下的页岩气藏中压裂直井产量动态曲线

图 5-13 为压裂井以定井底流压生产时不同外边界条件对产量动态曲线的影响。在线性流动阶段（阶段 II），储存在裂缝系统中的气体被采出且基质中的气体并未向裂缝流动，因此与其他流动阶段相比产量递减较快。当储存及吸附在基质系统中的气体向裂缝系统流动时（阶段 IV），产量递减速度减慢。在外边界反映阶段（阶段 VI）：对于定压边界，无因次产量曲线保持为一条水平线；对于无限大边界，产量稍微减少；对于封闭边界，无因次产量曲线迅速下降，且外边界半径越小，产量动态曲线下降越早。

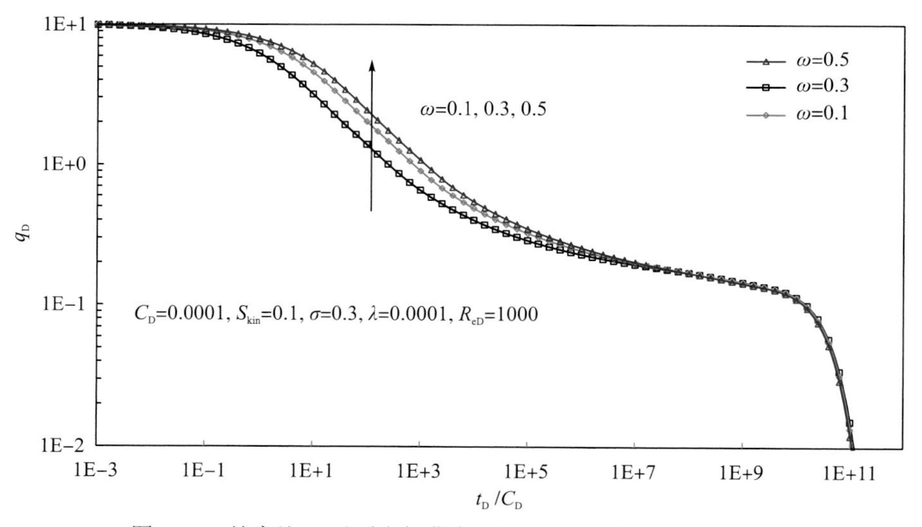

图 5-14 储容比 ω 对页岩气藏中压裂直井产量动态曲线的影响

图 5-14 为储容比 ω 对产量动态曲线的影响。从图 5-14 中可以发现储容比对产量动态曲线影响较大。当储容比的数值变小时，在前四个流动阶段的产量减少。图 5-15 为基质

系统向裂缝系统的窜流系数 λ 对产量动态曲线的影响。从图 5-15 中可以发现窜流系数的数值越小，窜流段出现的时间就越晚，并且在窜流段产量减少。

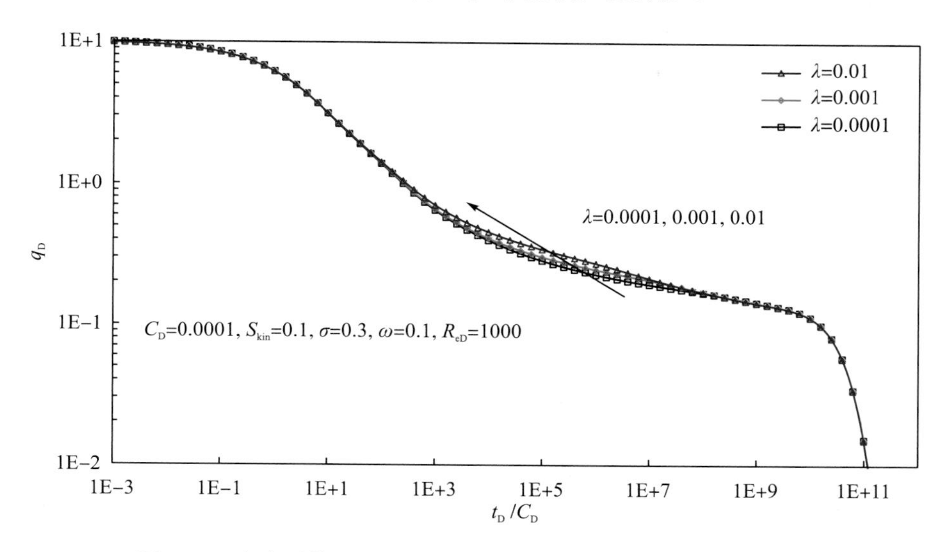

图 5-15　窜流系数 λ 对页岩气藏中压裂直井产量动态曲线的影响

图 5-16 为解吸系数 σ 对产量动态曲线的影响。解吸系数 σ 越大，说明有更多的页岩气吸附在基质颗粒表面，因此解吸系数 σ 越大，在窜流段就会有更多的吸附气从基质颗粒表面解吸进入基质系统从而流向裂缝系统，从而当压裂井以定井底流压生产时在窜流段有较高的产气量以及在外边界反映阶段有一个较长的生产期。

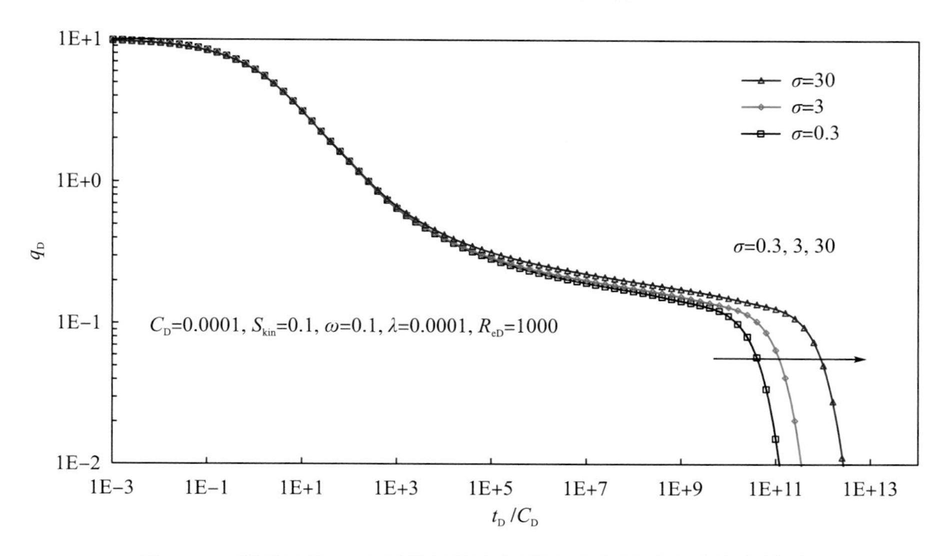

图 5-16　解吸系数 σ 对页岩气藏中压裂直井产量动态曲线的影响

图 5-17 为 Knudsen 扩散和滑脱效应对产量动态曲线的影响。扩散和滑脱效应主要影响基质纳米孔隙的视渗透率，Knudsen 扩散系数和滑脱因子越大，页岩基质的视渗透率越

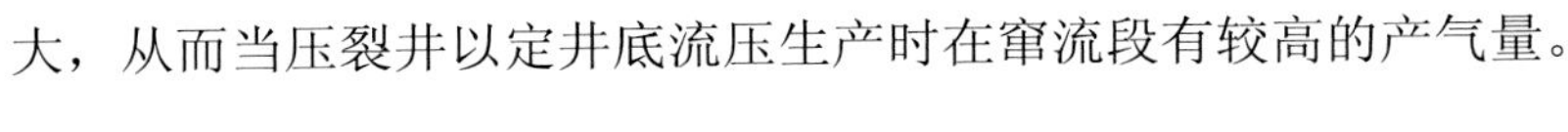
大，从而当压裂井以定井底流压生产时在窜流段有较高的产气量。

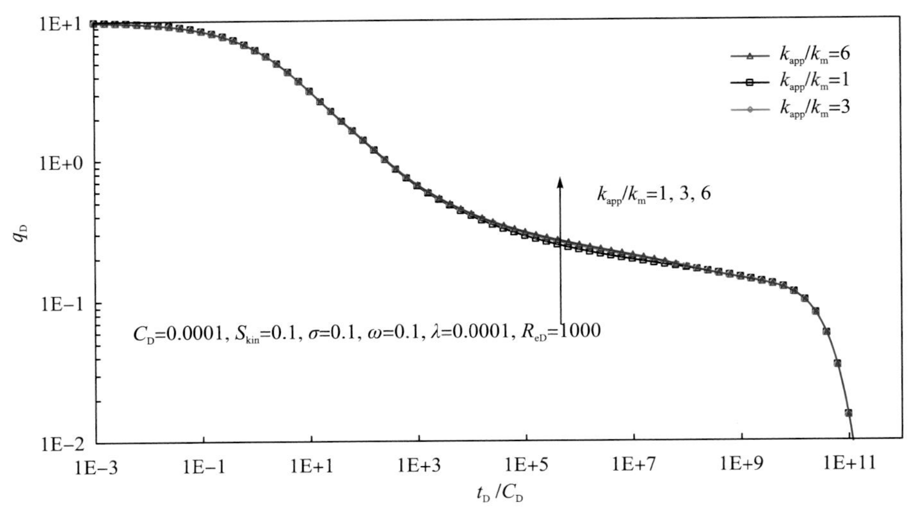

图 5-17　扩散系数和滑脱因子对页岩气藏中压裂直井产量动态曲线的影响

2. 压裂水平井

1)瞬态压力曲线影响因素分析

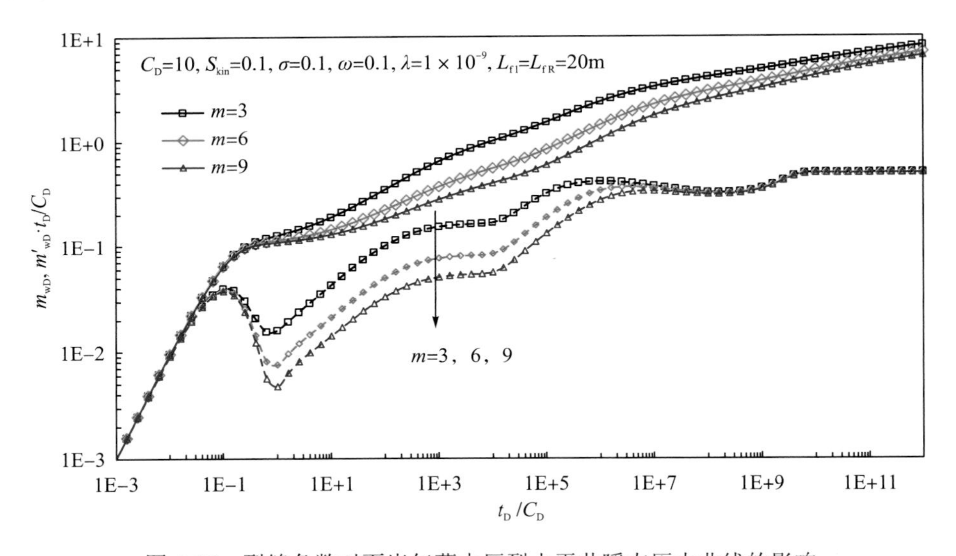

图 5-18　裂缝条数对页岩气藏中压裂水平井瞬态压力曲线的影响

图 5-18 为裂缝条数 m 对页岩气藏中压裂水平井瞬态压力曲线的影响。从图 5-18 中可以看出，压裂裂缝条数 m 主要影响典型曲线的第Ⅱ、Ⅲ、Ⅳ流动阶段。压裂裂缝条数越多，早期和中期的拟压力及拟压力导数曲线位置越靠下。这是由于裂缝条数的增多会显著改善裂缝附近地层的渗流能力，使得气体流动所消耗的压降更小。

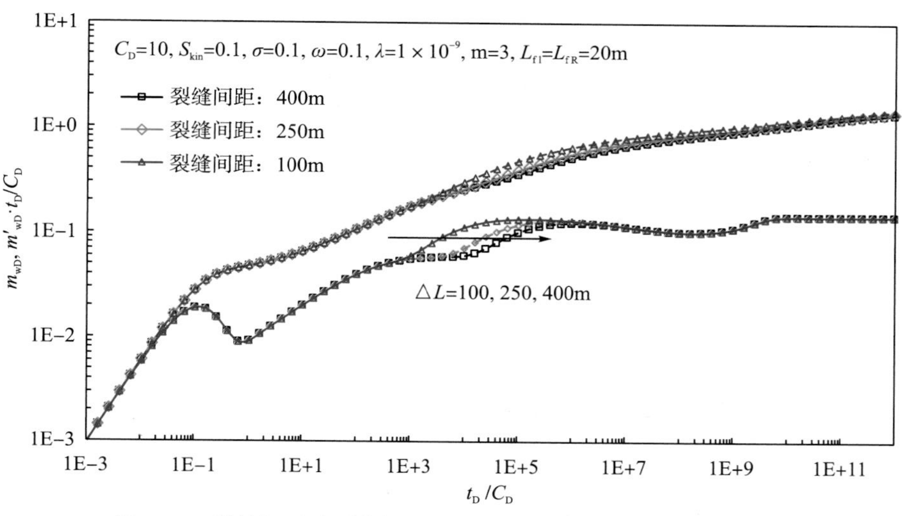

图 5-19　裂缝间距对页岩气藏中压裂水平井瞬态压力曲线的影响

图 5-19 为不同裂缝间距(压裂裂缝等距分布)对压裂水平井瞬态压力曲线的影响。从图 5-19 中可以看出，裂缝间距主要影响早期第一径向流阶段的曲线特征。当裂缝半长一定时，裂缝间距越小，压裂裂缝间相互干扰出现的时间就越早，在地层中形成单条裂缝的拟径向流就越困难，且第二线性流阶段出现得越早。

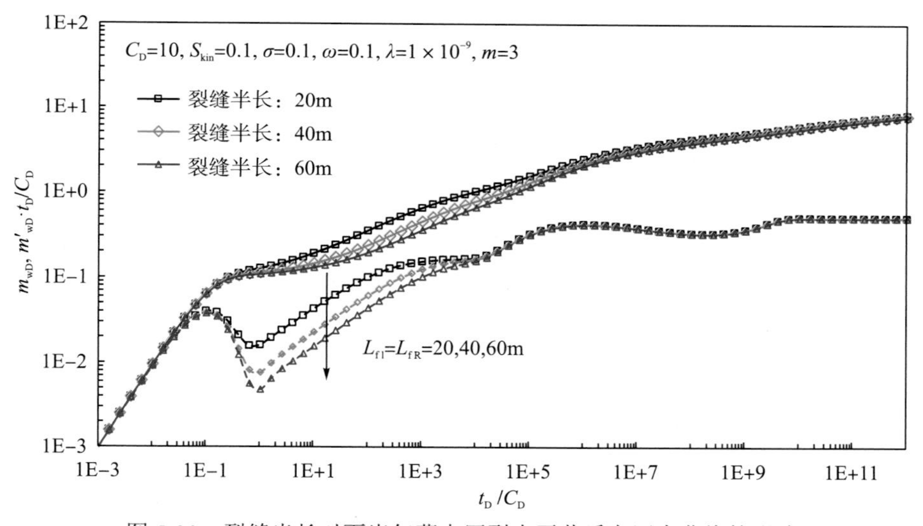

图 5-20　裂缝半长对页岩气藏中压裂水平井瞬态压力曲线的影响

图 5-20 为不同裂缝半长(压裂裂缝左右半长相等)对压裂水平井瞬态压力曲线的影响。从图 5-20 中可以看出，裂缝半长主要影响第Ⅱ、Ⅲ流动阶段，即垂直于裂缝壁面的线性流阶段与单条裂缝的拟径向流阶段对应的曲线特征。裂缝半长越长，裂缝附近改善的储层体积越多，早期垂直于裂缝壁面的线性流持续时间越久，因此拟压力导数曲线位置越靠下。且随着裂缝半长的增加，单条裂缝形成拟径向流阶越困难，典型曲线上早期拟径向流的特征就越不明显。

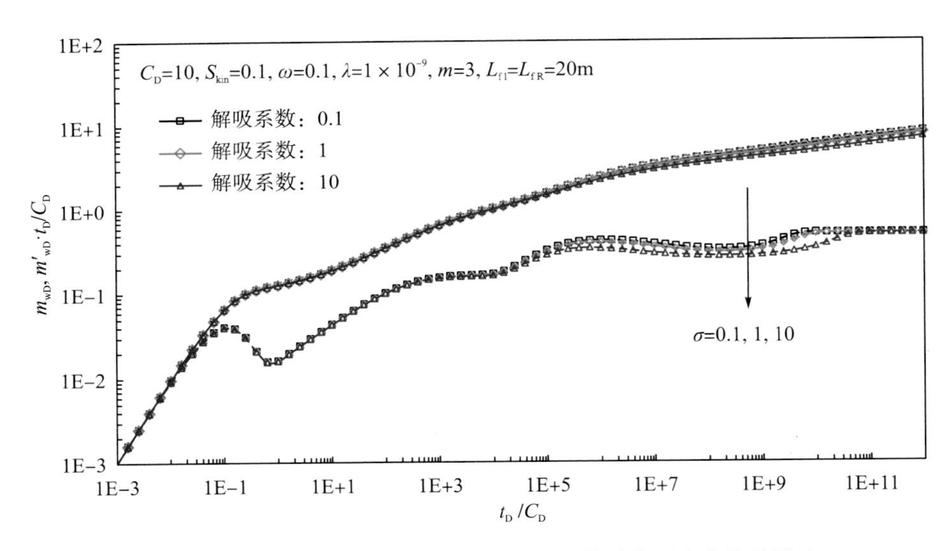

图 5-21　解吸系数对页岩气藏中压裂水平井瞬态压力曲线的影响

从图 5-21 中可以观察到，解吸系数 σ 主要影响基质系统向裂缝系统窜流段的"凹子"深度及宽度。解吸系数反映了颗粒表面向页岩基质纳米孔隙提供解吸气的能力。当裂缝系统中储存的游离气产出，裂缝系统的压力降导致气体从基质系统向裂缝系统的窜流。从图 5-21 中可以看出，解吸系数 σ 越大，"凹子"越深，窜流段越长，且并不影响其他阶段的曲线形态。这说明解吸系数 σ 越大，在基质系统压力下降时能够提供更多的解吸气，能减缓井筒压力的下降，反映在压力导数曲线上的"凹子"就越深。

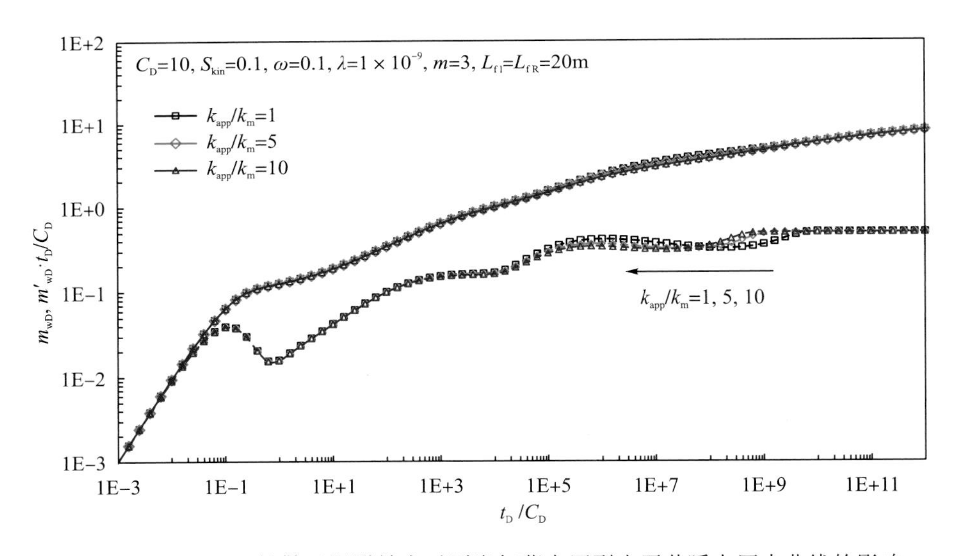

图 5-22　Knudsen 扩散及滑脱效应对页岩气藏中压裂水平井瞬态压力曲线的影响

图 5-22 为 Knudsen 扩散及滑脱效应对页岩气藏压裂水平井拟压力和拟压力导数曲线的影响。根据表观渗透率的定义($k_{app}=c_g D_m \mu_g + F k_m$)，其中包括滑脱因子和 Knudsen 扩散系数，因此这里用 k_{app}/k_m 来评价滑脱及扩散效应对曲线形态的影响。从图 5-22 中可以发

现，k_{app}/k_m值越大，基质系统的视渗透率越大，基质向裂缝的窜流阶段结束得越早，越早进入到晚期拟径向流阶段。

2）产量动态曲线影响因素分析

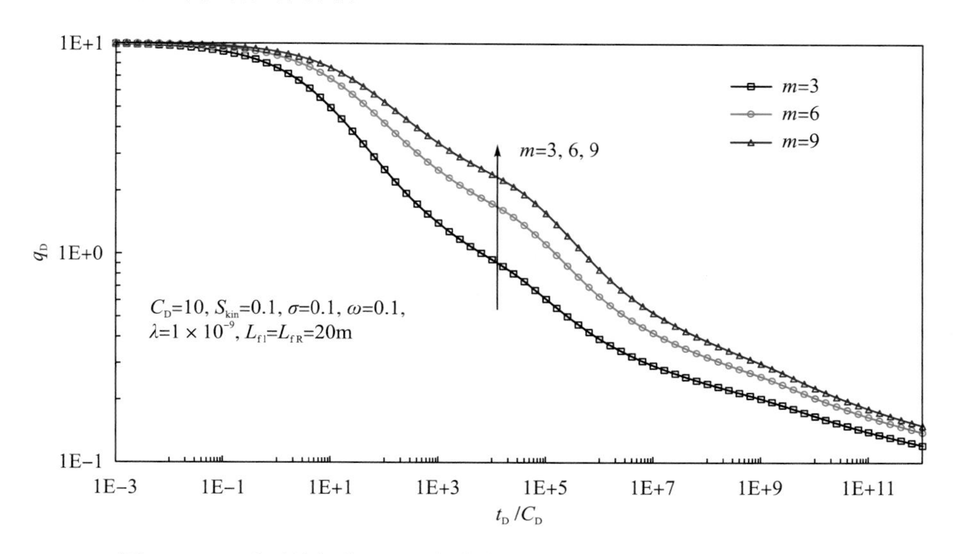

图 5-23　压裂裂缝条数对页岩气藏中压裂水平井产量动态曲线的影响

图 5-23 为压裂裂缝条数 m 对页岩气藏中压裂水平井产量动态曲线的影响。压裂裂缝条数的增多会显著改善裂缝附近储层的渗流能力，因此在压裂水平井生产早期和中期，裂缝条数越多，产量提高越快。但随着压裂裂缝附近储层中的气体被开采出来后，距离压裂裂缝较远区域的气体开始被采出，这时压裂裂缝对产量的贡献开始减弱，但由于压裂裂缝对储层的改善作用还在，因此还是会提高压裂水平井后期的产量。

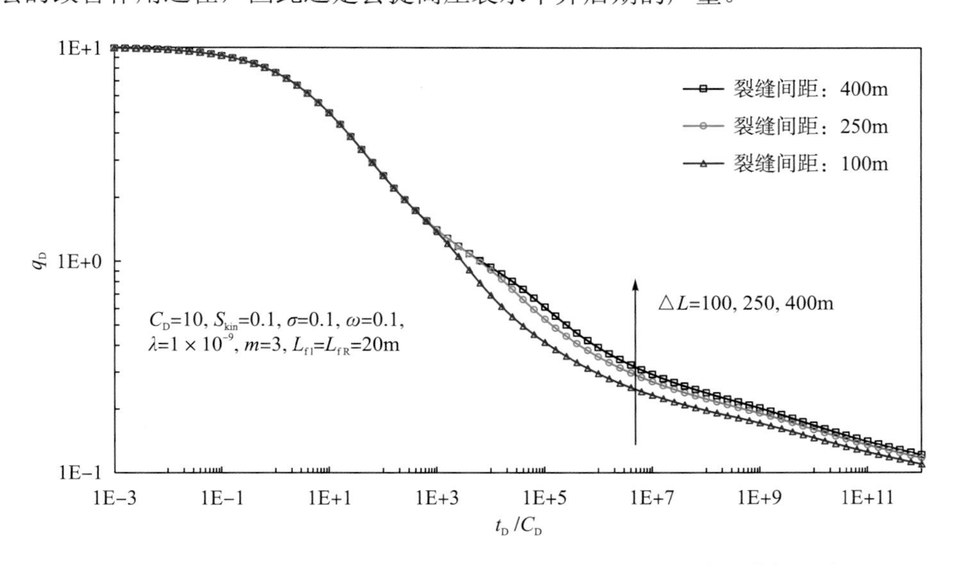

图 5-24　压裂裂缝间距对页岩气藏中压裂水平井产量动态曲线的影响

图 5-24 为不同裂缝间距(压裂裂缝等距分布)对压裂水平井产量动态曲线的影响。压裂裂缝间距并不影响早期第一线性流阶段(气体垂直于裂缝壁面进行线性流动,如图 5-8(a)所示),因此在该流动阶段产量不变。但是当压裂裂缝之间开始相互干扰(如图 5-8(b)所示)时,裂缝间距越小,产量下降越快。

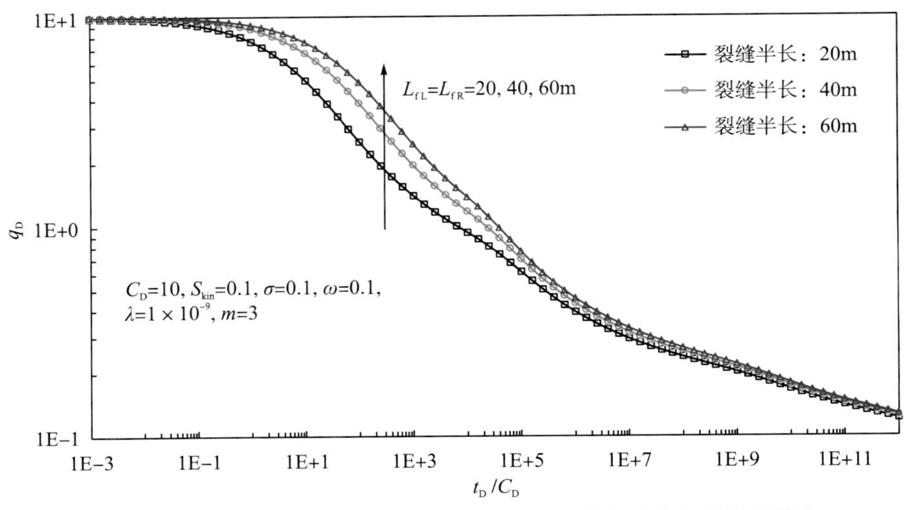

图 5-25 压裂裂缝半长对页岩气藏中压裂水平井产量动态曲线的影响

图 5-25 为不同压裂裂缝半长(压裂裂缝左右半长相等)对压裂水平井产量动态曲线的影响。从图 5-25 中可以看出,裂缝半长主要影响第 II、III 流动阶段,即垂直于裂缝壁面的线性流阶段与单条裂缝的拟径向流阶段对应的曲线特征。裂缝半长越长,裂缝附近改善的储层体积越多,在压裂水平井开采初期和中期能显著提高气井产量。但是裂缝半长的增加使得压裂裂缝的相互干扰更加严重(压裂水平井开采后期),因此随着开采时间增加,裂缝半长对产量的影响越来越小。

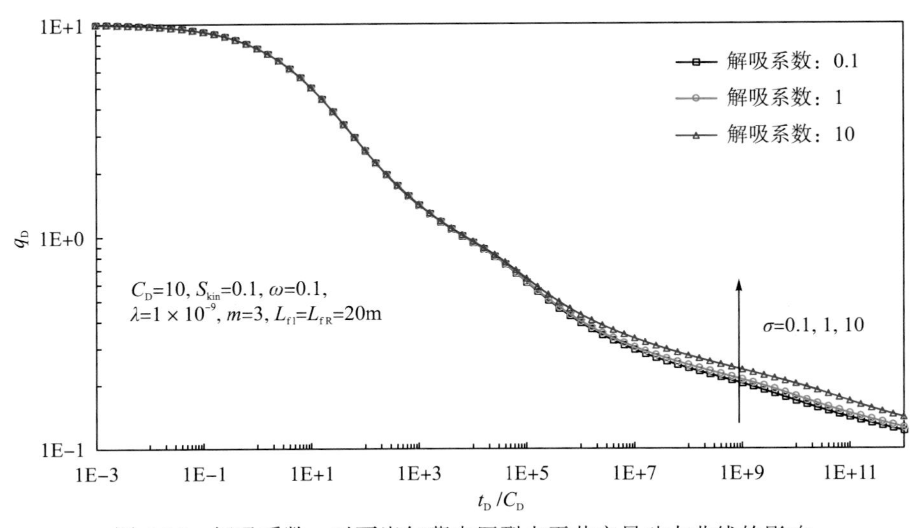

图 5-26 解吸系数 σ 对页岩气藏中压裂水平井产量动态曲线的影响

图 5-26 为解吸系数 σ 对产量动态曲线的影响。解吸系数 σ 越大，说明有更多的页岩气吸附在基质颗粒表面，因此解吸系数 σ 越大，在窜流段就会有更多的吸附气从基质颗粒表面解吸进入基质系统从而流向裂缝系统，从而当压裂井以定井底流压生产时在窜流段有较高的产气量。

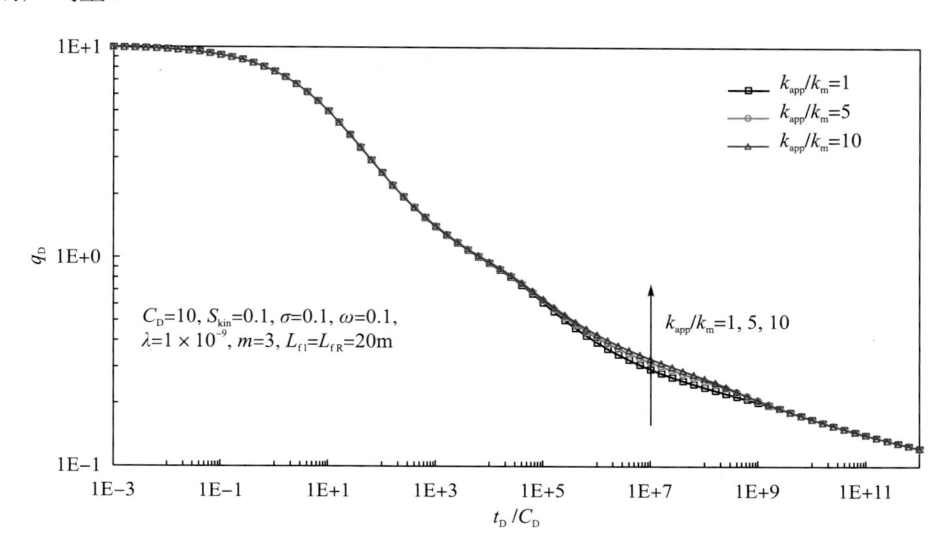

图 5-27　Knudsen 扩散和滑脱效应对页岩气藏中压裂水平井产量动态曲线的影响

图 5-27 为 Knudsen 扩散和滑脱效应对压裂水平井产量动态曲线的影响。扩散和滑脱效应主要影响基质纳米孔隙的视渗透率，Knudsen 扩散系数和滑脱因子越大，页岩基质的视渗透率越大，从而当压裂井以定井底流压生产时在窜流段有较高的产气量。

3) 压裂水平井离散单元流量分析

图 5-28 为具有 6 条无限导流压裂裂缝的水平井在不同时刻所对应的压裂裂缝离散单元流量分布(从第 1 条裂缝的第 1 个离散单元开始编号，每条裂缝被离散成 10 个单元，共有 60 个离散单元)。

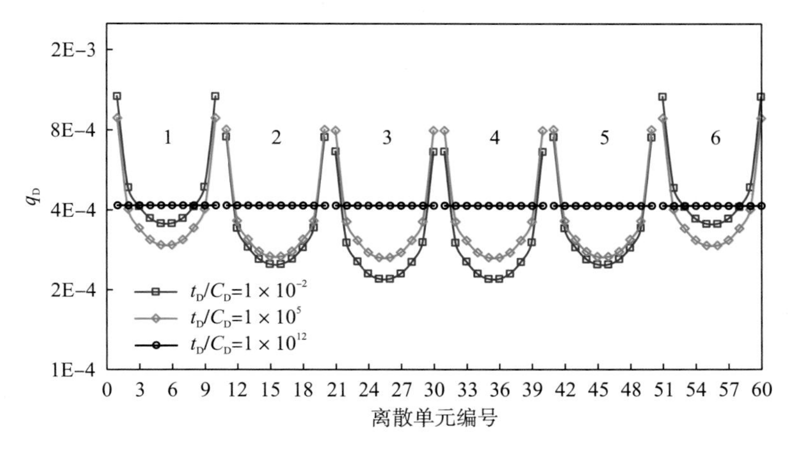

图 5-28　页岩气藏中无限导流压裂水平井离散单元流量分布

从图 5-28 中可以看出，在压裂水平井开采早期($t_D/C_D=1\times10^{-2}$)，压裂裂缝各离散单元的线密度流量相同。这是由于此时各压裂裂缝之间尚未出现干扰，各裂缝处于独立生产状态。但随着生产时间增加($t_D/C_D=1\times10^{5}$)，压裂裂缝各离散单元的线密度流量不再相同，压裂裂缝端部的线密度流量要比裂缝中部的线密度流量大，且随着生产时间继续增加($t_D/C_D=1\times10^{12}$)，裂缝之间的干扰更加严重，裂缝中部的流量继续减小，裂缝端部的流量继续增加。

此外，还可以从图 5-28 中发现，对于不同的压裂裂缝(共有 6 条压裂裂缝)，位于水平井筒两端的压裂裂缝流量要大于位于水平井筒中部裂缝的流量。这是由于位于井筒中部的裂缝会受到相邻裂缝的干扰作用，导致其有效泄气面积减少；而位于井筒两端的压裂裂缝的有效泄气面积要大于位于井筒中部的裂缝的泄气面积。因此，在进行水平井压裂施工设计时，可以适当增加位于井筒中部压裂裂缝的裂缝间距(不等距压裂)。

5.3 页岩气藏三重孔隙介质理论模型

5.3.1 模型理论基础

通过学者研究，在页岩气藏中不能忽略有机质中的溶解气。Chalmers 和 Bustin[29]通过实验发现，微孔体积较少的富含煤素质的煤块(烟煤和沥青)却有着较高的气体储存能力，因此得出甲烷溶解在煤颗粒中是造成这种现象的原因。Ross 和 Bustin[30]在 2009 年得到了类似的实验结果，结果表明：富含有机质的 Jurassic 页岩存在溶解气，并且压力和吸附气含量之间的线性关系表明溶解过程符合 Henry 定律。Javadpour 等[8]提出部分气体可以以溶解相储存在液态烃中，或者被吸附在干酪根块中的其他物质上，并且从罐解气的实验结果中观测到气体从干酪根块向孔隙表面扩散的过程。并且，许多学者[15,31-33]已经研究过溶解气从干酪根块向表面扩散的数学模型。

然而，同时在页岩气藏试井模型中考虑复杂的储存机理和渗流机理的文献还较少。因此，在本节中建立了一个考虑干酪根块中的溶解气扩散、孔隙壁上的气体解吸、纳米孔隙中的 Knudsen 扩散和滑脱流、天然裂缝网络中达西流动以及人工压裂裂缝的多尺度综合模型。除了吸附气和游离气，干酪根块中的溶解气被当作补充的气体储存机理[15,30-32]，因此基质中的干酪根块被考虑成“第三种孔隙介质”来为基质系统提供溶解气。与其他三重孔隙介质模型对比(表 5-2)，一个包含干酪根系统、基质系统和天然裂缝系统的三重孔隙介质模型被用来描述页岩气藏中气体从微观尺度向宏观尺度的流动过程。

表 5-2 三重孔隙介质模型对比

三重孔隙模型	三重介质	物理模型	模型优势	存在的不足	适用条件
Bai 和 Roegiers[34] (1997)	大孔、中孔、微孔	微孔和中孔之间发生溶质交换，然后流向大孔	考虑了多孔介质的非均质性，更加实用。	并不适用于页岩气藏	溶质运移
Dehghanpour 和 Shirdel[35] (2011)	宏观裂缝、微裂缝、基质	气体从基质流向微裂缝，最后流向宏观裂缝	考虑了基质和裂缝系统之间隐藏的高渗通道——天然或诱发的微裂缝	并没有考虑纳微米孔隙中的解吸、扩散和滑脱效应	页岩气藏

续表

三重孔隙模型	三重介质	物理模型	模型优势	存在的不足		适用条件
Al-Ahmadi 和 Wattenbarger[36] (2011)	宏观裂缝、微裂缝、基质	气体从基质流向微裂缝，最后流向宏观裂缝	考虑了裂缝性储层的非均质性，以及吸附气	并没有考虑纳微米孔隙中的扩散和滑脱效应	都没有考虑干酪根中的溶解气	裂缝性储层（页岩气藏）
Al-Ghamdi 等[37] (2011)	孔洞、裂缝、基质	无渗流方程	给复合系统提供了一个更实用的孔隙度指数	并不适用于页岩气藏		天然裂缝性储层（碳酸盐岩储层）
Tivayanonda 等[38] (2012)	压裂裂缝、天然裂缝、基质	气体从基质流向天然裂缝，然后流向压裂裂缝	考虑了压裂裂缝，并且解释了 5 种可能的页岩气井生产情况	模型最后化简为双重孔隙介质模型，并且没有考虑纳微米孔隙中的解吸、扩散和滑脱效应		页岩气藏
Alharthy 等[39] (2012)	大孔、中孔、微孔	气体从微孔流向中孔，再流向大孔隙；或气体从微孔和中孔一起流向大孔隙	考虑了解吸、Knudsen 扩散以及滑脱效应	文章中的大孔道直径分布在 50nm 到 1m 之间，并不适合考虑 Knudsen 扩散和滑脱效应		页岩气藏
Zhao 等[26] (2013)	裂缝、基质、吸附气	吸附气向基质流动，然后流向裂缝系统	考虑了孔隙壁的解吸，以及压裂裂缝	忽略了纳微米孔隙中的扩散和滑脱效应		页岩气藏

5.3.2　物理建模

在模型中，页岩气藏由物理性质独立的干酪根系统、基质系统和裂缝系统组成。气体先从干酪根块向基质中的纳米孔隙扩散，然后流向天然裂缝系统，表现出三重孔隙介质的流动特征（图 5-29）。

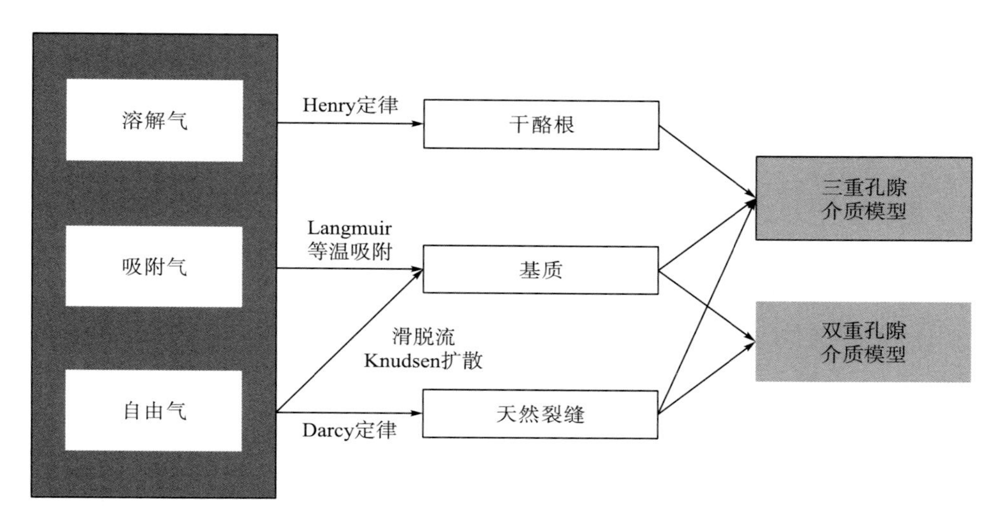

图 5-29　页岩气藏三重孔隙模型的流动过程

为了使数学模型更容易求解且易于理解，物理模型描述以及相关假设如下：

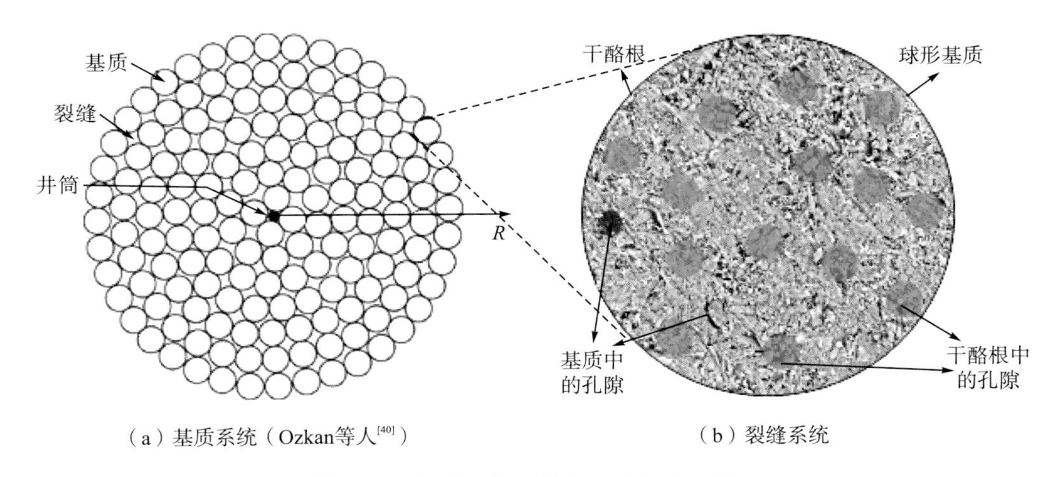

（a）基质系统（Ozkan等人[40]） （b）裂缝系统

图 5-30 基质系统和裂缝系统关系示意图

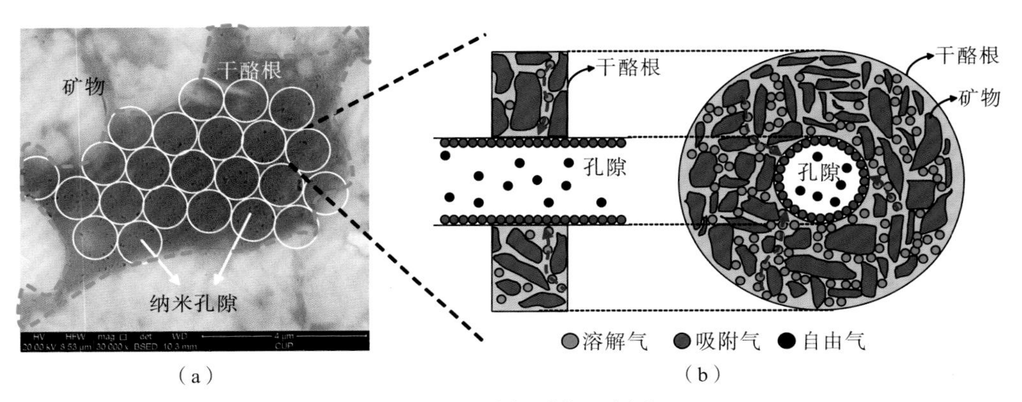

（a） （b）

图 5-31 干酪根系统示意图

(a) 页岩基质中纳米级孔隙的 SEM 图（四川盆地 M64 井，红色不规则区域里面是干酪根，曲线外面是无机质）；
(b) 气体从干酪根块向纳米孔隙扩散的微观示意图（改自 Mi 等人[33]）

(1) 通过使用球形基质使考虑纳米孔隙特性的物质守恒方程的推导更加容易，因此假定基质块是球形的（图 5-30(a)）。根据 Ei-Banbi 等[13]的研究，采用圆球形基质的瞬态模型与其他形状基质块模型（层状、圆柱和立方体）的解无明显差别。基质的平均半径被定义为 r_{m}。

(2) 干酪根块随意地分布在基质中并且被无机质（矿物、黏土或硅土）包围（图 5-30(b)）。但是图 5-30(b) 中的干酪根仅仅是示意图，并不表示干酪根是圆球形的。图 5-30(b)（或图 5-31(a)）中的干酪根块可以被分为若干个干酪根柱状体（图 5-31(a) 中的白色圆圈），且每个干酪根柱状体都包含一个纳米孔隙（图 5-31(b)）。

(3) 假设每一根纳米孔隙都是柱状的，且平均半径定义为 r_{n}，纳米孔隙被干酪根柱状体径向包围。

(4) 每一个干酪根柱状体仅向其包围的纳米孔隙提供溶解气，不能向其他干酪根柱状体内部的纳米孔隙提供气体。基质中的无机质（矿物、黏土或硅土）不能向孔隙提供溶解气。

(5) 在单根干酪根柱状体内部（图 5-31(b)），孔隙中的部分游离气先被产出，孔隙压力随之降低；然后吸附气开始从孔隙壁上解吸，导致干酪根块表面和其内部的浓度平衡开始改变；最后，在浓度差的作用下，溶解在干酪根内部的气体开始向干酪根表面扩散。详细的流动过程参考 Javadpour[10]的研究。

(6)考虑了井筒储集效应和表皮效应。

(7)页岩气藏中的气体流动是在等温条件下进行的。

5.3.3　数学建模

推导过程中出现的无因次量定义如下所示：

干酪根中的无因次半径：$r_{1D} = r_1 / R_k$；

干酪根中的无因次气体浓度：$C_{kD} = C_k - C_{ki}$；

无因次时间：$t_D = k_f t / \Lambda x_f^2$；

干酪根向基质的扩散时间：$\tau_{km} = R_k^2 / D_k$；

干酪根向基质的窜流系数：$\lambda_{km} = \dfrac{\tau_{km} k_f}{\Lambda x_f^2}$；

基质中的无因次半径：$r_{2D} = r_2 / r_m$；

无因次基质拟压力：$m_{mD} = \dfrac{\pi k_f h T_{sc}}{q_{sc} p_{sc} T}(m_{mi} - m_m)$；

解吸系数：$\sigma = \dfrac{B_g \rho_{bi} V_L}{c_g \phi_m} \dfrac{b}{(1 + b p_m)^2}$；

基质的储容比：$\omega_m = \dfrac{\phi_m \mu_g c_g}{\Lambda}$；

裂缝系统中的无因次半径：$r_{3D} = r_3 / x_f$；

无因次裂缝拟压力：$m_{fD} = \dfrac{\pi k_f h T_{sc}}{q_{sc} p_{sc} T}(m_{fi} - m_f)$；

裂缝储容比：$\omega_f = \dfrac{\phi_f \mu_g c_g}{\Lambda}$；

基质向裂缝的窜流系数：$\lambda_{mf} = 15 \dfrac{k_{app} x_f^2}{k_f r_m^2}$；

外边界的无因次半径：$R_{eD} = r_e / x_f$。

1. 干酪根系统中的气体扩散

假设纳米孔隙半径是干酪根半径的 β 倍($r_n=\beta R_k$)。干酪根中的气体浓度用 $C_k(r_1,t)$ 表示，且浓度与时间和径向坐标有关。Swami 和 Settari[15]提出了干酪根中的溶解气扩散方程，可写为

$$\frac{1}{r_1}\frac{\partial}{\partial r_1}\left(D_k r_1 \frac{\partial C_k}{\partial r_1}\right) = \frac{\partial C_k}{\partial t} \tag{5-119}$$

式中，D_k——气体在干酪根中的扩散系数。

根据物理模型的假设，干酪根的外边界是封闭的。且根据 Ross 和 Bustin[30]的实验结

果，气体在干酪根中溶解符合 Henry 定律。因此初始条件和边界条件可以定义为

$$\text{初始条件：}\quad C_{\mathrm{k}} = C_{\mathrm{ki}} = k_{\mathrm{H}} p_{\mathrm{i}}; \qquad t = 0, 0 \leqslant r_1 < R_{\mathrm{k}} \tag{5-120}$$

$$\text{内边界条件：}\quad C_{\mathrm{k}} = k_{\mathrm{H}} p_{\mathrm{m}}; \qquad r_1 = r_{\mathrm{n}}, t > 0 \tag{5-121}$$

$$\text{外边界条件：}\quad \partial C_{\mathrm{k}} / \partial r_1 = 0; \qquad r_1 = R_{\mathrm{k}}, t > 0 \tag{5-122}$$

干酪根在单位时间单位表面积给纳米孔隙提供的气体流量 J_{diff} (kg/m^2/s) 可以通过下式计算[15]：

$$J_{\mathrm{diff}} = D_{\mathrm{k}} \frac{\partial C_{\mathrm{k}}}{\partial r_1}\bigg|_{(r_1 = r_{\mathrm{n}})} \tag{5-123}$$

根据扩散方程、初始条件和边界条件，则可以得到 Laplace 空间中干酪根中溶解气的无因次浓度：

$$\overline{C}_{\mathrm{kD}} = \frac{I_0(\sqrt{\lambda_{\mathrm{km}} s}\, r_{\mathrm{1D}}) K_1(\sqrt{\lambda_{\mathrm{km}} s}) + I_1(\sqrt{\lambda_{\mathrm{km}} s}) K_0(\sqrt{\lambda_{\mathrm{km}} s}\, r_{\mathrm{1D}})}{I_0(\beta\sqrt{\lambda_{\mathrm{km}} s}) K_1(\sqrt{\lambda_{\mathrm{km}} s}) + I_1(\sqrt{\lambda_{\mathrm{km}} s}) K_0(\beta\sqrt{\lambda_{\mathrm{km}} s})} L\left[k_{\mathrm{H}}(p_{\mathrm{m}} - p_{\mathrm{i}})\right] \tag{5-124}$$

2. 基质系统中的气体流动

假设甲烷分子同时吸附在干酪根和无机质(矿物、黏土或硅土)表面。在基质中取体积为 ΔV 的单元体，则可以得到球坐标中在压力差作用下产生的流动(考虑滑脱效应)、扩散流、解吸气以及溶解气的质量守恒方程(溶解气仅被考虑为气源)：

$$\left[\left(D_{\mathrm{m}} \frac{\partial \rho_{\mathrm{gm}}}{\partial r_2} A - u_{\mathrm{m}} A \rho_{\mathrm{gm}}\right)_{r_2 + \Delta r_2} - \left(D_{\mathrm{m}} \frac{\partial \rho_{\mathrm{gm}}}{\partial r_2} A - u_{\mathrm{m}} A \rho_{\mathrm{gm}}\right)_{r_2}\right] + Q_{\mathrm{k}} = \frac{\Delta\left(\rho_{\mathrm{gm}} \phi_{\mathrm{m}} \Delta V + \Delta V \dfrac{V_{\mathrm{L}} b p_{\mathrm{m}}}{1 + b p_{\mathrm{m}}} \cdot \rho_{\mathrm{bi}} \rho_{\mathrm{gsc}}\right)}{\Delta t} \tag{5-125}$$

式中，Q_{k}——单位时间由干酪根系统提供的溶解气质量流量。

通过与 5.2.2 小节同样的推导方法，式(5-125)可写为

$$\frac{1}{r_2^2} \frac{\partial}{\partial r_2}\left[r_2^2 k_{\mathrm{app}} \frac{p_{\mathrm{m}}}{\mu_{\mathrm{g}} Z} \frac{\partial p_{\mathrm{m}}}{\partial r_2}\right] - \frac{RT}{M} \rho_{\mathrm{gsc}} \rho_{\mathrm{bi}} V_{\mathrm{L}} \frac{b}{(1 + b p_{\mathrm{m}})^2} \frac{\partial p_{\mathrm{m}}}{\partial t} + \frac{RT}{M} q_{\mathrm{k}} = c_{\mathrm{g}} \phi_{\mathrm{m}} \frac{p_{\mathrm{m}}}{Z} \frac{\partial p_{\mathrm{m}}}{\partial t} \tag{5-126}$$

基质中的孔隙不仅被干酪根包围，还有部分孔隙被无机质包围，并且无机质不能向孔隙提供溶解的甲烷分子。因此，定义 α 来代表纳米孔隙表面被干酪根包围的百分比。单位时间单位体积基质单元体内由干酪根系统提供的扩散气体质量流量为

$$q_{\mathrm{k}} = \alpha \cdot SV \cdot J_{\mathrm{diff}} = \alpha \cdot SV \cdot D_{\mathrm{k}} \frac{\partial C_{\mathrm{k}}}{\partial r_1}\bigg|_{r = r_{\mathrm{n}}} \tag{5-127}$$

式中，SV——基质面容比。

将式(5-126)中的扩散气体质量流量替换为式(5-127)，可以得到：

$$\frac{1}{r_2^2} \frac{\partial}{\partial r_2}\left[r_2^2 k_{\mathrm{app}} \frac{p_{\mathrm{m}}}{\mu_{\mathrm{g}} Z} \frac{\partial p_{\mathrm{m}}}{\partial r_2}\right] - \frac{RT}{M} \rho_{\mathrm{gsc}} \rho_{\mathrm{bi}} V_{\mathrm{L}} \frac{b}{(1 + b p_{\mathrm{m}})^2} \frac{\partial p_{\mathrm{m}}}{\partial t} + \frac{RT}{M} \alpha \cdot SV \cdot D_{\mathrm{k}} \frac{\partial C_{\mathrm{k}}}{\partial r_1}\bigg|_{r_1 = r_{\mathrm{n}}} = c_{\mathrm{g}} \phi_{\mathrm{m}} \frac{p_{\mathrm{m}}}{Z} \frac{\partial p_{\mathrm{m}}}{\partial t} \tag{5-128}$$

基质系统的初始条件和边界条件定义为

$$p_{\mathrm{m}}(r_2,t=0)=p_{\mathrm{i}} \tag{5-129}$$

$$\frac{\partial p_{\mathrm{m}}}{\partial r_2}(r_2=0,t>0)=0 \tag{5-130}$$

$$p_{\mathrm{m}}(r_2=r_{\mathrm{m}},t>0)=p_{\mathrm{f}} \tag{5-131}$$

化简式(5-128)并且将其转换为 Laplace 空间中的表达式：

$$\frac{1}{r_{2\mathrm{D}}^2}\frac{\partial}{\partial r_{2\mathrm{D}}}\left[r_{2\mathrm{D}}^2\frac{\partial \bar{m}_{\mathrm{mD}}}{\partial r_{2\mathrm{D}}}\right]-2\frac{\pi k_{\mathrm{f}}hT_{\mathrm{sc}}}{q_{sc}p_{\mathrm{sc}}T}\frac{RT}{M}\frac{\alpha\cdot SV\cdot r_{\mathrm{m}}^2}{k_{\mathrm{app}}R_{\mathrm{k}}}D_{\mathrm{k}}\frac{\partial \bar{C}_{\mathrm{kD}}}{\partial r_{1\mathrm{D}}}\bigg|_{r_{1\mathrm{D}}=\beta}=\omega_{\mathrm{m}}(1+\sigma)s\bar{m}_{\mathrm{mD}} \tag{5-132}$$

3. 裂缝系统中的气体流动

球坐标下裂缝系统的偏微分方程为

$$\frac{1}{r_3^2}\frac{\partial}{\partial r_3}\left(r_3^2\rho_{\mathrm{gf}}\frac{k_{\mathrm{f}}}{\mu_{\mathrm{g}}}\frac{\partial p_{\mathrm{f}}}{\partial r_3}\right)+q_{\mathrm{mf}}=\phi_{\mathrm{f}}\rho_{\mathrm{gf}}c_{\mathrm{g}}\frac{\partial p_{\mathrm{f}}}{\partial t} \tag{5-133}$$

气体从基质表面流向裂缝。根据达西定律，球形基质表面的流速为

$$v_{\mathrm{m}}=-\left(\frac{k_{\mathrm{app}}}{\mu_{\mathrm{g}}}\frac{\partial p_{\mathrm{m}}}{\partial r_2}\right)\bigg|_{r_2=r_{\mathrm{m}}} \tag{5-134}$$

单位时间从单位体积基质流出的质量定义为 q_{mf}，并且基质表面的速度等于单位时间流出的气体体积除以基质表面积：

$$v_{\mathrm{m}}=\left(\frac{4}{3}\pi r_{\mathrm{m}}^3\frac{q_{\mathrm{mf}}}{\rho_{\mathrm{gm}}}\right)\bigg/\left(4\pi r_{\mathrm{m}}^2\right)=\frac{r_{\mathrm{m}}q_{\mathrm{mf}}}{3\rho_{\mathrm{gm}}} \tag{5-135}$$

结合式(5-134)和式(5-135)，单位时间从单位体积基质向裂缝系统窜流的气体质量流量为

$$q_{\mathrm{mf}}=-\frac{3}{r_{\mathrm{m}}}\left(\rho_{\mathrm{gm}}\frac{k_{\mathrm{app}}}{\mu_{\mathrm{g}}}\frac{\partial p_{\mathrm{m}}}{\partial r_2}\right)\bigg|_{r_2=r_{\mathrm{m}}} \tag{5-136}$$

结合式(5-136)，式(5-133)可以写为

$$\frac{1}{r_3^2}\frac{\partial}{\partial r_3}\left(r_3^2\frac{p_{\mathrm{f}}}{\mu_{\mathrm{g}}Z}\frac{\partial p_{\mathrm{f}}}{\partial r_3}\right)-\frac{3k_{\mathrm{app}}}{k_{\mathrm{f}}r_{\mathrm{m}}}\left(\frac{p_{\mathrm{m}}}{\mu_{\mathrm{g}}Z}\frac{\partial p_{\mathrm{m}}}{\partial r_2}\right)\bigg|_{r_2=r_{\mathrm{m}}}=\frac{\mu_{\mathrm{g}}\phi_{\mathrm{f}}c_{\mathrm{g}}}{k_{\mathrm{f}}}\frac{p_{\mathrm{f}}}{\mu_{\mathrm{g}}Z}\frac{\partial p_{\mathrm{f}}}{\partial t} \tag{5-137}$$

裂缝系统初始条件定义为

$$p_{\mathrm{f}}(r_3,t=0)=p_{\mathrm{i}} \tag{5-138}$$

裂缝拟压力为

$$m_{\mathrm{f}}(p_{\mathrm{f}})=2\int\frac{p_{\mathrm{f}}}{\mu_{\mathrm{g}}Z}dp_{\mathrm{f}} \tag{5-139}$$

通过无因次化，式(5-137)转换成 Laplace 空间中的表达式：

$$\frac{1}{r_{3\mathrm{D}}^2}\frac{\partial}{\partial r_{3\mathrm{D}}}\left(r_{3\mathrm{D}}^2\frac{\partial \bar{m}_{\mathrm{fD}}}{\partial r_{3\mathrm{D}}}\right)-\frac{\lambda_{\mathrm{mf}}}{5}\left(\frac{\partial \bar{m}_{\mathrm{mD}}}{\partial r_{2\mathrm{D}}}\right)\bigg|_{r_{2\mathrm{D}}=1}=\omega_{\mathrm{f}}s\cdot\bar{m}_{\mathrm{fD}} \tag{5-140}$$

4. 三重孔隙介质模型的耦合

将式(5-124)中的$\overline{C}_{\text{kD}}$对r_{1D}求导，可以得到：

$$\left.\frac{\partial \overline{C}_{\text{kD}}}{\partial r_{\text{1D}}}\right|_{r_{\text{1D}}=\beta}=f_{\text{k}}(s)\cdot L\left[k_{\text{H}}(p_{\text{m}}-p_{\text{i}})\right] \tag{5-141}$$

其中，干酪根系统的流动方程定义为

$$f_{\text{k}}(s)=\frac{I_1(\beta\sqrt{\lambda_{\text{km}}s})K_1(\sqrt{\lambda_{\text{km}}s})-K_1(\beta\sqrt{\lambda_{\text{km}}s})I_1(\sqrt{\lambda_{\text{km}}s})}{I_0(\beta\sqrt{\lambda_{\text{km}}s})K_1(\sqrt{\lambda_{\text{km}}s})+I_1(\sqrt{\lambda_{\text{km}}s})K_0(\beta\sqrt{\lambda_{\text{km}}s})}\cdot\sqrt{\lambda_{\text{km}}s} \tag{5-142}$$

根据积分第一中值定理，可以得到基质压力和拟压力之间的关系式：

$$m_{\text{mi}}(p_{\text{i}})-m_{\text{m}}(p_{\text{m}})=2\int_{p_{\text{m}}}^{p_{\text{i}}}\frac{p}{\mu_{\text{g}}Z}\text{d}p=2\frac{p_{\xi}}{\mu_{\text{g}}Z}(p_{\text{i}}-p_{\text{m}}),\ p_{\xi}\in(p_m,p_i) \tag{5-143}$$

将式(5-143)代入式(5-141)，可以得到：

$$\left.\frac{\partial \overline{C}_{\text{kD}}}{\partial r_{\text{1D}}}\right|_{r_{\text{1D}}=\beta}=-f_{\text{k}}(s)\cdot\frac{q_{\text{sc}}p_{\text{sc}}T}{2\pi k_{\text{f}}hT_{\text{sc}}}k_{\text{H}}\frac{\mu_{\text{g}}Z}{p_{\xi}}\overline{m}_{\text{mD}} \tag{5-144}$$

结合式(5-140)和式(5-144)，式(5-132)可以写为

$$\frac{1}{r_{\text{2D}}^2}\frac{\partial}{\partial r_{\text{2D}}}\left[r_{\text{2D}}^2\frac{\partial m_{\text{mD}}}{\partial r_{\text{2D}}}\right]=\frac{15\omega_{\text{m}}(1+\sigma)}{\lambda_{\text{mf}}}s\overline{m}_{\text{mD}}-\frac{15}{\lambda_{\text{km}}\lambda_{\text{mf}}}\frac{1}{\Lambda}\alpha\cdot SV\cdot\frac{k_{\text{H}}\mu_{\text{g}}R_{\text{k}}}{\rho_{\text{g}\xi}}f_{\text{k}}(s)\overline{m}_{\text{mD}} \tag{5-145}$$

定义综合系数：

$$\Lambda=\mu_{\text{g}}\phi_{\text{m}}c_{\text{g}}+\mu_{\text{g}}\phi_{\text{f}}c_{\text{g}}+\alpha\cdot SV\cdot\frac{k_{\text{H}}\mu_{\text{g}}R_{\text{k}}}{\rho_{\text{g}\xi}} \tag{5-146}$$

式(5-145)可以简化成：

$$\frac{1}{r_{\text{2D}}^2}\frac{\partial}{\partial r_{\text{2D}}}\left[r_{\text{2D}}^2\frac{\partial m_{\text{mD}}}{\partial r_{\text{2D}}}\right]=\frac{15\omega_{\text{m}}(1+\sigma)}{\lambda_{\text{mf}}}s\cdot\overline{m}_{\text{mD}}-\frac{15(1-\omega_{\text{m}}-\omega_{\text{f}})}{\lambda_{\text{mf}}\lambda_{\text{km}}}f_{\text{k}}(s)\overline{m}_{\text{mD}} \tag{5-147}$$

定义基质系统的流动方程：

$$f_{\text{m}}(s)=\frac{15\omega_{\text{m}}(1+\sigma)}{\lambda_{\text{mf}}}-\frac{15(1-\omega_{\text{m}}-\omega_{\text{f}})}{\lambda_{\text{mf}}\lambda_{\text{km}}\cdot s}f_{\text{k}}(s) \tag{5-148}$$

则式(5-148)可以写为

$$\frac{1}{r_{\text{2D}}^2}\frac{\partial}{\partial r_{\text{2D}}}\left[r_{\text{2D}}^2\frac{\partial \overline{m}_{\text{mD}}}{\partial r_{\text{2D}}}\right]=sf_{\text{m}}(s)\overline{m}_{\text{mD}} \tag{5-149}$$

Laplace 空间中基质系统的外边界条件为

$$\begin{cases}\left.\dfrac{\partial \overline{m}_{\text{mD}}}{\partial r_{\text{2D}}}\right|_{r_{\text{2D}}=0}=0\\ \left.\overline{m}_{\text{mD}}(r_{\text{2D}},s)\right|_{r_{\text{2D}}=1}=\overline{m}_{\text{fD}}\end{cases} \tag{5-150}$$

结合式(5-147)、式(5-149)、式(5-150)，可以得到式(5-149)的解：

$$\overline{m}_{\text{mD}}=\frac{\text{e}^{\sqrt{sf_{\text{m}}(s)}r_{\text{2D}}}-\text{e}^{-\sqrt{sf_{\text{m}}(s)}r_{\text{2D}}}}{\left(\text{e}^{\sqrt{sf_{\text{m}}(s)}}-\text{e}^{-\sqrt{sf_{\text{m}}(s)}}\right)}\frac{\overline{m}_{\text{fD}}}{r_{\text{2D}}} \tag{5-151}$$

式(5-151)对 r_{2D} 进行求导可得:

$$\left.\frac{\partial \bar{m}_{mD}}{\partial r_{2D}}\right|_{r_{2D}=1}=\left(\sqrt{sf_m(s)}\coth\left(\sqrt{sf_m(s)}\right)-1\right)\bar{m}_{fD} \tag{5-152}$$

将式(5-152)代入式(5-140),可得裂缝系统的流动控制方程:

$$\frac{1}{r_{3D}^2}\frac{\partial}{\partial r_{3D}}\left(r_{3D}^2\frac{\partial \bar{m}_{fD}}{\partial r_{3D}}\right)-\frac{\lambda_{mf}}{5}\left[\sqrt{sf_m(s)}\coth\left(\sqrt{sf_m(s)}\right)-1\right]\bar{m}_{fD}=\omega_f s\cdot\bar{m}_{fD} \tag{5-153}$$

定义裂缝系统的流动系数为

$$u=\omega_f s+\frac{\lambda_{mf}}{5}\left[\sqrt{sf_m(s)}\coth\left(\sqrt{sf_m(s)}\right)-1\right] \tag{5-154}$$

由于 $\Delta m_f = m_{fi} - m_f$,结合裂缝系统拟压力的无因次定义,式(5-153)可写为

$$\frac{1}{r_{3D}^2}\frac{\partial}{\partial r_{3D}}\left(r_{3D}^2\frac{\partial \Delta\bar{m}_f}{\partial r_{3D}}\right)=u\Delta\bar{m}_f\ \left(r_{3D}=\sqrt{x_D^2+y_D^2+z_D^2}\right) \tag{5-155}$$

通过与 5.2.3 小节同样的求解方法,可以得到页岩气藏压裂井的瞬态压力曲线和产量动态曲线。

5.3.4 典型曲线及流动阶段划分

三重孔隙介质模型主要考虑干酪根中的溶解气(补充的气体储存机理)和页岩基质中复杂的流动机理,不同于其他三重孔隙介质模型(表 5-2)。通过 Stehfest 数值反演方法[18]编程求解可以得到真实空间中裂缝井的无因次井底压力曲线,并与双重孔隙介质模型进行对比,主要分析了干酪根中的溶解气扩散对瞬态压力曲线和产量动态曲线的影响。模型所用参数如表 5-3 所示。

表 5-3 模型中用到的页岩气藏数据

参数	数值	单位	来源
纳米孔隙半径,r_n	2	nm	Shabro 等[23](2011)
干酪根半径,R_k	20	nm	Shabro 等(2011)
储层温度,T	423	K	Shabro 等(2011)
储层压力,p_r	1.72×10^7	Pa	Swami 和 Settari[15](2012)
Knudsen 扩散系数,D	9.96×10^{-7}	m^2/s	Swami 和 Settari(2012)
干酪根扩散系数,D_k	2.0×10^{-12} 到 2.0×10^{-10}	m^2/s	Thomas 和 Clouse[41](1990)
Henry 常数,k_H	7.45×10^{-7}	$kg/Pa/m^3$	Swami 和 Settari(2012)
Langmuir 体积,V_L	0.020	m^3/kg	Shabro 等(2011)
Langmuir 常数,b	4.0×10^{-7}	1/Pa	Shabro 等(2011)
初始页岩密度,ρ_{bi}	2500	kg/m^3	Schamel[24](2005)
面容比,SV	2.50×10^8	m^{-1}	Howard[25](1991)
基质半径,r_m	1.91	m	Apaydin 等[14](2012)
基质孔隙度,ϕ_m	0.10	-	Zhao 等[26](2013)
基质渗透率,k_m	1.0×10^{-21}	m^2	Apaydin 等(2012)

续表

参数	数值	单位	来源
裂缝孔隙度，ϕ_f	0.0050	–	Zhao 等(2013)
裂缝渗透率，k_f	2.0×10^{-12}	m^2	Apaydin 等(2012)
气体黏度，μ_g	1.84×10^{-5}	Pa·s	Apaydin 等(2012)
气体压缩因子，c_g	4.39×10^{-8}	1/Pa	Bello 等[27](2010)
体积系数，B_g	0.0090	m^3/m^3	计算所得

图 5-32 为不同外边界条件下页岩气藏一口压裂井(以压裂直井为例)以定产量生产时的整个瞬态流动过程，根据 Nie 等[20,21]和 Zhao 等[28]的研究可以划分为 7 个瞬态流动阶段。

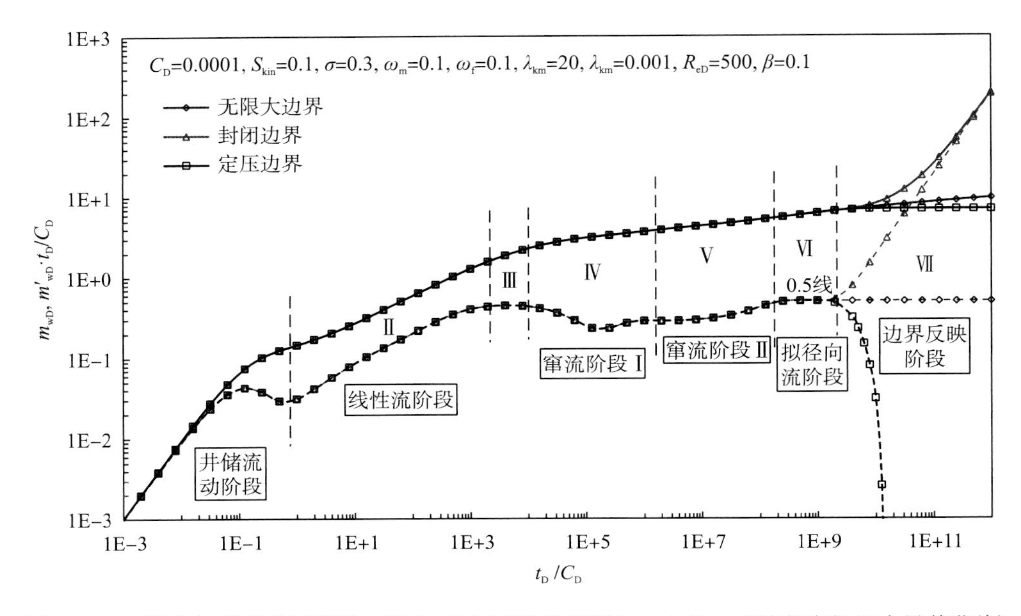

图 5-32 不同外边界条件下的瞬态压力曲线(实线代表拟压力曲线，虚线代表拟压力导数曲线)

Ⅰ：井储及表皮效应流动阶段。在这个阶段，拟压力和拟压力导数曲线为一条向上倾斜且斜率为“1”的直线，主要受井筒中储集的气体影响。在表皮效应流动阶段，拟压力导数曲线上出现明显的“驼峰”。

Ⅱ：线性流阶段。在压力响应曲线上，拟压力和拟压力导数曲线相互平行，且曲线斜率均为“1/2”，该阶段的曲线特征是压裂井生产时的典型响应。

Ⅲ：早期径向流动阶段。天然裂缝系统中的页岩气以拟径向流方式向压裂裂缝及井筒流动。此时压裂裂缝对气体流动的影响已结束，拟压力导数曲线表现为数值为“0.5”的水平线。

Ⅳ：窜流阶段Ⅰ(气体从基质系统流向裂缝系统)。在拟压力导数曲线上表现为一个“凹子”，是气体从基质流向裂缝系统的反映。在这个阶段，解吸速率变得极为重要，因此产气量主要依赖于基质纳米孔隙中的压力降。

Ⅴ：窜流阶段Ⅱ(气体从干酪根系统流向基质系统)。在拟压力导数曲线上表现为一个

“凹子”，是气体从干酪根流向基质系统的反映。随着天然气不断产出，基质纳米孔隙中的压力开始下降，吸附气随之从孔隙表面解吸，然后溶解在干酪根中的气体向干酪根包含的孔隙表面扩散。

Ⅵ：晚期拟径向流阶段。基质系统和裂缝系统的压力达到一个动态平衡，拟压力导数曲线表现为数值为“0.5”的水平线。在该阶段，产气量依赖于所有系统的压力降落。

Ⅶ：边界反映阶段。在该阶段，压力波已经传播到外边界。对于封闭边界，拟压力和拟压力导数曲线上翘且为斜率为“1”的直线，表示瞬态流动已经转变为拟稳态流动；对于无限大边界，拟压力导数曲线为一条数值为“0.5”的水平线；对于定压边界，拟压力导数曲线迅速下掉，拟压力曲线为水平线，表示瞬态流动转变为稳态流动。

从页岩气藏压裂井生产过程中的 7 个瞬态流动阶段可以看出，I、II 阶段揭示了宏观尺度上的井筒和压裂裂缝中气体被采出时井筒压力变化规律，III 阶段揭示了介观尺度上天然裂缝中的气体流动规律，IV 阶段揭示了微观尺度上的基质纳米孔隙中的气体流动规律以及纳米尺度上的气体解吸作用，V 阶段则揭示了气体从干酪根中向基质纳米孔隙中扩散的流动规律。该压力图版不仅能得到储层的流动特征，并且与现场数据进行拟合可以得到压裂井和储层的物性参数。

5.3.5　与双重孔隙介质模型的对比

由于干酪根中的溶解气在本模型中仅作为气源处理，并且气体在干酪根中的扩散速度比气体在基质中的流动速度更慢，因此除了基质和天然裂缝之外，把干酪根当作第三

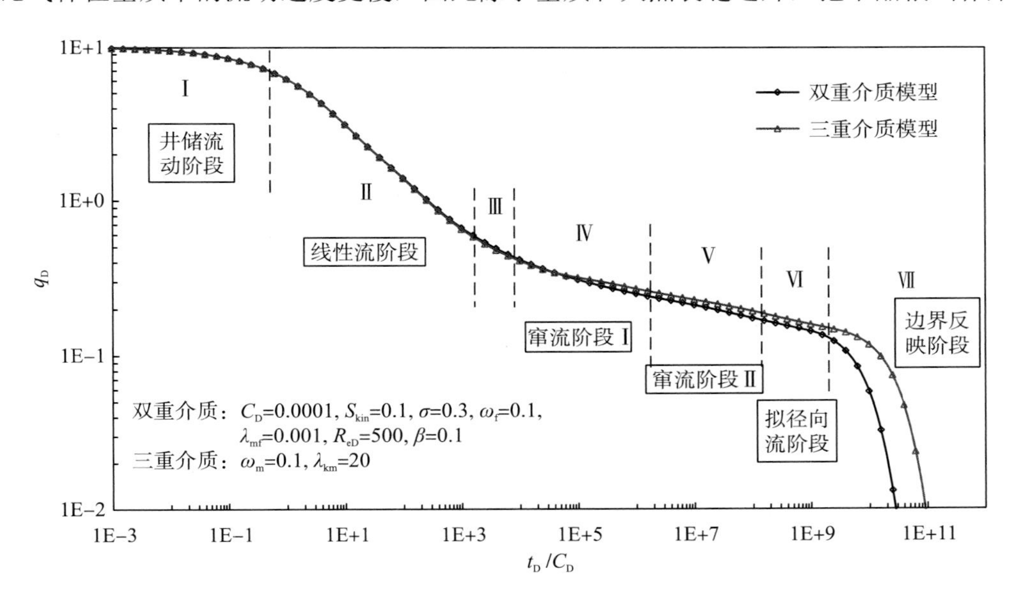

图 5-33　两种模型瞬态产量对比曲线

种孔隙介质。如果忽略干酪根中的溶解气，三重孔隙介质模型将会简化为双重孔隙介质模型(图 5-29)。本节详细讨论了干酪根中的溶解气对瞬态压力曲线的影响，并且图 5-33

也给出了三重孔隙介质模型和双重孔隙介质模型瞬态产量曲线的区别。

图 5-33 为两种模型的瞬态产量对比曲线，从图 5-33 中可以看出两种模型的产量曲线从窜流阶段Ⅱ(气体从干酪根向基质系统流动)开始不再重合，且三重孔隙介质模型的产量要比双重孔隙介质模型的要高。这是由于三重孔隙介质模型中的干酪根向基质提供了额外的溶解气，因此使得产量更高，且能够使得在同样的边界条件下三重孔隙介质模型有一个更长的生产期。

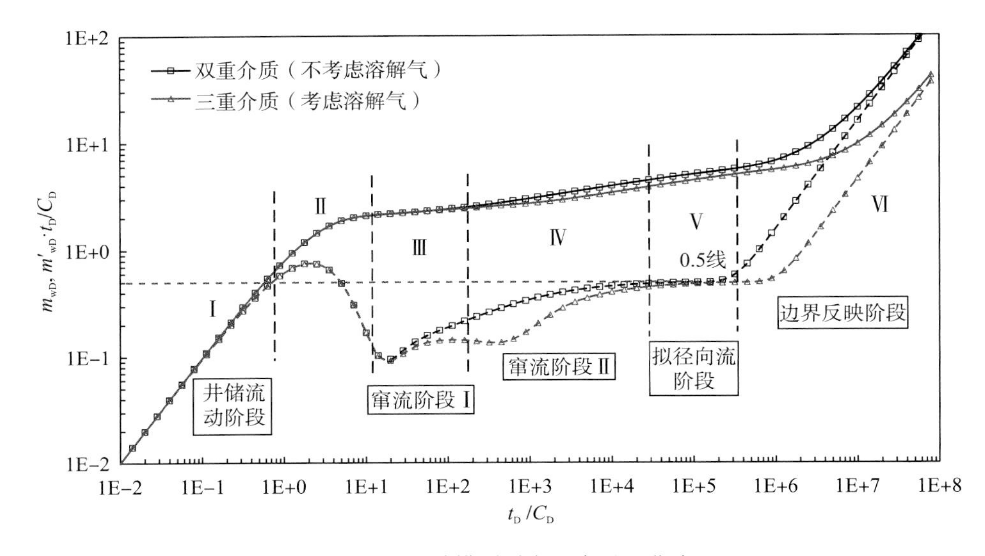

图 5-34 两种模型瞬态压力对比曲线

为了使溶解气对瞬态压力曲线的影响更加明显，因此采用垂直井模型来对比三重孔隙介质和双重孔隙介质模型的区别，从而消除线性流动阶段对曲线的影响。从图 5-34 中可以看出，两种模型的压力曲线在阶段Ⅰ、阶段Ⅱ和阶段Ⅲ的前半部分重合。这是由于两种模型都考虑了基质系统和裂缝系统，并且气体从基质系统向裂缝系统窜流的物理过程是相同的。两种模型的拟压力和拟压力导数曲线从阶段Ⅳ、阶段Ⅴ和阶段Ⅵ开始变得不同。三重孔隙介质模型的拟压力曲线比双重孔隙介质模型曲线靠下，并且与双重孔隙介质模型相比，三重孔隙介质模型的拟压力导数曲线有第二个窜流阶段。这是由于随着页岩气不断产出，基质系统的压力不断下降。当干酪根纳米孔隙的压力下降，溶解气开始从干酪根块向干酪根中纳米孔隙扩散。由于三重孔隙介质模型额外的气源，井底流压下降变缓、拟压力导数曲线下降。然而随着溶解气的不断产出，气源补充不能再支持干酪根孔隙中的压力下降，使得井底流压下降变快、拟压力导数曲线开始升高。而且由于额外的气源(干酪根中的溶解气)，三重孔隙介质模型的外边界反映阶段比双重孔隙介质模型的要晚。

表 5-4 两种模型的计算结果对比

t_D/C_D	m_{wD}		$m'_{wD}\cdot t_D/C_D$	
	三重孔隙介质	双重孔隙介质	三重孔隙介质	双重孔隙介质
10^{-2}	0.009977	0.009977	0.00995	0.00995
10^{0}	0.790079	0.790079	0.612261	0.612261
10^{2}	2.39106	2.414126	0.143775	0.189003
10^{4}	3.421544	3.95535	0.401893	0.456656
10^{6}	5.595811	6.753563	0.558713	1.583763
10^{8}	51.16743	163.9827	45.9941	158.7967

表 5-4 对比了三重孔隙介质模型和双重孔隙介质模型的计算结果，结果表示：在井储及表皮效应流动阶段，当 t_D/C_D 等于 10^{-2} 和 10^{0} 时，两种模型的计算结果相同；在窜流阶段 II(气体从干酪根系统向基质系统流动)，当 t_D/C_D 等于 10^{2} 时，三重孔隙介质模型的拟压力略小于双重孔隙介质模型；随着 t_D/C_D 的数值变大，两种模型拟压力的数值相差越来越大。当 t_D/C_D 等于 10^{8} 时，双重孔隙介质模型的拟压力是三重孔隙介质模型的 3 倍。在两种模型的拟压力导数上也有相同的变化趋势。

5.4 本章小结

本章在考虑页岩气在纳米孔隙中的气体解吸、Knudsen 扩散和滑脱效应、天然裂缝中的达西流动以及大尺度人工裂缝的基础上，建立了页岩气多尺度流动的非稳态渗流模型(区别于传统页岩气藏双重孔隙介质模型)。在此双重孔隙介质模型的基础上建立了一个考虑以溶解态储存在干酪根中的气体扩散过程(补充的储存机理)的三重孔隙介质模型，对比分析了两种模型的瞬态压力曲线和产量动态曲线，并进行了敏感性因素分析，得到以下结论。

(1)在本章建立的页岩气藏双重孔隙介质模型中，针对压裂直井瞬态压力典型曲线划分了 6 个流动阶段，并且详细分析了不同流动阶段所反映的气体在不同尺度上的流动规律；针对压裂水平井瞬态压力典型曲线划分了 7 个流动阶段，并且详细分析了不同流动阶段所反映的气体在不同尺度上的流动规律。

①纳米级孔隙中的 Knudsen 扩散和滑脱效应主要影响整个流动过程中的窜流阶段，扩散系数和滑脱因子越大，窜流段结束地越早并且窜流段的产气量更高。

②解吸系数反映了颗粒表面向页岩基质孔隙提供解吸气的能力。解吸系数越大，井筒压力下降减缓，窜流段的“凹子”越深，并且在产量动态曲线中窜流阶段的产气量更高且在外边界反映阶段有一个更长的生产期。

③针对压裂水平井，研究了裂缝条数、裂缝半长、裂缝间距等因素对瞬态压力曲线和产量动态曲线的影响，并对单条及多条压裂裂缝的流量分布进行了分析，为页岩气藏压裂水平井的开发提供了理论基础。

(2)针对页岩气藏三重孔隙介质模型的瞬态压力典型曲线划分了 7 个流动阶段，并且详细分析了不同流动阶段所反映的气体在不同尺度上的流动规律。

①页岩气藏三重孔隙介质模型的压力导数曲线上存在2个窜流阶段，第一个窜流阶段为基质与裂缝系统之间的窜流，第二个窜流阶段为干酪根与基质系统之间的窜流；

②两种模型的产量曲线从第二个窜流阶段开始不再重合，且由于干酪根提供的额外气源，使得三重孔隙介质模型的产量要比双重孔隙介质模型的高，且生产时间更长。

参 考 文 献

[1] Carlson E S, Mercer J C. Devonian shale gas production: mechanisms and simple models[J]. Journal of Petroleum technology, 1991, 43(04): 476-482.

[2] Guo J, Zhang L, Wang H, et al. Pressure transient analysis for multi-stage fractured horizontal wells in shale gas reservoirs[J]. Transport in porous media, 2012, 93(3): 635-653.

[3] Wang H T. Performance of multiple fractured horizontal wells in shale gas reservoirs with consideration of multiple mechanisms[J]. Journal of Hydrology, 2014, 510: 299-312.

[4] 段永刚, 李建秋. 页岩气无限导流压裂井压力动态分析[J]. 天然气工业, 2010, 30(10): 26-29.

[5] 李建秋, 段永刚. 页岩气藏水平井压力动态特征[J]. 渗流力学与工程的创新与实践—第十一届全国渗流力学学术大会论文集, 2011.

[6] 于荣泽, 张晓伟, 卞亚南, 等. 页岩气藏流动机理与产能影响因素分析[J]. 天然气工业, 2012, 32(9): 10-15.

[7] 程远方, 董丙响, 时贤, 等. 页岩气藏三孔双渗模型的渗流机理[J]. 天然气工业, 2012, 32(9): 44-47.

[8] Javadpour F, Fisher D, Unsworth M. Nanoscale gas flow in shale gas sediments[J]. J. Can. Petroleum Technol, 2007, 46(10): 55-61.

[9] Roy S, Raju R. Modeling gas flow through microchannels and nanopores[J]. J. Appl. Phys, 2003, 93 (8): 4870-4879.

[10] Javadpour F. Nanopores and apparent permeability of gas flow in mudrocks (shales and siltstone)[J]. J. Can. Pet. Technol, 2009, 48 (8): 16-21.

[11] Ozkan E, Raghavan R. New solutions for well-test-analysis problems: Part 1-analytical considerations (includes associated papers 28666 and 29213)[J]. SPE Formation Evaluation, 1991, 6(03): 359-368.

[12]Swaan O A. Analytic solutions for determining naturally fractured reservoir properties by well testing[J]. SPE J, 1976, 16 (3), 117-122.

[13] El-Banbi A H. Analysis of Tight Gas Well Performance. Texas A&M University. Hill, D. G. , Nelson, C. R. Gas productive fractured shales: an overview and update[J]. Gas Tips, 2000, 6 (3), 4-13.

[14] Apaydin O G，Ozkan E, Raghavan R. Effect of discontinuous microfractures on ultratight matrix permeability of a dual-porosity medium[J]. SPE Reserv. Eval. Eng, 2012, 15 (04): 473-485.

[15] Swami V, Settari A. A pore scale gas flow model for shale gas reservoir[C]. SPE 155756, Presented at the Americas Unconventional Resources Conference, Pittsburgh, Pennsylvania, USA, 2012.

[16] Ozkan E. Performance of horizontal wells[R]. Tulsa Univ. , OK (USA), 1988.

[17] Van Everdingen A F, Hurst W. The application of the Laplace transformation to flow problems in reservoirs[J]. Trans. AIME, 1949, 186 (305): 97-104.

[18] Stehfest H. Algorithm 368: numerical inversion of Laplace transforms[J]. Commun. ACM, 1970, 13（1）, 47-49.

[19] 郭晶晶. 基于多重运移机制的页岩气渗流机理及试井分析理论研究[D]. 成都：西南石油大学博士学位论文, 2013.

[20] Nie R, Meng Y, Guo J, et al. Modeling transient flow behavior of a horizontal well in a coal seam[J]. Int. J. Coal Geol, 2011, 92: 54-68.

[21] Nie R, Meng Y, Jia Y, et al. Dual porosity and dual permeability modeling of horizontal well in naturally fractured reservoir[J]. Transp. Porous Media, 2012, 92（1）: 213-235.

[22] Jia Y, Fan X, Nie R, et al. Flow modeling of well test analysis for porous-vuggy carbonate reservoirs[J]. Transp. Porous Media, 2013, 97（2）: 253-279.

[23] Shabro V, Torres-Verdin C, Javadpour F. Numerical simulation of shale-gas production: from pore-scale modeling of slip-flow, Knudsen diffusion and Langmuir desorption to reservoir modeling of compressible fluid[C]. SPE 144355, Presented at the SPE North American Unconventional Gas Conference and Exhibition, Woodlands, Texas, USA. 2011.

[24] Schamel S. Shale Gas Reservoirs of Utah: Survey of an Unexploited Potential Energy Resource[J]. Utah Geological Survey, Open-File Report 461, 2005.

[25] Howard J J. Porosimetry measurement of shale fabric and its relationship to illite/smectitediagenesis[J]. Clays Clay Miner, 1991, 39（4）, 355e361

[26] Zhao Y, Zhang L, Zhao J, et al. “Triple porosity” modeling of transient well test and rate decline analysis for multi-fractured horizontal well in shale gas reservoirs[J]. J. Petroleum Sci. Eng. 2013, 110: 253-261.

[27] Bello R O, Wattenbarger, R. A. Multi-stage hydraulically fractured shale gas rate transient analysis[C]. SPE 126754, Presented at the SPE North Africa Technical Conference and Exhibition, Cairo, Egypt, 2010.

[28] Zhao Y L, Zhang L H, Liu Y, et al. Transient pressure analysis of fractured well in bi-zonal gas reservoirs[J]. Journal of Hydrology, 2015, 524: 89-99.

[29] Chalmers G R L, Bustin R. M. On the effects of petrographic composition on coalbed methane sorption[J]. International Journal of Coal Geology, 2007, 69(4): 288-304.

[30] Ross D J K, Bustin R M. The importance of shale composition and pore structure upon gas storage potential of shale gas reservoirs[J]. Marine and Petroleum Geology, 2009, 26: 916-927.

[31] Shabro V, Torres-Verdin C, Sepehrnoori K. Forecasting gas production in organic shale with the combined numerical simulation of gas diffusion in kerogen, langmuir desorption from kerogen surfaces, and advection in nanopores[C]. SPE 159250, presented at the Annual Technical Conference and Exhibition, San Antonio, Texas, USA, 2012.

[32] Moghanloo R G, Javadpour F, Davudov D. Contribution of methane molecular diffusion in kerogen to gas-in-place and production[C]. SPE 165376, presented at the SPE Western Regional & AAPG Pacific Section Meeting, Monterey, California, USA, 2013.

[33] Mi L, Jiang H, Li J. The impact of diffusion type on multiscale discrete fracture model numerical simulation for shale gas[J]. J. Nat. Gas Sci. Eng, 2014, 20: 74-81.

[34] Bai M, Roegiers J C. Triple-porosity analysis of solute transport[J]. J. Contam. Hydrol. 1997, 28（3）, 247-266.

[35] Dehghanpour H, Shirdel M. A triple porosity model for shale gas reservoirs[C]. SPE 149501, presented at the Canadian Unconventional Resources Conference, Calgary, Alberta, Canada, 2011.

[36] Al-Ahmadi H A, Wattenbarger R A. Triple-porosity models: one further step towards capturing fractured reservoirs heterogeneity[C]. SPE 149054, presented at Saudi Arabia Section Technical Symposium and Exhibition, Al-Khobar, Saudi Arabia, 2011.

[37] Al-Ghamdi A, Chen B, Behmanesh H, et al. An improved triple-porosity model for evaluation of naturally fractured reservoirs[J]. SPE Reserv. Eval. Eng. , 2011, 14 (4), 397-404.

[38] Tivayanonda V, Wattenbarger R A. Alternative interpretations of shale gas/oil rate behavior using a triple porosity model[C]. SPE 159703, presented at the SPE Annual Technical Confe4rence and Exhibition, San Antonio, Texas, USA, 2012.

[39] Alharthy N, Al Kobaisi M, Torcuk M A, et al. Physics and modeling of gas flow in shale reservoirs[C]. SPE 161893, presented at the Abu Dhabi International Petroleum Exhibition & Conference, Abu Dhabi, UAE, 2012.

[40] Ozkan E, Raghavan R S, Apaydin O G. Modeling of fluid transfer from shale matrix to fracture network[C]. SPE 134830, presented at SPE Annual Technical Conference and Exhibition, Florence, Italy, 2010.

[41] Thomas M M, Clouse J A. Primary migration by diffusion through kerogen: II. Hydrocarbon diffusivities in kerogen[J]. Geochimicaet Cosmochimica Acta, 1990, 54(10): 2781-2792.

第 6 章　页岩气藏多级压裂水平井气-水两相数值模型

第 5 章中对页岩气藏压裂井单相气体非稳态渗流的解析解进行了研究，然而实际页岩气藏中的渗流情况更为复杂(比如：气-水两相流动，储层非均质性、各向异性等)。虽然解析方法较为简单和直观，但是复杂问题往往不存在解析解。因此，本章通过数值模拟方法建立了一个适用于多尺度页岩中的不同流态，综合考虑气体从孔隙表面解吸、纳米孔隙中的 Knudsen 扩散和滑脱效应、气-水两相流动以及多级压裂水平井开采的多尺度渗流模型。

由于通过实验手段测得的页岩渗透率只是页岩中多尺度孔隙(纳米级孔隙、微米级孔隙和微裂缝)的等效渗透率，并不能分别直接测量出页岩中的纳微米孔隙和微裂缝的渗透率。因此为了使模型更加贴合实际情况，本章将基质系统和天然裂缝系统等效为一个多孔介质。由于页岩孔隙尺寸分布范围较广、孔隙结构较为复杂，并且第 5 章中在纳米孔隙中考虑的 Knudsen 扩散和滑脱效应多存在于纳米孔隙中，并不能描述在多尺度孔隙介质中所有的气体流动形态。因此用 Knudsen 数来划分流体在不同尺度孔隙中的流态，并且采用 Beskok 和 Karniadakis[1]推导出的适用于所有 Knudsen 数范围内不同气体流动阶段(连续流、滑脱流、过渡流和自由分子流)的模型来校正不同尺度页岩多孔介质渗透率。

其次，水平井完井技术和压裂增产工艺措施是实现页岩气藏经济开发的关键技术。而针对多级压裂水平井的瞬态压力及产量分析，一般采用基于 Green 函数和点源方法的半解析解模型[2,3,4](第 5 章内容)以及三线性流解析方法[5,6]。但是求解复杂存储及渗流机理的页岩气藏模型的解析解和半解析解时需要对模型进行简化，例如第 5 章中研究的是单相气体渗流模型，并没有考虑地层水的影响。

综上所述，本章首先建立了适用于页岩中不同流态(连续流、滑脱流、过渡流和自由分子流)的多尺度渗流方程，在考虑气体解吸、纳米孔隙中的 Knudsen 扩散及滑脱效应和气-水两相流动的基础上，通过有限差分及程序编制最终得到了页岩气藏的三维计算机模型，并采用网格加密和等效导流能力方法来模拟水力压裂裂缝；其次，先后开展了本文编制模型与商业软件的对比、采用不同方法编制的模型之间的对比，以及与现场数据的对比验证研究工作；最后，分析了页岩气藏压裂水平井的生产动态，并对 Knudsen 扩散系数和滑脱因子、气体吸附解吸相关参数、气-水两相、多级压裂水平井的相关参数以及体积压裂(SRV)缝网对压裂水平井产量的影响进行了敏感性因素分析。

6.1　页岩中的多尺度非达西渗流模型

根据 Beskok 和 Karniadakis[1,7]在 1999 年提出考虑连续流、滑移流、过渡流和自由分子流动不同流态的模型，流速与压力梯度之间的关系可以表示为

$$v = -\frac{k_0}{\mu}(1+\alpha Kn)\left(1+\frac{4Kn}{1-bKn}\right)\frac{\mathrm{d}p}{\mathrm{d}x} \tag{6-1}$$

用达西定律来描述气体体积流速，则

$$v = -\frac{k}{\mu}\frac{\mathrm{d}p}{\mathrm{d}x} \tag{6-2}$$

结合式(6-1)与式(6-2)，则渗透率修正系数ξ可以表示为

$$k = k_0\xi \tag{6-3}$$

$$\xi = (1+\alpha Kn)\left(1+\frac{4Kn}{1-bKn}\right) \tag{6-4}$$

Beskok 和 Karniadakis(1999)提出了稀薄系数的表达式：

$$\alpha = \frac{128}{15\pi^2}\tan^{-1}\left(4Kn^{0.4}\right) \tag{6-5}$$

分子平均自由程被定义为[8]

$$\bar{\lambda}=\sqrt{\frac{\pi RT}{2M}}\frac{\mu}{p} \tag{6-6}$$

Knudsen 扩散系数主要随孔隙尺寸变化，定义为

$$D_{\mathrm{K}} = \frac{2r}{3}\left(\frac{8RT}{\pi M}\right)^{0.5} \tag{6-7}$$

根据式(6-6)和式(6-7)，Knudsen 数可以用 Knudsen 扩散系数来表示：

$$Kn = \frac{3\pi}{8r^2}\frac{\mu}{p}D_{\mathrm{K}} \tag{6-8}$$

因此式(6-3)可以写为

$$k = k_0\left(1+\alpha\frac{3\pi\mu}{8r^2p}D_{\mathrm{K}}\right)\left(1+\frac{12\pi\mu D_{\mathrm{K}}}{8r^2p-3\pi b\mu D_{\mathrm{K}}}\right) \tag{6-9}$$

根据 Hagen-Poiseuille 模型，渗透率可以写成孔隙半径的关系式：

$$k_0 = \frac{\phi r^2}{8} \tag{6-10}$$

把式(6-10)代入式(6-9)，可得

$$k = k_0\xi=k_0\left(1+\alpha\frac{3\pi\mu\phi}{64k_0p}D_{\mathrm{K}}\right)\left(1+\frac{12\pi\mu\phi D_{\mathrm{K}}}{64k_0p-3\pi b\mu\phi D_{\mathrm{K}}}\right) \tag{6-11}$$

从式(6-11)可以看出，渗透率修正系数主要与绝对渗透率 k_0、孔隙度ϕ、压力 p、滑脱因子 b 和 Knudsen 扩散系数 D_{K} 相关。

6.2 页岩气输运的数学模型

6.2.1 模型的基本假设

页岩气储层气-水两相渗流模型的基本假设为

(1) 气藏处于恒温，流体在流动过程中处于热动力学平衡状态。

(2) 页岩储层为可压缩、各向异性的储层。

(3) 页岩储层中存在气(游离气、吸附气)、水两相，且互不相溶。

(4) 在页岩的纳米孔隙中，气体流动主要包括气体从孔隙表面解吸、压力差作用产生的黏性流动、孔隙壁上产生的滑脱流以及气体分子与孔隙壁碰撞产生的 Knudsen 扩散，其中气体的吸附解吸现象可以用 Langmuir 等温吸附理论来描述。

(5) 页岩中的游离气满足真实气体状态方程，且地层水为微可压缩流体。

(6) 在裂缝中，气、水两相的流动遵循达西渗流，考虑重力和毛管力的影响。

6.2.2　质量守恒方程

1. 气相方程

为了推导出三维情况下流体在渗流过程中的质量守恒方程，可在整个渗流场中取一个微小体积单元来进行具体分析。所取的微小体积单元为一个六面体，单元体的长为 Δx，宽为 Δy，高为 Δz，如图 6-1 所示。

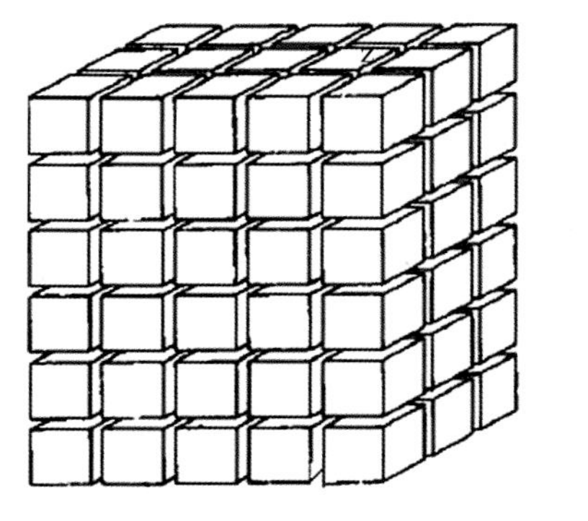

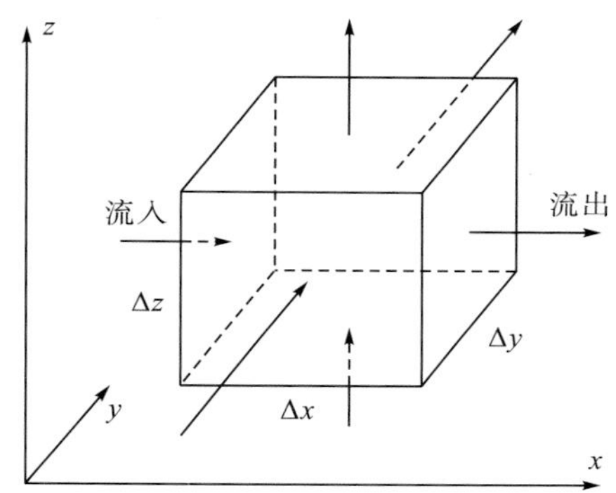

图 6-1　单元体示意图

流体在 x，y，z 3 个方向上的速度分别是 v_x，v_y，v_z，流体密度为 ρ_x，ρ_y，ρ_z。首先研究 x 方向，即在 Δt 时间内由左侧面流入单元体的流体质量为

$$\left(\rho_g v_x\right)\Big|_x \cdot \Delta y \Delta z \Delta t \tag{6-12}$$

在 Δt 时间内从单元体右侧面流出的流体质量为

$$\left(\rho_g v_x\right)\Big|_{x+\Delta x} \cdot \Delta y \Delta z \Delta t \tag{6-13}$$

因此，在 x 方向上，Δt 时间内流入和流出单元体的质量差为

$$-\left[\left(\rho_g v_x\right)\Big|_{x+\Delta x} - \left(\rho_g v_x\right)\Big|_x\right] \cdot \Delta y \Delta z \Delta t \tag{6-14}$$

同理，可求得在 y 方向和 z 方向上，Δt 时间内流入和流出单元体的质量差：

$$-\left[\left(\rho_g v_y\right)\Big|_{y+\Delta y} - \left(\rho_g v_y\right)\Big|_y\right] \cdot \Delta x \Delta z \Delta t \tag{6-15}$$

$$-\left[\left(\rho_{\mathrm{g}}v_{z}\right)\Big|_{z+\Delta z}-\left(\rho_{\mathrm{g}}v_{z}\right)\Big|_{z}\right]\cdot\Delta x\Delta y\Delta t \tag{6-16}$$

由于流体和多孔介质是可压缩的，那么 Δt 时间内单元体中的气体质量的变化应等于单元体内孔隙体积和流体密度的变化。因此在 Δt 时间内，在考虑气体吸附解吸作用下，流体在单元体中的累计质量增量为

$$\left[\left(\rho_{\mathrm{g}}\phi s_{\mathrm{g}}+\rho_{\mathrm{gsc}}\rho_{\mathrm{bi}}\frac{V_{\mathrm{L}}p_{\mathrm{g}}}{p_{\mathrm{L}}+p_{\mathrm{g}}}\right)\Bigg|_{t+\Delta t}-\left(\rho_{\mathrm{g}}\phi s_{\mathrm{g}}+\rho_{\mathrm{gsc}}\rho_{\mathrm{bi}}\frac{V_{\mathrm{L}}p_{\mathrm{g}}}{p_{\mathrm{L}}+p_{\mathrm{g}}}\right)\Bigg|_{t}\right]\cdot\Delta x\Delta y\Delta z \tag{6-17}$$

其中，吸附气可以用 Langmuir 等温吸附方程来表示：

$$V_{\mathrm{a}}=\frac{V_{\mathrm{L}}p_{\mathrm{g}}}{p_{\mathrm{L}}+p_{\mathrm{g}}} \tag{6-18}$$

根据质量守恒原理，在 Δt 时间内，单元体内的累积质量增量应等于 Δt 时间内在 x，y，z 方向上流入、流出单元体的质量流量差之和：

$$\begin{aligned}&-\left[\left(\rho_{\mathrm{g}}v_{x}\right)\Big|_{x+\Delta x}-\left(\rho_{\mathrm{g}}v_{x}\right)\Big|_{x}\right]\cdot\Delta y\Delta z\Delta t-\left[\left(\rho_{\mathrm{g}}v_{y}\right)\Big|_{y+\Delta y}-\left(\rho_{\mathrm{g}}v_{y}\right)\Big|_{y}\right]\cdot\Delta x\Delta z\Delta t-\\&\left[\left(\rho_{\mathrm{g}}v_{z}\right)\Big|_{z+\Delta z}-\left(\rho_{\mathrm{g}}v_{z}\right)\Big|_{z}\right]\cdot\Delta x\Delta y\Delta t\\&=\left[\left(\rho_{\mathrm{g}}\phi s_{\mathrm{g}}+\rho_{\mathrm{gsc}}\rho_{\mathrm{bi}}\frac{V_{\mathrm{L}}p_{\mathrm{g}}}{p_{\mathrm{L}}+p_{\mathrm{g}}}\right)\Bigg|_{t+\Delta t}-\left(\rho_{\mathrm{g}}\phi s_{\mathrm{g}}+\rho_{\mathrm{gsc}}\rho_{\mathrm{bi}}\frac{V_{\mathrm{L}}p_{\mathrm{g}}}{p_{\mathrm{L}}+p_{\mathrm{g}}}\right)\Bigg|_{t}\right]\cdot\Delta x\Delta y\Delta z\end{aligned} \tag{6-19}$$

式(6-19)同除 $\Delta x\Delta y\Delta z\Delta t$，得：

$$\begin{aligned}&-\frac{1}{\Delta x}\left[\left(\rho_{\mathrm{g}}v_{x}\right)\Big|_{x+\Delta x}-\left(\rho_{\mathrm{g}}v_{x}\right)\Big|_{x}\right]-\frac{1}{\Delta y}\left[\left(\rho_{\mathrm{g}}v_{y}\right)\Big|_{y+\Delta y}-\left(\rho_{\mathrm{g}}v_{y}\right)\Big|_{y}\right]-\\&\frac{1}{\Delta z}\left[\left(\rho_{\mathrm{g}}v_{z}\right)\Big|_{z+\Delta z}-\left(\rho_{\mathrm{g}}v_{z}\right)\Big|_{z}\right]\\&=\frac{1}{\Delta t}\left[\left(\rho_{\mathrm{g}}\phi s_{\mathrm{g}}+\rho_{\mathrm{gsc}}\rho_{\mathrm{bi}}\frac{V_{\mathrm{L}}p_{\mathrm{g}}}{p_{\mathrm{L}}+p_{\mathrm{g}}}\right)\Bigg|_{t+\Delta t}-\left(\rho_{\mathrm{g}}\phi s_{\mathrm{g}}+\rho_{\mathrm{gsc}}\rho_{\mathrm{bi}}\frac{V_{\mathrm{L}}p_{\mathrm{g}}}{p_{\mathrm{L}}+p_{\mathrm{g}}}\right)\Bigg|_{t}\right]\end{aligned} \tag{6-20}$$

对式(6-20)取极限，可得流体渗流的微分方程：

$$-\frac{\partial}{\partial x}\left(\rho_{\mathrm{g}}v_{x}\right)-\frac{\partial}{\partial y}\left(\rho_{\mathrm{g}}v_{y}\right)-\frac{\partial}{\partial z}\left(\rho_{\mathrm{g}}v_{z}\right)=\frac{\partial}{\partial t}\left(\rho_{\mathrm{g}}\phi s_{\mathrm{g}}+\rho_{\mathrm{gsc}}\rho_{\mathrm{bi}}\frac{V_{\mathrm{L}}p_{\mathrm{g}}}{p_{\mathrm{L}}+p_{\mathrm{g}}}\right) \tag{6-21}$$

单相流体一维渗流时的达西定律可表示为

$$v=\frac{Q}{A}=-\frac{k}{\mu}\frac{\partial p}{\partial x} \tag{6-22}$$

在三维空间情况下，可以把上述微分形式的达西定律加以推广，此时渗流速度 v 是一个空间向量。考虑重力的影响，则三维流动的达西方程为

$$\vec{v}=-\frac{\vec{k}}{\mu}\left(\nabla p-\rho g\nabla D\right) \tag{6-23}$$

式中，∇——Hamilton 算子；

D——由某一基准面算起的垂直方向深度(海拔)，m。

三维流动时，渗流速度在 x，y，z 方向上的分量为

$$v_x = -\frac{k_x}{\mu}\left(\frac{\partial p}{\partial x} - \rho g\frac{\partial D}{\partial x}\right) \tag{6-24}$$

$$v_y = -\frac{k_y}{\mu}\left(\frac{\partial p}{\partial y} - \rho g\frac{\partial D}{\partial y}\right) \tag{6-25}$$

$$v_z = -\frac{k_z}{\mu}\left(\frac{\partial p}{\partial z} - \rho g\frac{\partial D}{\partial z}\right) \tag{6-26}$$

将考虑重力作用的运动方程代入式(6-21)且，可得

$$\frac{\partial}{\partial x}\left[\rho_{\mathrm{g}}\frac{k_x k_{\mathrm{rg}}}{\mu_{\mathrm{g}}}\left(\frac{\partial p_{\mathrm{g}}}{\partial x} - \rho_{\mathrm{g}} g\frac{\partial D}{\partial x}\right)\right] + \frac{\partial}{\partial y}\left[\rho_{\mathrm{g}}\frac{k_y k_{\mathrm{rg}}}{\mu_{\mathrm{g}}}\left(\frac{\partial p_{\mathrm{g}}}{\partial y} - \rho_{\mathrm{g}} g\frac{\partial D}{\partial y}\right)\right] + \frac{\partial}{\partial z}\left[\rho_{\mathrm{g}}\frac{k_z k_{\mathrm{rg}}}{\mu_{\mathrm{g}}}\left(\frac{\partial p_{\mathrm{g}}}{\partial z} - \rho_{\mathrm{g}} g\frac{\partial D}{\partial z}\right)\right] = \frac{\partial}{\partial t}\left(\rho_{\mathrm{g}}\phi s_{\mathrm{g}} + \rho_{\mathrm{gsc}}\rho_{\mathrm{bi}}\frac{V_{\mathrm{L}} p_{\mathrm{g}}}{p_{\mathrm{L}} + p_{\mathrm{g}}}\right) \tag{6-27}$$

将上式写为微分算子的形式，即

$$\nabla\cdot\left[\frac{\rho_{\mathrm{g}}\vec{k}k_{\mathrm{rg}}}{\mu_{\mathrm{g}}}\left(\nabla p_{\mathrm{g}} - \rho_{\mathrm{g}} g\nabla D\right)\right] = \frac{\partial}{\partial t}\left(\rho_{\mathrm{g}}\phi s_{\mathrm{g}} + \rho_{\mathrm{gsc}}\rho_{\mathrm{bi}}\frac{V_{\mathrm{L}} p_{\mathrm{g}}}{p_{\mathrm{L}} + p_{\mathrm{g}}}\right) \tag{6-28}$$

结合 Beskok-Karniadakis 模型，渗透率的表达式可写为

$$\vec{k} = \vec{k}_0\xi = \vec{k}_0\left(1 + \alpha\frac{3\pi\mu\phi}{64K_0 p}D_{\mathrm{K}}\right)\left(1 + \frac{12\pi\mu\phi D_{\mathrm{K}}}{64K_0 p - 3\pi b\mu\phi D_{\mathrm{K}}}\right) \tag{6-29}$$

将式(6-29)代入式(6-28)，即可得考虑解吸、滑流和扩散的气相渗流方程：

$$\nabla\cdot\left[\frac{\rho_{\mathrm{g}}\vec{k}_0\xi k_{\mathrm{rg}}}{\mu_{\mathrm{g}}}\left(\nabla p_{\mathrm{g}} - \rho_{\mathrm{g}} g\nabla D\right)\right] = \frac{\partial}{\partial t}\left(\rho_{\mathrm{g}}\phi s_{\mathrm{g}} + \rho_{\mathrm{gsc}}\rho_{\mathrm{bi}}\frac{V_{\mathrm{L}} p_{\mathrm{g}}}{p_{\mathrm{L}} + p_{\mathrm{g}}}\right) \tag{6-30}$$

气体的体积系数定义为

$$B_{\mathrm{g}} = \frac{V_{\mathrm{g}}}{V_{\mathrm{gsc}}} = \frac{\rho_{\mathrm{gsc}}}{\rho_{\mathrm{g}}} \tag{6-31}$$

式中，B_{g}——气体的体积系数；

V_{g}——气体在储层条件下的体积；

V_{gsc}——气体在地面标识状况下的体积；

ρ_{g}——气体在储层条件下的密度；

ρ_{gsc}——气体在地面标识状况下的密度。

将式(6-31)代入式(6-30)，且考虑采出项时可得单位时间单位页岩表观体积的气相质量守恒方程：

$$\nabla\cdot\left[\frac{\vec{k}_0\xi k_{\mathrm{rg}}}{B_{\mathrm{g}}\mu_{\mathrm{g}}}\left(\nabla p_{\mathrm{g}} - \rho_{\mathrm{g}} g\nabla D\right)\right] - q_{\mathrm{g}} = \frac{\partial}{\partial t}\left(\frac{\phi s_{\mathrm{g}}}{B_{\mathrm{g}}} + \rho_{\mathrm{bi}}\frac{V_{\mathrm{L}} p_{\mathrm{g}}}{p_{\mathrm{L}} + p_{\mathrm{g}}}\right) \tag{6-32}$$

式中，q_{g} 为采出项，表示地面标准条件下，单位体积页岩中采出的气体体积流量。

2. 水相方程

同理可得，页岩中水相的质量守恒方程为

$$\nabla\cdot\left[\frac{\vec{k}_0\xi k_{\mathrm{rw}}}{B_{\mathrm{w}}\mu_{\mathrm{w}}}\left(\nabla p_{\mathrm{w}}-\rho_{\mathrm{w}}g\nabla D\right)\right]-q_{\mathrm{w}}=\frac{\partial}{\partial t}\left(\frac{\phi s_{\mathrm{w}}}{B_{\mathrm{w}}}\right) \tag{6-33}$$

式中，q_{w}为采出项，表示地面标准条件下，单位体积页岩中采出的地层水体积流量。

6.2.3 辅助方程

s_{w}和s_{g}分别是水相饱和度和气相饱和度，因此饱和度约束方程为

$$s_{\mathrm{w}}+s_{\mathrm{g}}=1 \tag{6-34}$$

同时，p_{g}和p_{w}分别是气相压力和水相压力，因此毛管压力方程为

$$p_{\mathrm{cgw}}\left(s_{\mathrm{w}}\right)=p_{\mathrm{g}}-p_{\mathrm{w}} \tag{6-35}$$

6.2.4 定解条件

1. 初始条件

页岩气藏的初始压力和初始饱和度可以定义为

$$p_{\mathrm{g}}\left(x,y,z,0\right)\Big|_{t=0}=p_{\mathrm{g}}^{0}\left(x,y,z\right) \tag{6-36}$$

$$s_{\mathrm{g}}\left(x,y,z,0\right)\Big|_{t=0}=s_{\mathrm{g}}^{0}\left(x,y,z\right) \tag{6-37}$$

2. 外边界条件

假设页岩气藏是没有边底水的封闭气藏，因此外边界条件可以写为

$$\left.\frac{\partial p_{\mathrm{g}}}{\partial n}\right|_{\tau}=0 \tag{6-38}$$

式中，τ——气藏外边界；

$\frac{\partial p_{\mathrm{g}}}{\partial n}$——边界法线方向的压力梯度。

3. 内边界条件

当井以定产量生产时，由于井筒半径与井距相比特别小，因此可以采用 Dirac 函数来处理井点。因此网格块的产量可以表示为

$$q_{\mathrm{g}}\left(i,j,k,t\right)=q_{\mathrm{g}}\left(t\right)\delta\left(i,j,k\right) \tag{6-39}$$

式中，$\delta(i,j,k)$——Dirac 函数，网格块中有井存在时为 1，没有井存在时为 0。

当井以定井底流压生产时，气体在网格块(网格块中有井存在)的流动为拟稳态流动，因此网格块中井的产量可以用 Peaceman 模型[9]来表示：

$$q_{\mathrm{vg}}=\frac{2\pi h\xi k_0 k_{\mathrm{rg}}}{B_{\mathrm{g}}\mu_{\mathrm{g}}\left(\ln r_{\mathrm{e}}/r_{\mathrm{w}}+S\right)}\left(p_{\mathrm{g}\,i,j,k}-p_{\mathrm{wf}}\right)\delta\left(i,j,k\right) \tag{6-40}$$

$$q_{\mathrm{vw}} = \frac{2\pi h \xi k_0 k_{\mathrm{rw}}}{B_{\mathrm{w}} \mu_{\mathrm{w}} \left(\ln r_{\mathrm{e}} / r_{\mathrm{w}} + S \right)} \left(p_{\mathrm{w}\,i,j,k} - p_{\mathrm{wf}} \right) \delta(i,j,k) \tag{6-41}$$

式中，S——表皮系数，无因次；

h——储层厚度，m；

r_{w}——井筒半径，m；

r_{e}——井的等效供给半径，m；

$p_{\mathrm{g}\,i,j,k}$——网格(i, j, k)处的压力，Pa；

p_{wf}——井底流压，Pa。

表 6-1　坐标变换

坐标	水平井		直井
	水平段与 X 轴平行	水平段与 Y 轴平行	
L	Y	X	X
M	Z	Z	Y
N	X	Y	Z

对于各向异性储层，式(6-40)和式(6-41)中的页岩渗透率可以用式(6-42)计算，并且井点处网格块的等效半径可以用式(6-43)计算(渗透率的方向参考表 6-1)：

$$K_0 = \sqrt{k_{\mathrm{l}} k_{\mathrm{m}}} \tag{6-42}$$

$$r_{\mathrm{e}} = 0.28 \frac{\left[\left(k_{\mathrm{l}} / k_{\mathrm{m}} \right)^{1/2} \Delta m^2 + \left(k_{\mathrm{m}} / k_{\mathrm{l}} \right)^{1/2} \Delta l^2 \right]^{1/2}}{\left(k_{\mathrm{l}} / k_{\mathrm{m}} \right)^{1/4} + \left(k_{\mathrm{m}} / k_{\mathrm{l}} \right)^{1/4}} \tag{6-43}$$

6.3　页岩气输运的数值模型

6.3.1　模型的可解性分析

整个数学模型包括四个未知数，包括：气相压力(p_{g})、水相压力(p_{w})、气相饱和度(s_{g})和水相饱和度(s_{w})。同时，有 4 个方程描述气体和地层水在页岩气藏中的流动，分别是：气相和水相的质量守恒方程、饱和度归一化关系式和毛管压力关系式。由于方程的数量和未知数的个数是相等的，因此数学模型是可解的。

6.3.2　模型的求解方法

本章采用顺序求解方法来求解建立的页岩气输运的数学模型。首先用隐式方法来求解压力方程，然后用显式方法来求解饱和度，称为隐压显饱法。针对页岩气输运模型，IMPES 方法的求解思路如下[10]：

(1) 将气、水之间的毛管压力关系式代入式(6-33)中，消去 p_{w}，从而得到只含 p_{g}、s_{g} 和 s_{w} 的方程组。

(2) 将气、水的渗流方程乘以系数后合并，利用饱和度约束方程消去方程组中的 s_g，s_w 项，得到只含有 p_g 的综合方程，称为压力方程。

(3) 写出压力方程的差分方程，其中传导系数、毛管压力和产量项中与时间有关的非线性项均采用显式处理方法，得到只含变量 p_g 的线性代数方程组。

(4) 求解线性代数方程组得到 p_g，然后根据毛管压力关系式得到 p_w。

(5) 由气相流动方程显式计算出气相饱和度 s_g，再由饱和度约束方程计算出水相饱和度 s_w。

1. 压力方程的推导

将毛管压力辅助方程式(6-35)代入气相和水相的流动方程：

$$\nabla\cdot\left[\lambda_g\nabla p_g\right]-\nabla\cdot\left[\lambda_g\nabla\left(\rho_g gD\right)\right]-q_g=\frac{\partial}{\partial t}\left(\phi\frac{s_g}{B_g}+\rho_{bi}\frac{V_L p_g}{p_L+p_g}\right) \tag{6-44}$$

$$\nabla\cdot\left[\lambda_w\nabla p_g\right]-\nabla\cdot\left[\lambda_w\nabla\left(p_{cgw}+\rho_w gD\right)\right]-q_w=\frac{\partial}{\partial t}\left(\phi\frac{s_w}{B_w}\right) \tag{6-45}$$

式中：

$$\lambda_w=\frac{\vec{k}_0\xi k_{rw}}{B_w\mu_w},\quad \lambda_g=\frac{\vec{k}_0\xi k_{rg}}{B_g\mu_g} \tag{6-46}$$

在式(6-44)和式(6-45)中，未知量为 p_g、s_g 和 s_w 3 个。接下来消去 s_g 和 s_w 两个未知数，使方程变成只含一个未知数 p_g 的压力方程。

由于气、水两相的体积系数、储层孔隙度均是压力的函数，利用复合函数的求导法则，将式(6-44)和式(6-45)的右边中的导数项对时间展开，可得

$$\frac{\partial}{\partial t}\left(\frac{\phi s_g}{B_g}+\rho_{bi}\frac{V_L p_g}{p_L+p_g}\right)=\frac{\phi}{B_g}\frac{\partial s_g}{\partial t}+\frac{s_g}{B_g}\frac{\partial\phi}{\partial p_g}\frac{\partial p_g}{\partial t}-s_g\frac{\phi}{B_g^2}\frac{\partial B_g}{\partial p_g}\frac{\partial p_g}{\partial t}+\frac{\rho_{bi}V_L p_L}{\left(p_L+p_g\right)^2}\frac{\partial p_g}{\partial t} \tag{6-47}$$

$$\frac{\partial}{\partial t}\left(\frac{\phi s_w}{B_w}\right)=\frac{\phi}{B_w}\frac{\partial s_w}{\partial t}+\frac{s_w}{B_w}\frac{\partial\phi}{\partial p_g}\frac{\partial p_g}{\partial t}-s_w\frac{\phi}{B_w^2}\frac{\partial B_w}{\partial p_g}\frac{\partial p_g}{\partial t} \tag{6-48}$$

将式(6-47)乘 B_g，式(6-48)乘 B_w，并将两式相加，则可得

$$\begin{aligned}&B_g\frac{\partial}{\partial t}\left(\frac{\phi s_g}{B_g}+\rho_{bi}\frac{V_L p_g}{p_L+p_g}\right)+B_w\frac{\partial}{\partial t}\left(\frac{\phi s_w}{B_w}\right)\\&=\left[\left(s_g+s_w\right)\frac{\partial\phi}{\partial p_g}-s_g\frac{\phi}{B_g}\frac{\partial B_g}{\partial p_g}-s_w\frac{\phi}{B_w}\frac{\partial B_w}{\partial p_g}+B_g\frac{\rho_{bi}V_L p_L}{\left(p_L+p_g\right)^2}\right]\frac{\partial p_g}{\partial t}\\&=\phi\left[C_p+s_g C_g+s_w C_w+\frac{B_g}{\phi}\frac{\rho_{bi}V_L p_L}{\left(p_L+p_g\right)^2}\right]\frac{\partial p_g}{\partial t}=\phi C_t\frac{\partial p_g}{\partial t}\end{aligned} \tag{6-49}$$

式中，C_p、C_g 和 C_w 分别为储层岩石孔隙、气、水的压缩系数，定义如下：

$$C_p=\frac{1}{\phi}\frac{\partial\phi}{\partial p_g},\quad C_g=-\frac{1}{B_g}\frac{\partial B_g}{\partial p_g},\quad C_w=-\frac{1}{B_w}\frac{\partial B_w}{\partial p_g} \tag{6-50}$$

C_t 为综合压缩系数，是储层岩石孔隙、气、水的压缩系数的加权平均，定义为

$$C_t = C_p + s_g C_g + s_w C_w + \frac{B_g}{\phi} \frac{\rho_{bi} V_L p_L}{\left(p_L + p_g\right)^2} \tag{6-51}$$

式(6-44)和式(6-45)的左端项也乘以相应的系数并相加，可得压力方程：

$$B_g\left[\nabla\cdot\left(\lambda_g \nabla p_g\right) + CG_g - q_g\right] + B_w\left[\nabla\cdot\left[\lambda_w \nabla p_g\right] + CG_w - q_w\right] = \phi C_t \frac{\partial p_g}{\partial t} \tag{6-52}$$

在式(6-52)中，定义：

$$CG_g = -\nabla\cdot\left[\lambda_g \nabla\left(\rho_g g D\right)\right] \tag{6-53}$$

$$CG_w = -\nabla\cdot\left[\lambda_w \nabla\left(p_{cgw} + \rho_w g D\right)\right] \tag{6-54}$$

2. 隐式求解压力

对压力方程式(6-52)进行差分，且式子两端同乘单元体体积 $V_B = \Delta x_i \Delta y_j \Delta z_k$。由于差分方程展开项太多，在此先以 $V_B \cdot \nabla\cdot(\lambda_g \nabla p_g)$ 为例进行分析。

$$\begin{aligned}
& V_B \cdot \nabla\cdot\left(\lambda_g \nabla p_g\right) \\
&= V_B \cdot \left[\frac{\lambda_{gi+1/2,j,k} \dfrac{p_{gi+1,j,k} - p_{gi,j,k}}{0.5\left(\Delta x_{i+1} + \Delta x_i\right)} + \lambda_{gi-1/2,j,k} \dfrac{p_{gi-1,j,k} - p_{gi,j,k}}{0.5\left(\Delta x_{i-1} + \Delta x_i\right)}}{\Delta x_i}\right] \\
&+ V_B \cdot \left[\frac{\lambda_{gi,j+1/2,k} \dfrac{p_{gi,j+1,k} - p_{gi,j,k}}{0.5\left(\Delta y_{j+1} + \Delta y_i\right)} + \lambda_{gi,j-1/2,k} \dfrac{p_{gi,j-1,k} - p_{gi,j,k}}{0.5\left(\Delta y_{j-1} + \Delta y_j\right)}}{\Delta y_j}\right] \\
&+ V_B \cdot \left[\frac{\lambda_{gij,k+1/2,} \dfrac{p_{gi,j,k+1} - p_{f\,gi,j,k}}{0.5\left(\Delta z_{k+1} + \Delta z_k\right)} + \lambda_{gi,j,k-1/2} \dfrac{p_{gi,j,k-1} - p_{gi,j,k}}{0.5\left(\Delta z_{k-1} + \Delta z_k\right)}}{\Delta z_k}\right] \\
&= \frac{\Delta y_j \cdot \Delta z_k \cdot k_{i+1/2,j,k}}{0.5\left(\Delta x_{i+1} + \Delta x_i\right)} \cdot \left(\frac{\xi k_{rg}}{B_g \mu_g}\right)_{i+1/2,j,k} \cdot \left(p_{gi+1,j,k} - p_{gi,j,k}\right) \\
&+ \frac{\Delta y_j \cdot \Delta z_k \cdot k_{i-1/2,j,k}}{0.5\left(\Delta x_{i-1} + \Delta x_i\right)} \cdot \left(\frac{\xi k_{rg}}{B_g \mu_g}\right)_{i-1/2,j,k} \cdot \left(p_{gi-1,j,k} - p_{gi,j,k}\right) \\
&+ \frac{\Delta x_i \cdot \Delta z_k \cdot k_{i,j+1/2,k}}{0.5\left(\Delta y_{j+1} + \Delta y_i\right)} \cdot \left(\frac{\xi k_{rg}}{B_g \mu_g}\right)_{i,j+1/2,k} \cdot \left(p_{gi,j+1,k} - p_{gi,j,k}\right) \\
&+ \frac{\Delta x_i \cdot \Delta z_k \cdot k_{i,j-1/2,k}}{0.5\left(\Delta y_{j-1} + \Delta y_j\right)} \cdot \left(\frac{\xi k_{rg}}{B_g \mu_g}\right)_{i,j-1/2,k} \cdot \left(p_{gi,j-1,k} - p_{gi,j,k}\right) +
\end{aligned}$$

$$+\frac{\Delta x_i\cdot\Delta y_j\cdot k_{i,j,k+1/2}}{0.5\left(\Delta z_{k+1}+\Delta z_k\right)}\cdot\left(\frac{\xi k_{rg}}{B_g\mu_g}\right)_{i,j,k+1/2}\cdot\left(p_{gi,j,k+1}-p_{gi,j,k}\right)$$

$$+\frac{\Delta x_i\cdot\Delta y_j\cdot k_{i,j,k-1/2}}{0.5\left(\Delta z_{k-1}+\Delta z_k\right)}\cdot\left(\frac{\xi k_{rg}}{B_g\mu_g}\right)_{i,j,k-1/2}\cdot\left(p_{gi,j,k-1}-p_{gi,j,k}\right)$$

$$+T_{gxi+1/2,j,k}\left(p_{gi+1,j,k}-p_{gi,j,k}\right)+T_{gxi-1/2,j,k}\left(p_{gi-1,j,k}-p_{gi,j,k}\right) \tag{6-55}$$

$$+T_{gyi,j+1/2,k}\left(p_{gi,j+1,k}-p_{gi,j,k}\right)+T_{gxi,j-1/2,k}\left(p_{gi,j-1,k}-p_{fgi,j,k}\right)$$

$$+T_{gzi,j,k+1/2}\left(p_{gi,j,k+1}-p_{gi,j,k}\right)+T_{gzi,j,k-1/2}\left(p_{gi,j,k-1}-p_{gi,j,k}\right)$$

为了简化差分方程，引入符号：

$$\Delta T\Delta p=\Delta_x T_x\Delta p_x+\Delta_y T_y\Delta p_y+\Delta_z T_z\Delta p_z \tag{6-56}$$

其中：

$$\Delta_x T_x\Delta p_x=T_{i+1/2,j,k}\left(p_{i+1,j,k}-p_{i,j,k}\right)+T_{i-1/2,j,k}\left(p_{i-1,j,k}-p_{i,j,k}\right) \tag{6-57}$$

$$\Delta_y T_y\Delta p_y=T_{i,j+1/2,k}\left(p_{i,j+1,k}-p_{i,j,k}\right)+T_{i,j-1/2,k}\left(p_{i,j-1,k}-p_{i,j,k}\right) \tag{6-58}$$

$$\Delta_z T_z\Delta p_z=T_{i,j,k+1/2}\left(p_{i,j,k+1}-p_{i,j,k}\right)+T_{i,j,k-1/2}\left(p_{i,j,k-1}-p_{i,j,k}\right) \tag{6-59}$$

于是可得压力方程的差分方程：

$$B_{gi,j,k}\left[\Delta T_g^n\Delta p_{fg}^{n+1}-\Delta T_g^n\Delta\left(\rho_g gD\right)^n-Q_g\right]_{i,j,k}+B_{wi,j,k}\left[\Delta T_w^n\Delta p_{fg}^{n+1}-\Delta T_w^n\Delta\left(p_{cgw}+\rho_w gD\right)^n-Q_w\right]_{i,j,k}$$
$$=\left(\frac{V_p^n C_t^n}{\Delta t}\right)_{i,j,k}\left(p_{gi,j,k}^{n+1}-p_{gi,j,k}^n\right) \tag{6-60}$$

其中，$V_p=\phi V_B$，为网格块的孔隙体积。

在式(6-60)中，定义：

$$Q_g=q_g\cdot V_B\quad;\quad Q_w=q_w\cdot V_B \tag{6-61}$$

通过有限差分方法，对每一个网格块分别列出式(6-60)所对应的差分方程，最后可得三维页岩气藏中页岩气输运的气相压力方程的代数方程组如下：

$$AT_{i,j,k}p_{gi,j,k-1}^{n+1}+AS_{i,j,k}p_{gi,j-1,k}^{n+1}+AW_{i,j,k}p_{gi-1,j,k}^{n+1}+E_{i,j,k}p_{gi,j,k}^{n+1}+AE_{i,j,k}p_{gi+1,j,k}^{n+1}+AN_{i,j,k}p_{gi,j+1,k}^{n+1}$$
$$+AB_{i,j,k}p_{gi,j,k+1}^{n+1}=B_{i,j,k} \tag{6-62}$$

其中：

$$AT_{i,j,k}=B_{g\,i,j,k}^nT_{g\,i,j,k-1/2}^n+B_{w\,i,j,k}^nT_{w\,i,j,k-1/2}^n\ ;$$

$$AS_{i,j,k}=B_{g\,i,j,k}^nT_{g\,i,j-1/2,k}^n+B_{w\,i,j,k}^nT_{w\,i,j-1/2,k}^n\ ;$$

$$AW_{i,j,k}=B_{g\,i,j,k}^nT_{g\,i-1/2,j,k}^n+B_{w\,i,j,k}^nT_{w\,i-1/2,j,k}^n\ ;$$

$$AE_{i,j,k}=B_{g\,i,j,k}^nT_{g\,i+1/2,j,k}^n+B_{w\,i,j,k}^nT_{w\,i+1/2,j,k}^n\ ;$$

$$AN_{i,j,k}=B_{g\,i,j,k}^nT_{g\,i,j+1/2,k}^n+B_{w\,i,j,k}^nT_{w\,i,j+1/2,k}^n\ ;$$

$$AB_{i,j,k}=B_{g\,i,j,k}^nT_{g\,i,j,k+1/2}^n+B_{w\,i,j,k}^nT_{w\,i,j,k+1/2}^n\ ;$$

$$E_{i,j,k} = -\left[AT_{i,j,k} + AS_{i,j,k} + AW_{i,j,k} + AE_{i,j,k} + AN_{i,j,k} + AB_{i,j,k} + \frac{\left(V_{\mathrm{p}}C_{\mathrm{t}}\right)_{i,j,k}^{n}}{\Delta t}\right];$$

$$B_{i,j,k} = -B_{\mathrm{g}}^{n}\left[-\Delta T_{\mathrm{g}}^{n}\Delta\left(\rho_{\mathrm{g}}gD\right)^{n} - Q_{\mathrm{g}}\right] - B_{\mathrm{w}}^{n}\left[-\Delta T_{\mathrm{w}}^{n}\Delta\left(p_{\mathrm{cgw}} + \rho_{\mathrm{w}}gD\right)^{n} - Q_{\mathrm{w}}\right] - \frac{\left(V_{\mathrm{p}}C_{\mathrm{t}}\right)_{i,j,k}^{n}}{\Delta t}p_{\mathrm{g}\,i,j,k}^{n};$$

$T_{li,j,k}$ 为 l 相流体在网格间流动时的传导系数，表达式为

$$T_{l\ i\pm1/2,j,k} = \frac{\Delta y_j \cdot \Delta z_k \cdot k_{i\pm1/2,j,k}}{0.5\left(\Delta x_{i+1} + \Delta x_i\right)}\left(\frac{\xi k_{\mathrm{r}l}}{B_l\mu_l}\right)_{i\pm1/2,j,k} = T_{i\pm1/2,j,k}\lambda_{l\ i\pm1/2,j,k},\quad l=\mathrm{g,w} \tag{6-63}$$

$$T_{l\ i,j\pm1/2,k} = \frac{\Delta x_i \cdot \Delta z_k \cdot k_{i,j\pm1/2,k}}{0.5\left(\Delta y_{j+1} + \Delta y_j\right)}\left(\frac{\xi k_{\mathrm{r}l}}{B_l\mu_l}\right)_{i,j\pm1/2,k} = T_{i,j\pm1/2,k}\lambda_{l\ i,j\pm1/2,k},\quad l=\mathrm{g,w} \tag{6-64}$$

$$T_{l\ i,j,k\pm1/2} = \frac{\Delta x_i \cdot \Delta y_j \cdot k_{i,j,k\pm1/2}}{0.5\left(\Delta z_{k+1} + \Delta z_k\right)}\left(\frac{\xi k_{\mathrm{r}l}}{B_l\mu_l}\right)_{i,j,k\pm1/2} = T_{i,j,k\pm1/2}\lambda_{l\ i,j,k\pm1/2},\quad l=\mathrm{g,w} \tag{6-65}$$

上述传导系数由两部分参数组成：与时间无关的部分 T 和与时间有关的部分λ_l，T 采用调和平均计算：

$$k_{i\pm1/2,j,k} = \frac{2k_{i,j,k}k_{i\pm1,j,k}}{k_{i\pm1,j,k} + k_{i,j,k}},\quad k_{i,j\pm1/2,k} = \frac{2k_{i,j,k}k_{i,j\pm1,k}}{k_{i,j\pm1,k} + k_{i,j,k}},\quad k_{i,j,k\pm1/2} = \frac{2k_{i,j,k}k_{i,j,k\pm1}}{k_{i,j,k\pm1} + k_{i,j,k}} \tag{6-66}$$

λ_l 采用上游权处理方法：

$$\lambda_{l\ i\pm1/2,j,k} = \begin{cases}\lambda_{l\ i\pm1,j,k} & \text{由}i\pm1\text{流向}i\\ \lambda_{l\ i,j,k} & \text{由}i\text{流向}i\pm1\end{cases} \tag{6-67}$$

$$\lambda_{l\ i,j\pm1/2,k} = \begin{cases}\lambda_{l\ i,j\pm1,k} & \text{由}j\pm1\text{流向}j\\ \lambda_{l\ i,j,k} & \text{由}j\text{流向}j\pm1\end{cases} \tag{6-68}$$

$$\lambda_{l\ i,j,k\pm1/2} = \begin{cases}\lambda_{l\ i,j,k\pm1} & \text{由}k\pm1\text{流向}k\\ \lambda_{l\ i,j,k} & \text{由}k\text{流向}k\pm1\end{cases} \tag{6-69}$$

3. 显式计算饱和度

当气相压力方程通过隐式方法求解出来之后，可以通过气相饱和度的差分方程显式求解出 n+1 时间步的气相饱和度：

$$\left[\Delta T_{\mathrm{g}}^{n}\Delta p_{\mathrm{g}}^{n+1} - \Delta T_{\mathrm{g}}^{n}\Delta\left(\rho_{\mathrm{g}}gD\right)^{n} - Q_{\mathrm{g}}\right]_{i,j,k} = \frac{1}{\Delta t}\left[\left(\frac{\phi s_{\mathrm{g}}}{B_{\mathrm{g}}} + \rho_{\mathrm{bi}}\frac{V_{\mathrm{L}}p_{\mathrm{g}}}{p_{\mathrm{L}} + p_{\mathrm{g}}}\right)_{i,j,k}^{n+1} - \left(\frac{\phi s_{\mathrm{g}}}{B_{\mathrm{g}}} + \rho_{\mathrm{bi}}\frac{V_{\mathrm{L}}p_{\mathrm{g}}}{p_{\mathrm{L}} + p_{\mathrm{g}}}\right)_{i,j,k}^{n}\right] \tag{6-70}$$

当求解出 n+1 时间步的气相饱和度 s_{g} 之后，通过饱和度约束方程式(6-34)可以求解出 n+1 时间步水相饱和度 s_{w}：

$$s_{\mathrm{w}}^{n+1} = 1 - s_{\mathrm{g}}^{n+1} \tag{6-71}$$

6.3.3 井的处理方法

在数值模型中，如果在某一网格处有井存在，则把井的产量作为点源或点汇来处理，并且在该网格建立的差分方程中增加一个产量项。因此，井的处理问题，也就是差分方程中产量项的处理问题。

在数值模拟中，一般将网格内生产井的流动近似看成拟稳态流，其网格处的产量计算公式为

$$q_l = \frac{2\pi\Delta n\xi k_0 k_{rl}}{B_l\mu_l}\frac{1}{\ln r_e/r_w + S}\left(p_{l\,i,j,k} - p_{wf}\right) \tag{6-72}$$

式中，k_{rl}——l 相流体的相对渗透率；

r_e——井点处网格块的等效半径，m；

r_w——井筒半径，m；

S——表皮因子；

p_{wf}——井底流压，Pa；

Δn——在 n 方向的网格步长，m。针对不同井型，Δn 的选择参考表 6-1。

那么井的生产指数可以定义为

$$\mathrm{PID} = \frac{2\pi\Delta n k_0}{\ln r_e/r_w + S} \tag{6-73}$$

1. 定产气量

给定生产井各小层总的产气量 Q_{vg}，假设生产井共射穿 N 个完井段，则第 k 完井段的产气量为

$$Q_{vgk} = Q_{vg}\cdot\frac{\left(\mathrm{PID}\cdot\dfrac{\lambda_g}{B_g}\right)_k}{\sum\limits_{k=1}^{N}\left(\mathrm{PID}\cdot\dfrac{\lambda_g}{B_g}\right)_k} \tag{6-74}$$

当已知第 k 完井段的产气量 Q_{vgk}，可得第 k 完井段的产水量：

$$Q_{vwk} = Q_{vgk}\cdot\frac{\left(\dfrac{\lambda_w}{B_w}\right)_k}{\left(\dfrac{\lambda_g}{B_g}\right)_k} \tag{6-75}$$

2. 定井底流压

当采用显式处理网格块的压力时，即将 n 时刻的网格块压力作为供给压力，直接代入式(6-72)计算产量。当井底流压为 p_{wf} 时，各完井段的产气量为

$$Q_{vgk} = \left(\mathrm{PID}\cdot\frac{\lambda_g}{B_g}\right)_k^n\cdot\left(p^n - p_{wf}\right)_k \tag{6-76}$$

各完井段的产水量可以用下式计算，也可通过式(6-75)进行计算。

$$Q_{\mathrm{vw}k}=\left(\mathrm{PID}\cdot\frac{\lambda_{\mathrm{w}}}{B_{\mathrm{w}}}\right)_k^n\cdot\left(p^n-p_{\mathrm{wf}}\right)_k \tag{6-77}$$

6.4　页岩气输运的计算机模型

在本章的前两节内容中，建立了页岩气藏气-水两相流动的数学模型，并通过有限差分方法推导出其数值模型。由于模拟网格块数量及相关数据量过于庞大，因此需要将数值模型的求解过程编制成计算机程序来得到想要的结果。计算机模型中包括：静态数据的输入、系数矩阵的形成及求解和结果输出等。

Matlab(MATrix LABoratory——矩阵实验室)软件是一款基于矩阵运算的计算机编程语言。考虑到页岩气藏气-水两相流动的数值模型需要进行大量矩阵运算，并且 Matlab 软件是基于矩阵运算、自带大量的函数以及拥有强大的 2D 和 3D 图像输出功能。因此，本章将通过 Matlab 软件进行整个模型的编译工作。程序具体流程如下(图 6-2)。

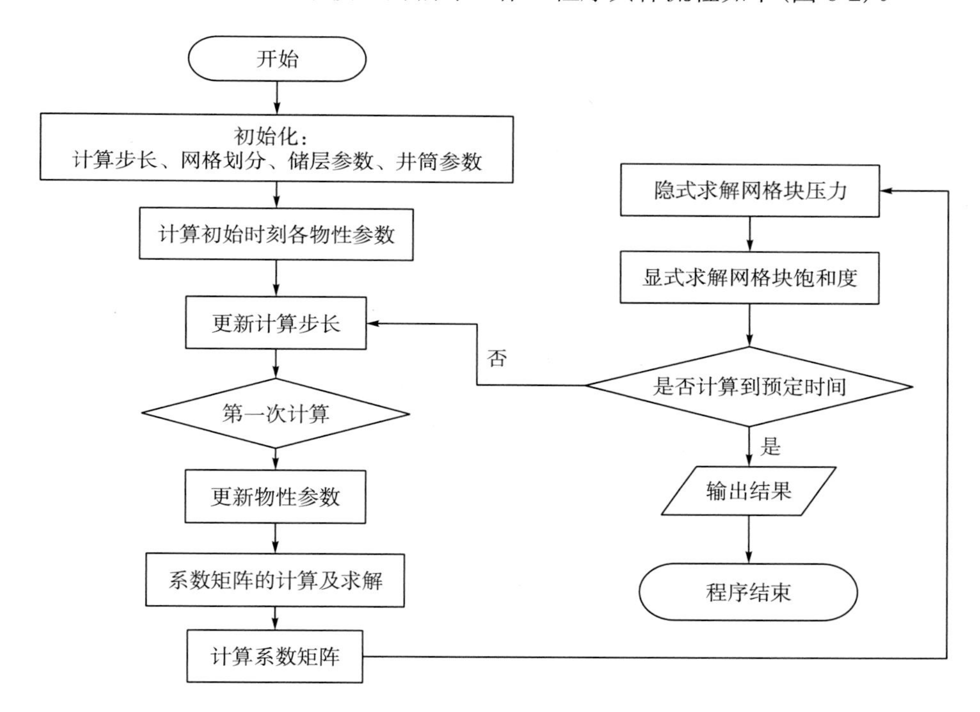

图 6-2　程序流程图

本章建立的页岩气藏实际尺寸为 1500m×750m×50m，将气藏划分为 114×21×1 的网格系统，具体的网格尺寸及压裂水平井分布如图 6-3 所示。压裂水平井位于气藏中心，并通过网格加密和采用等效导流能力方法来模拟水力压裂裂缝。

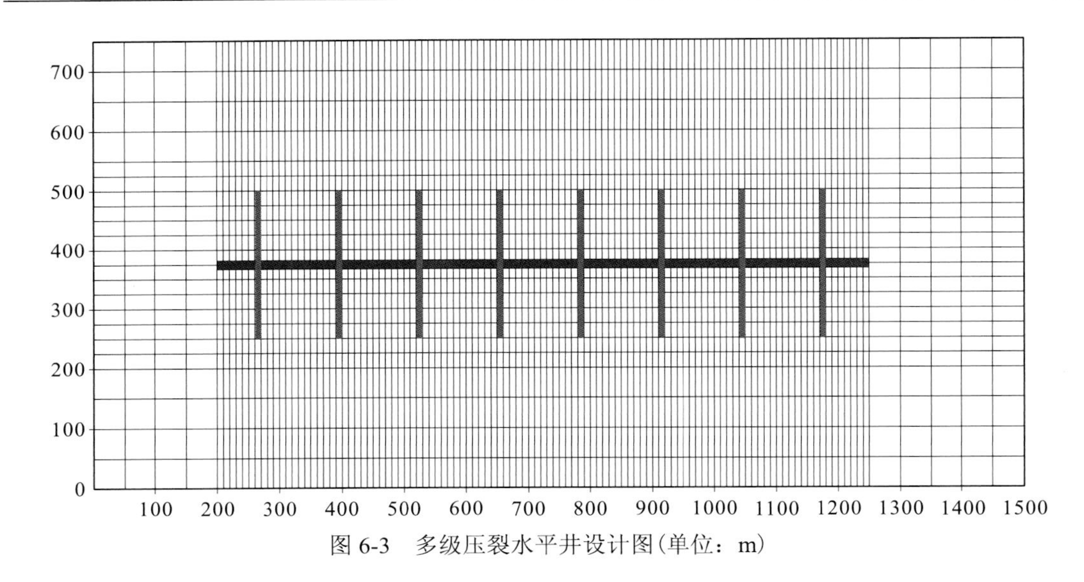

图 6-3 多级压裂水平井设计图(单位：m)

6.5 页岩气藏压裂水平井开采模型验证

本章建立的页岩气藏多级压裂水平井模型在现有的商业软件上做了一定的创新，因此需要对该模型的正确性进行验证。本小节先后开展了编制模型与商业软件的对比、采用不同方法编制的模型之间的对比，以及与现场数据的对比验证研究工作。

6.5.1 与商业软件对比

由于商业软件中的页岩气模块考虑的渗流机理较为简单，并未考虑到页岩纳米级孔隙中存在的 Knudsen 扩散及滑脱效应，因此该模型与商业软件主要对比常规气藏(储层孔隙中的气体流动均为达西流动)直井模型的开采规律。本节采用 Eclipse 软件与编制模型进行对比验证，模型中输入的储层及井筒的物性参数如表 6-2 所示。

表 6-2 模拟计算参数

参数	数值	参数	数值
x 方向维数	10	初始压力/MPa	28
y 方向维数	10	气藏温度/℃	80
z 方向维数	3	孔隙度	0.1
x 方向网格步长/m	40	气体压缩系数/MPa^{-1}	1.29×10^{-2}
y 方向网格步长/m	40	水压缩系数/MPa^{-1}	4.35×10^{-4}
z 方向网格步长/m	10	岩石压缩系数/MPa^{-1}	1.0×10^{-4}
x 方向渗透率/mD	1	水密度/(kg/m^3)	1000
x 方向渗透率/mD	1	气体比重	0.648
z 方向渗透率/mD	0.1	水的黏度/mPa·s	1
含气饱和度	0.5	井筒半径/m	0.08
埋深/m	2180	井底流压/MPa	16

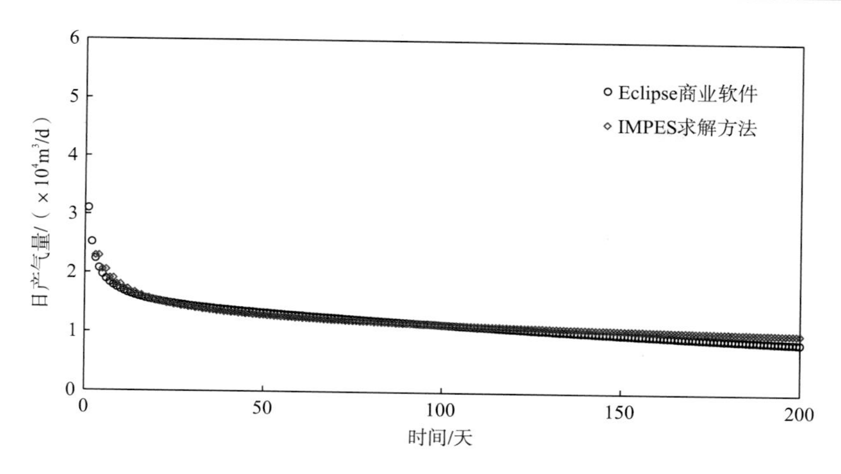

图 6-4　Eclipse 计算日产气量与本模型计算结果对比图

图 6-4 给出了简化的气藏模拟模型与 Eclipse 软件计算的日产气量的对比曲线，从图 6-4 上可以看出，两个模型的计算结果趋势相同，且计算的日产气量拟合精度也较高，从而验证了建立的模型的正确性、可靠性。

6.5.2　与其他模型对比

上节中已经验证了该模型计算的正确性和可靠性，本节在模型中加入页岩气的储存及渗流机理以及压裂水平井的模拟，通过不同的求解方法(IMPES 求解方法和全隐式求解方法)所得模型来验证页岩气藏压裂水平井模型计算的正确性，模型所用基本参数如表 6-3 所示。

表 6-3　数值模拟基本参数

气藏参数	
地层深度/m	2180
有效厚度/m	50
气藏原始压力/MPa	29.65
气藏温度/℃	80
储层岩石参数	
页岩孔隙度	0.08
页岩渗透率/mD	1.5×10^{-4}
岩石初始密度/(kg/m^3)	2500
岩石压缩系数/MPa^{-1}	1.45×10^{-4}
储层流体参数	
Langmuir 压力常数/MPa	4.55
Langmuir 体积常数/(cm^3/g)	4.199
储层流体参数	
初始含气饱和度	0.6
气体比重	0.65
地层水的密度/(kg/m^3)	1000
地层气体、水的压缩系数/MPa^{-1}	1.29×10^{-2}、4.35×10^{-4}
气体压缩因子	0.89

续表

压裂水平井参数	
水平井长度/m	1050
压裂级数	8
压裂间隔/m	130
裂缝半长/m	125
井筒半径/m	0.08

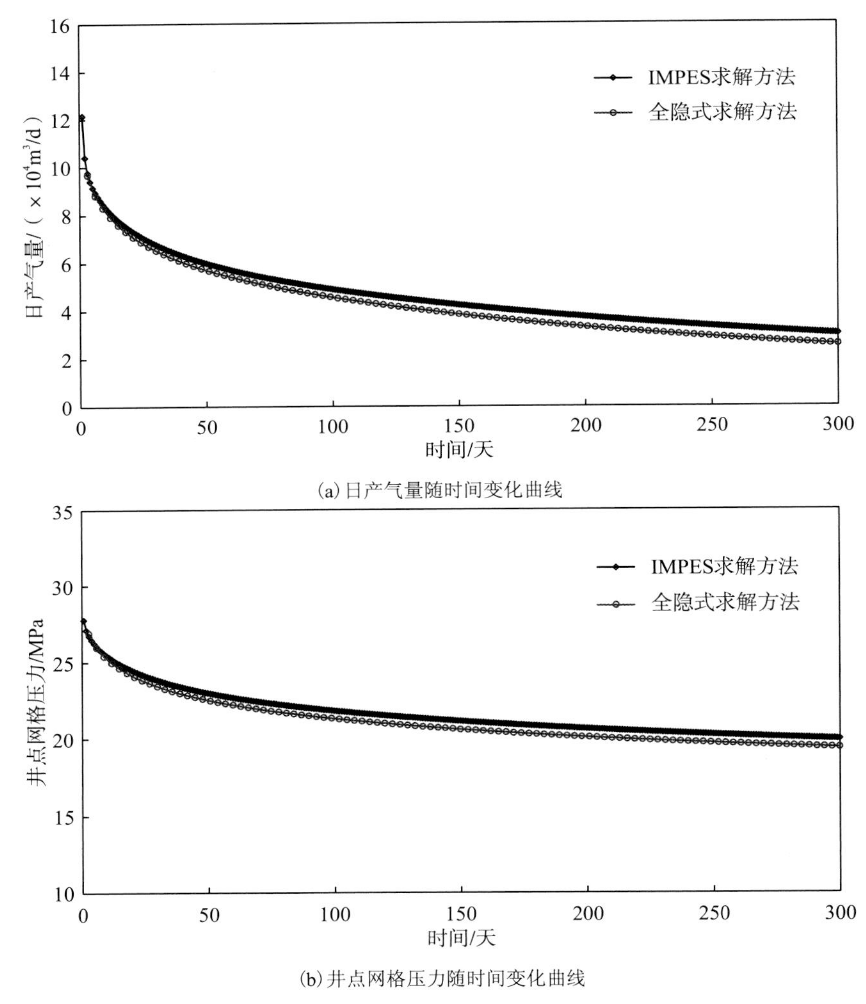

(a) 日产气量随时间变化曲线

(b) 井点网格压力随时间变化曲线

图 6-5 IMPES 求解方法与全隐式求解方法对比

通过不同求解方法(IMPES 求解方法和全隐式求解方法)得到的数值模型建立了一个网格系统为 114×21×1 的页岩气藏三维地质模型，具体的网格尺寸及压裂水平井分布如图 6-3 所示。图 6-5 给出了通过 IMPES 求解方法和全隐式求解方法得到的页岩气藏压裂水平井日产气量和井点网格处的压力的对比曲线。从图 6-5 上可以看出，两个模型计算的日产气量和井点网格处压力曲线趋势一致，且数值的拟合精度也较高，从而验证了建立的页岩气藏压裂水平井模型计算的正确性。

6.5.3　现场数据验证

为了验证建立的页岩气藏压裂水平井模型模拟页岩气开采过程的有效性，以参考文献[11]中页岩气藏和压裂水平井的数据为例，模拟了实际页岩气藏的开采过程。页岩气藏和压裂水平井的参数见参考文献[11]。

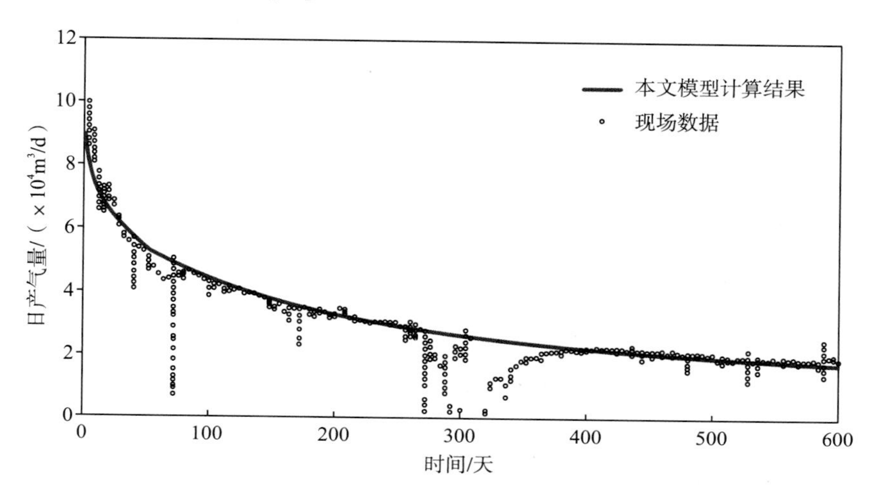

图 6-6　模型与现场数据拟合

图 6-6 为建立的页岩气藏模型计算的结果与现场数据的对比。从图 6-6 中可以看出，模型计算的日产气量与现场数据趋势一致，且两者之间拟合程度较高。因此，证明建立的页岩气藏模型的正确性和有效性。

6.5.4　模型的稳定性研究

本节主要研究网格大小及时间步长对模型(全隐式求解方法)计算稳定性的影响。表 6-4 给出了不同网格划分方案，方案 1 将气藏划分为 114×21×1 的网格系统，方案 2 将气藏划分为 51×21×1 的网格系统，方案 3 将气藏划分为 30×21×1 的网格系统。三种方案分别将水平段划分为平均步长为 10m、25m 和 50m 的网格(水平段总长度不变，均为 1050m)，在 y 方向上的网格总数和网格步长不变，具体的网格划分如图 6-7 所示。

表 6-4　不同网格划分方案的描述

方案名称	x 方向网格总数	x 方向网格步长
方案 1	114	1～4(50m)，5～109(10m)，110～114(50m)
方案 2	51	1～4(50m)，5～46(25m)，47～51(50m)
方案 3	30	1～4(50m)，5～25(50m)，26～30(50m)

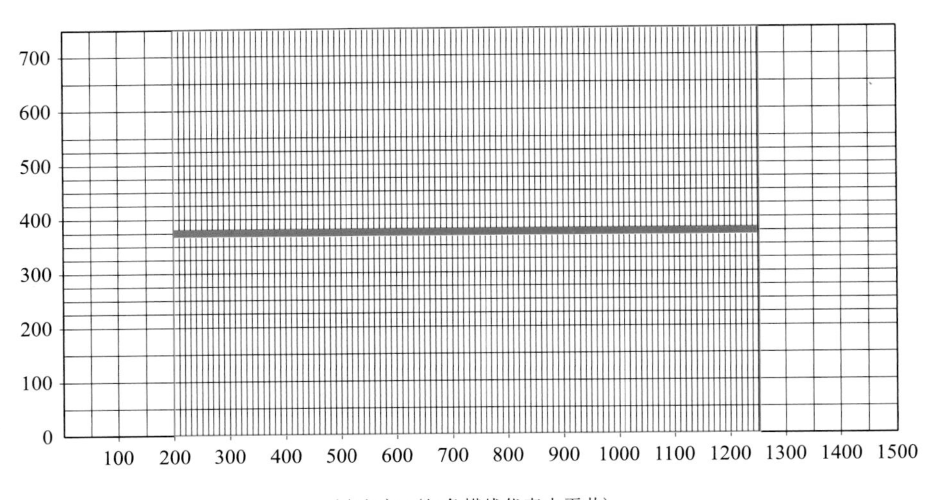

(a) 方案 1（红色横线代表水平井）

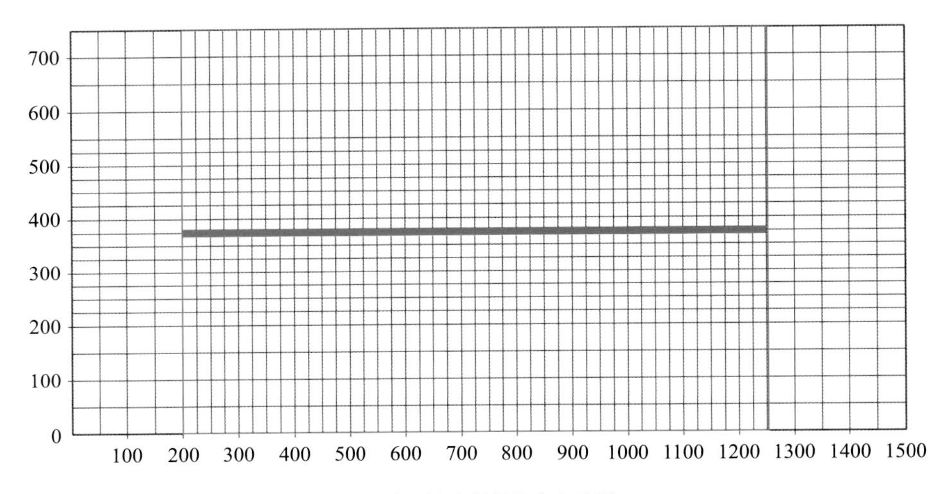

(b) 方案 2（红色横线代表水平井）

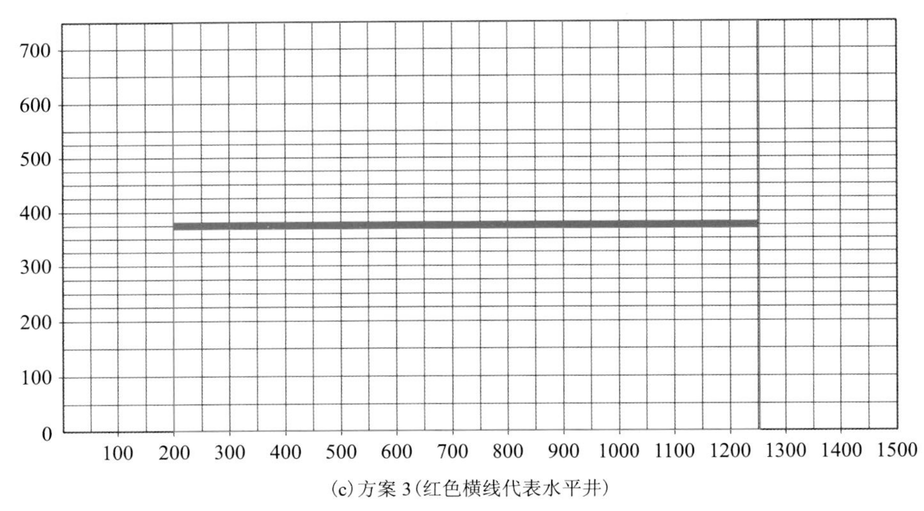

(c) 方案 3（红色横线代表水平井）

图 6-7　三种方案的网格划分示意图（单位：m）

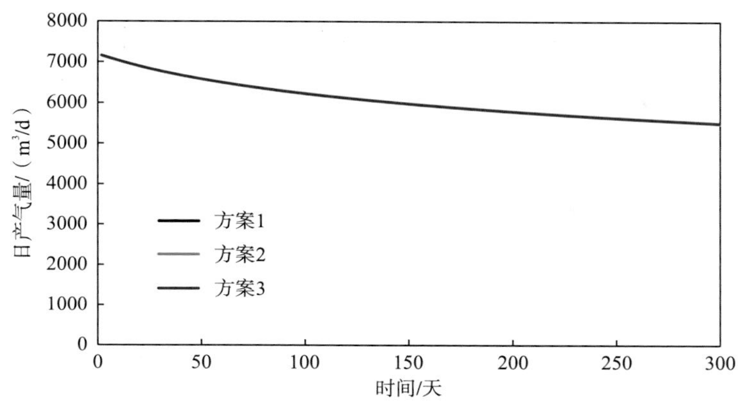

图 6-8　网格大小对模型(全隐式求解方法)计算稳定性的影响

图 6-8 为网格大小对模型(全隐式求解方法)计算的日产气量的影响。从图 6-8 中可以看出，虽然三种方案中的网格步长不同，但是计算出来的日产气量数值拟合程度非常高，从而说明模型计算的稳定性较高。

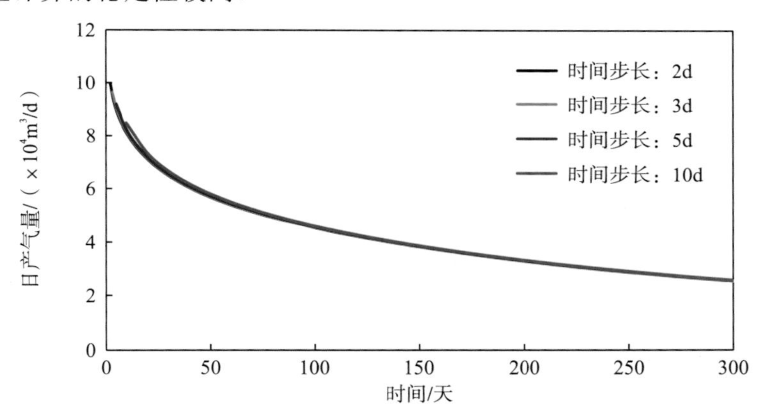

图 6-9　时间步长对模型(全隐式求解方法)计算稳定性的影响

图 6-9 为不同时间步长(时间步长分别为 2d、3d、5d 和 10d)对模型(全隐式求解方法)计算的日产气量的影响。从图 6-9 中可以看出，虽然模型中设定的时间步长不同，但是计算出来的日产气量数值拟合程度非常高，说明模型计算的稳定性较高。

6.6　页岩气藏多级压裂水平井生产动态分析

图 6-10 为压裂水平井生产不同天数下页岩气藏中相邻两条压裂裂缝的压力分布。从图 6-10 中可以看出，压裂水平井的生产可以划分为以下流动阶段。

Ⅰ：裂缝线性流阶段(图 3-16(a))。当压裂水平井生产 1～5d 时，气体从压裂裂缝两端流向井筒，压力开始下降。该阶段主要与裂缝导流能力相关。

Ⅱ：近井区双线性流阶段(图 3-16(b))。当压裂水平井生产 5～50d 时，裂缝附近储层中的气体向裂缝壁面流动，流入裂缝后再沿着裂缝方向流向井筒。此外，储存在井筒附近储层中的气体也开始被采出，但是储存在经过压裂改造的裂缝附近储层中的气体更容易被采出，因此压裂裂缝附近储层中的压力下降更快。该阶段主要与压裂裂缝参数相关；

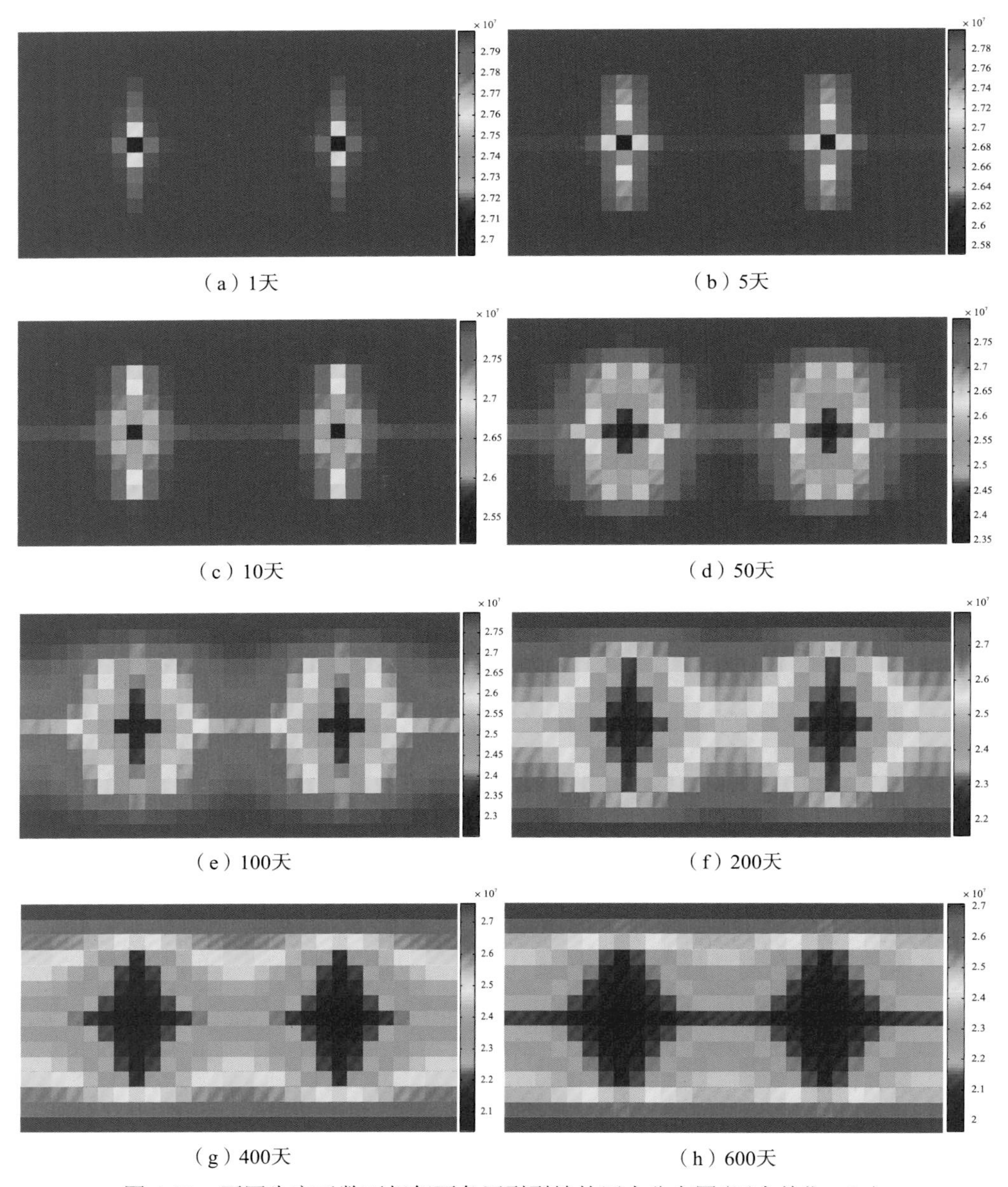

图 6-10 不同生产天数下相邻两条压裂裂缝的压力分布图(压力单位：Pa)

Ⅲ：裂缝拟径向流阶段(图 3-16(c))。当压裂水平井生产 50～200d 时，压力波尚未传播到相邻裂缝，各个压裂裂缝在气藏中独立作用，在个压裂裂缝周围逐渐形成拟径向流流动。该阶段主要与压裂裂缝参数及储层物性参数相关。

Ⅳ：压裂井线性流阶段(图 3-16(d))。当压裂水平井生产 200～600d 时，压力波传播至相邻裂缝，裂缝间相互影响，裂缝间的储层逐渐连通，地层中的气体流动主要为平行于裂缝方向的线性流。该阶段受裂缝参数、储层物性参数及气体吸附参数的综合影响。

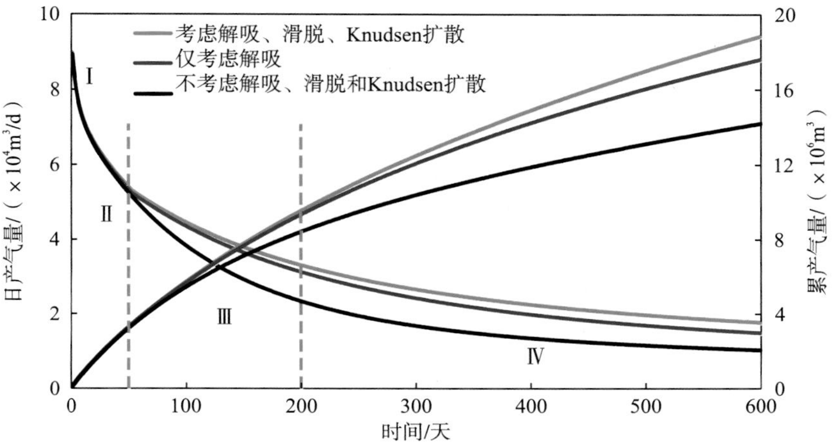

图 6-11　解吸、Knudsen 扩散和滑脱效应对产量的影响

图 6-11 为气体解吸作用、Knudsen 扩散和滑脱效应对多级压裂水平井的日产气量和累积产气量的影响。从图 6-11 中可以看出，由于 3 种模型的压裂水平井参数一致，因此在开采初期产量相同。但是在开采后期，忽略气体解吸、Knudsen 扩散和滑脱效应往往会低估页岩气藏压裂水平井产量。

将图 6-11 压裂水平井的日产气量曲线与图 6-10 中压裂水平井的不同流动阶段进行对比可以发现，当压裂水平井处于线性流阶段及双线性流阶段时，裂缝及裂缝附近储层中的气体更容易被采出，储层压力下降较快，且产量递减较快；当压裂水平井逐渐向裂缝拟径向流阶段和压裂井线性流阶段转变时，压裂裂缝周围越来越多的储层得到动用，且随压力下降，气体的解吸量增多、Knudsen 扩散和滑脱效应逐渐增强，从而使得产量递减逐渐变缓。

6.7　页岩气压裂水平井的产量影响因素分析

根据验证后的页岩气藏模拟器，本节主要研究了 Knudsen 扩散和滑脱效应、气体解吸作用、气-水两相流动，以及多级压裂水平井的相关参数对压裂水平井产量的影响。此外，对压裂水平井存在整体缝网和局部缝网的情况也进行了研究。

6.7.1　Knudsen 扩散和滑脱效应对产量的影响

图 6-12 给出了不同页岩渗透率情况下，压裂水平井生产 600 天时页岩气藏的气相压力分布。从图 6-12 中可以看出，人工压裂裂缝的压力下降得最快，并且越靠近压裂裂缝，储层压力越低。对比不同页岩渗透率条件下的储层压力，页岩渗透率越低，人工压裂裂缝的压力下降得越快并且得到动用的储层越少，导致压降漏斗越陡。这是因为对于渗透率较低

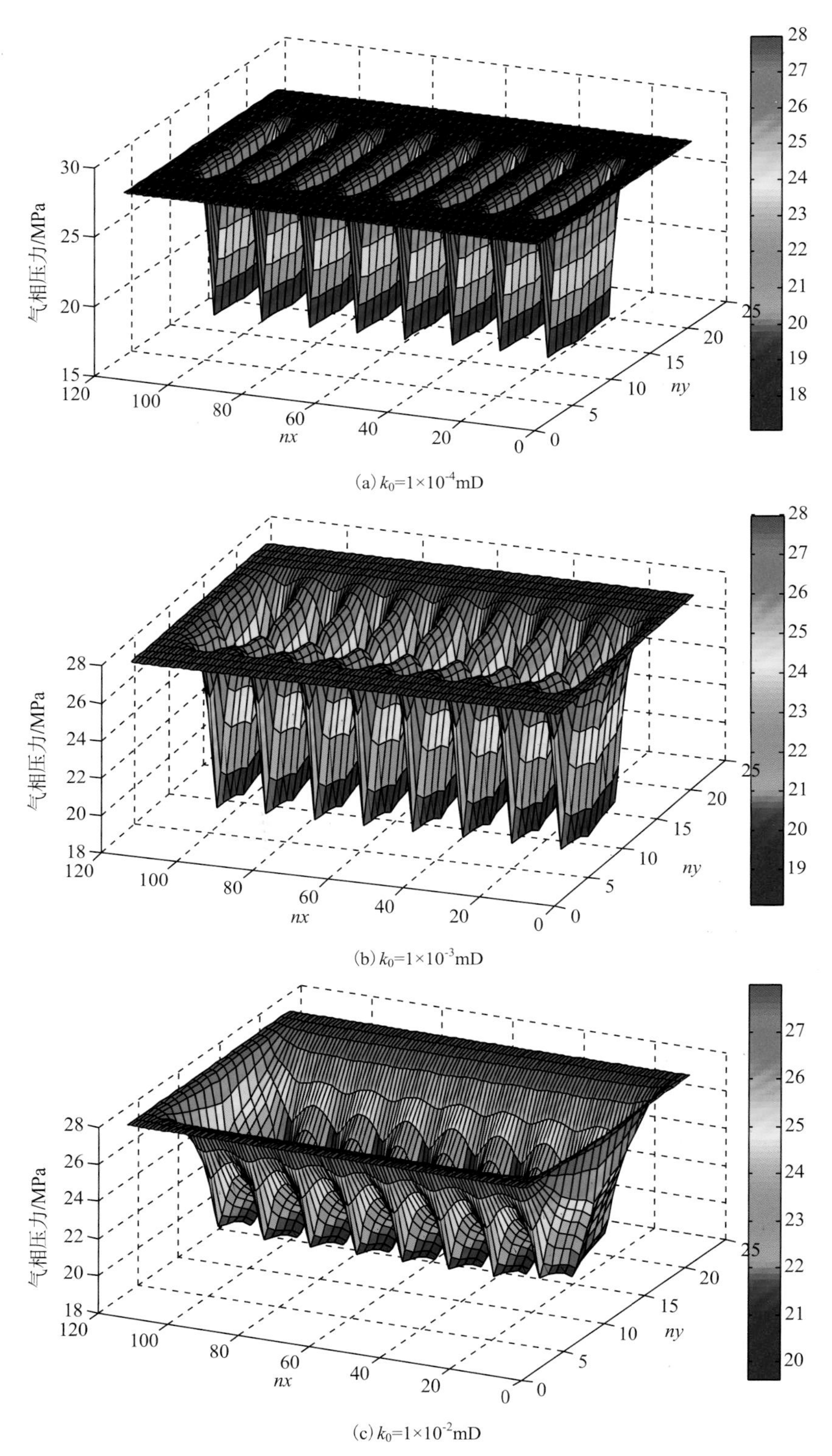

(a) $k_0=1\times10^{-4}$mD

(b) $k_0=1\times10^{-3}$mD

(c) $k_0=1\times10^{-2}$mD

图 6-12 考虑 Knudsen 扩散和滑脱效应的页岩气藏的气相压力分布图

（nx 和 ny 分别表示 x 方向和 y 方向的网格数）

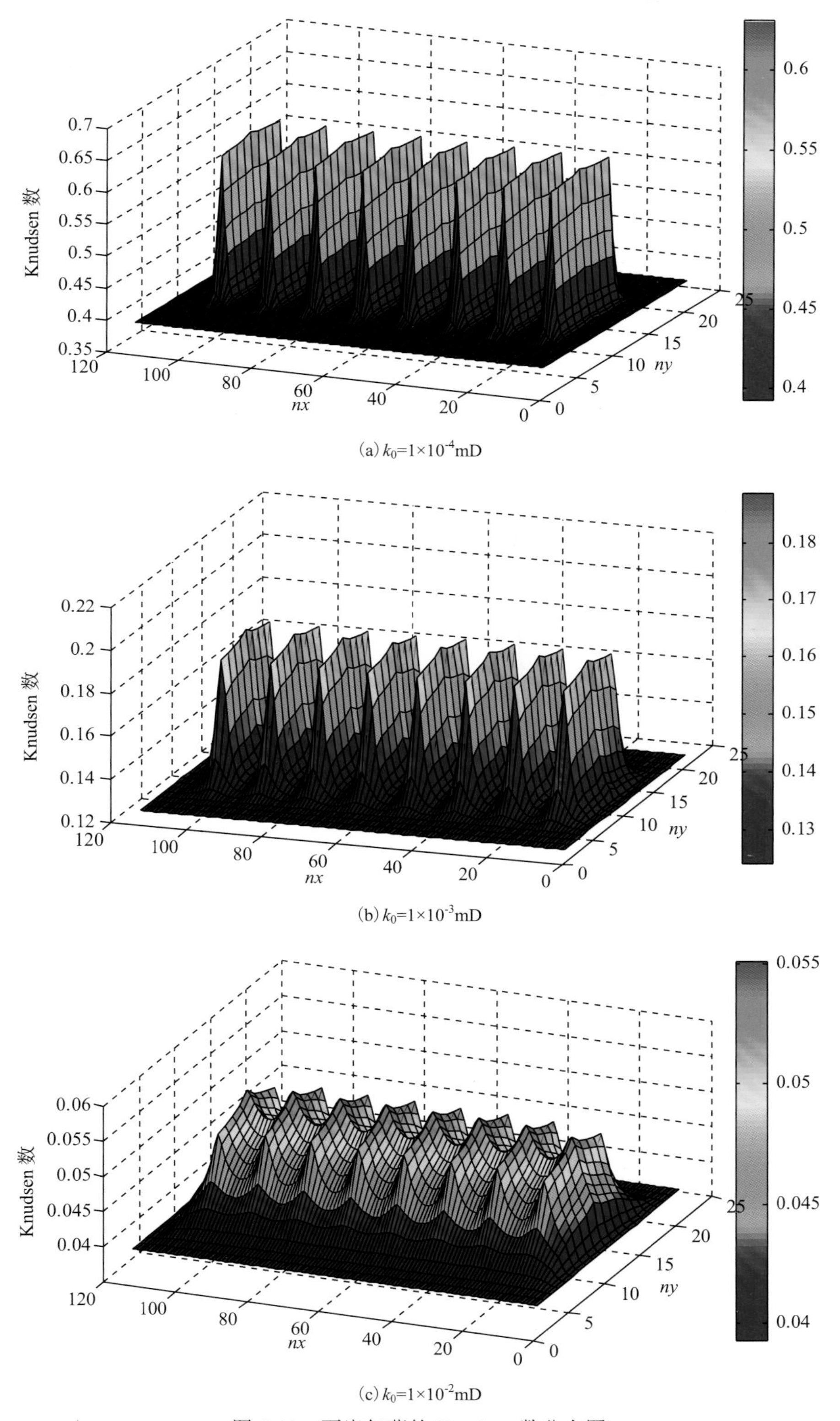

(a) $k_0=1\times10^{-4}$mD

(b) $k_0=1\times10^{-3}$mD

(c) $k_0=1\times10^{-2}$mD

图 6-13　页岩气藏的 Knudsen 数分布图

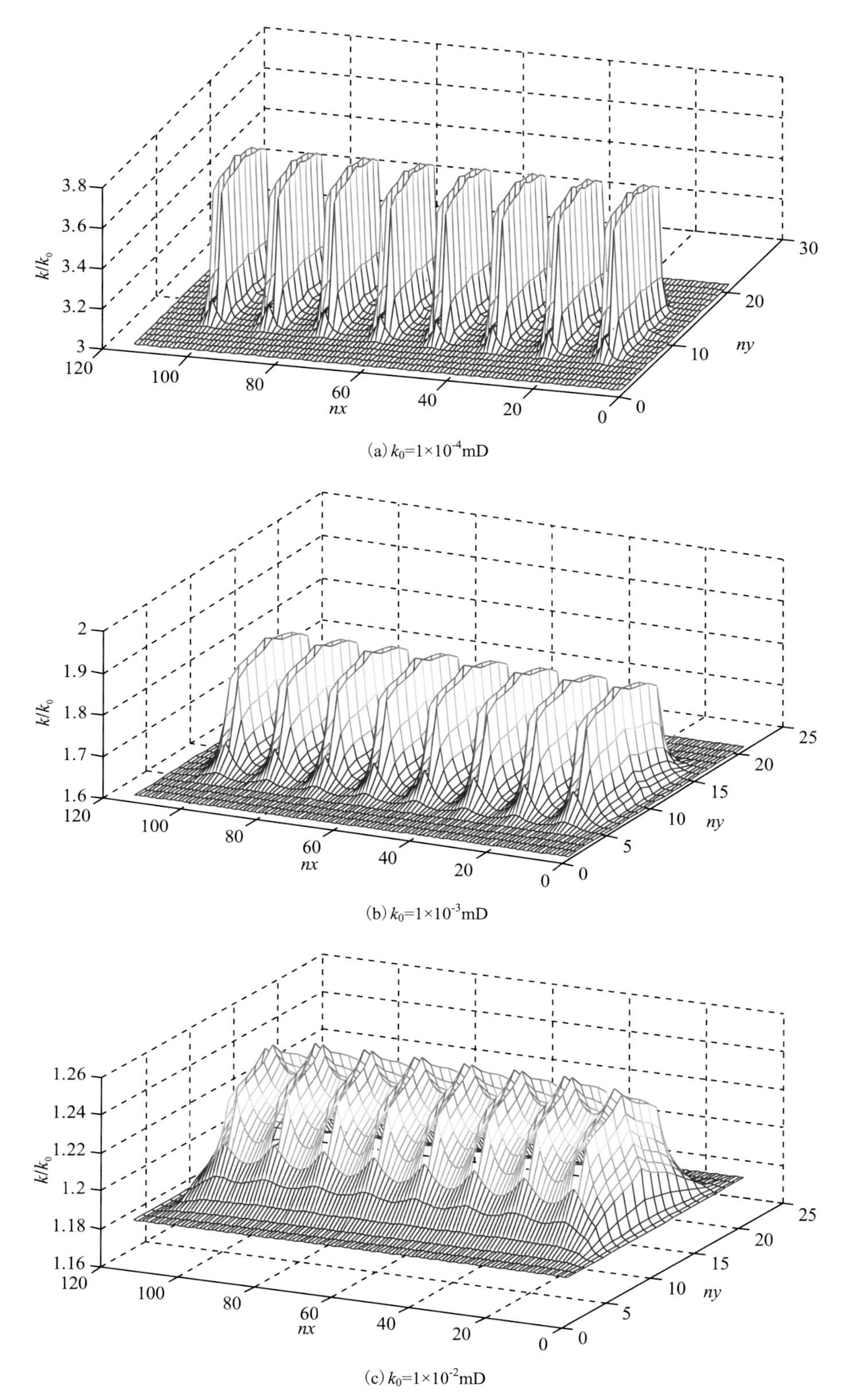

(a) $k_0=1\times10^{-4}$mD

(b) $k_0=1\times10^{-3}$mD

(c) $k_0=1\times10^{-2}$mD

图 6-14 页岩气藏的渗透率修正系数分布图(考虑 Knudsen 扩散与滑脱效应的多尺度渗流模型)

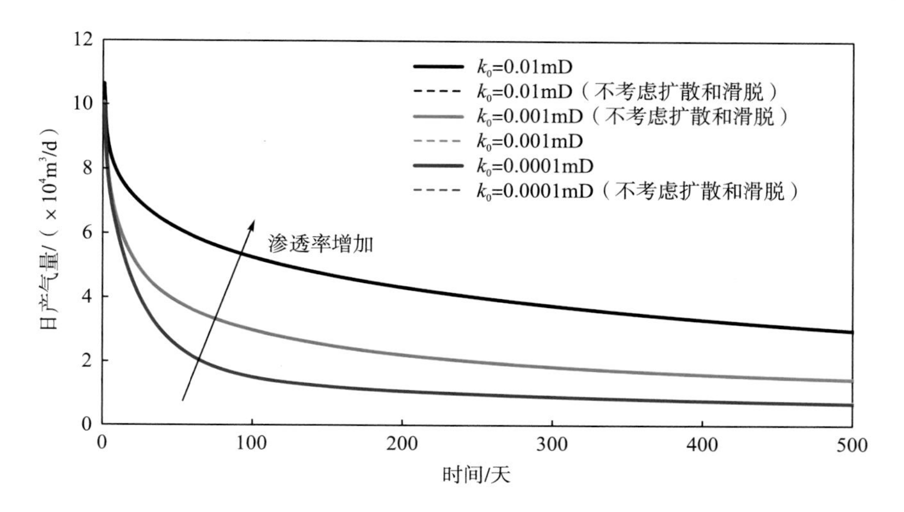

(a) 不同渗透率条件下的日产气量

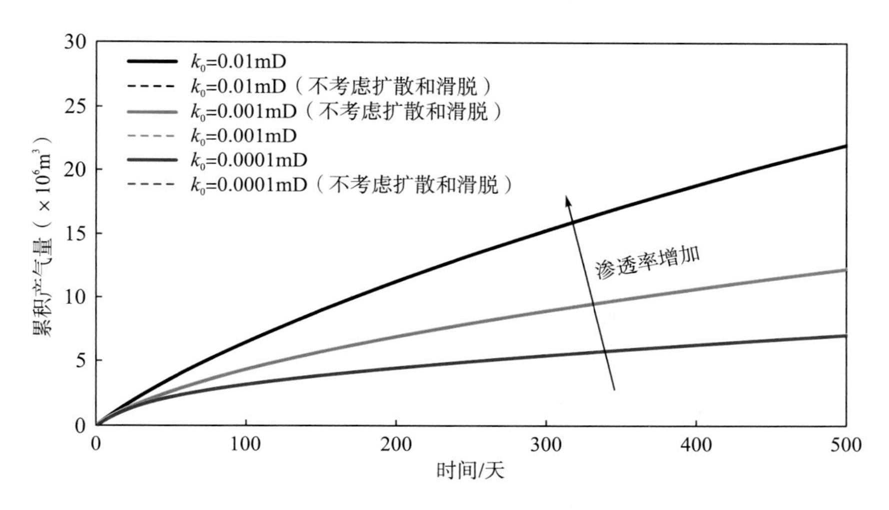

(b) 不同渗透率条件下的累积产气量

图 6-15　不同渗透率条件下扩散和滑脱效应对对压裂水平井产能的影响

的页岩储层，气体很难在如此致密的多孔介质中流动，因此储存在页岩中的气体无法及时补充到压裂裂缝中，当压裂裂缝中的气体被采出后裂缝中的压力迅速下降。并且与含有纳微米孔隙的页岩相比，储存在压裂裂缝及压裂裂缝附近储层中的气体更容易被采出从而使得压力下降更快。

图 6-13 显示了不同页岩渗透率情况下，压裂水平井在生产 600 天时页岩气藏的 Knudsen 数分布。从图 6-13 中可以看出，越靠近压裂裂缝，Knudsen 数变得越大。这是由于 Knudsen 数与压力呈负相关关系，因此压力越低，Knudsen 数越大。同时，当页岩渗透率降低时，压裂裂缝的压力降变大，压降漏斗变陡，因此越靠近压裂裂缝，Knudsen 数增加幅度越大。

图 6-14 绘制了不同页岩渗透率情况下，当压裂水平井生产 600 天时页岩气藏的渗透

率修正系数分布(k/k_0)。从图 6-14 中可以看出，每个网格的渗透率修正系数分布规律类似于 Knudsen 数的分布规律。根据式(6-4)，渗透率修正系数与 Knudsen 数呈正相关关系，因此渗透率修正系数随 Knudsen 数的增大而增大。

图 6-15 为不同页岩渗透率条件下多级压裂水平井的日产气量和累积产气量随时间变化曲线。从图 6-16 中可以看出，日产气量和累积产气量均随着页岩渗透率的增加而提高，且增长速度也随之变大。但是，相比于不考虑扩散和滑脱效应的日产量和累积产量，考虑扩散和滑脱效应时增加的日产气量和累积产量随页岩渗透率的增加而减少。这说明当页岩渗透率变小(孔隙尺寸减小)时，Knudsen 扩散和滑脱效应对压裂水平井的日产气量和累积产量的影响变大。

6.7.2 气体解吸对产量的影响

图 6-16 为不同 Langmuir 体积 V_L 对多级压裂水平井的日产气量和累积产气量的影响。当模型中不考虑气体解吸的时候，压裂水平井的日产气量递减加快。随着 Langmuir 体积

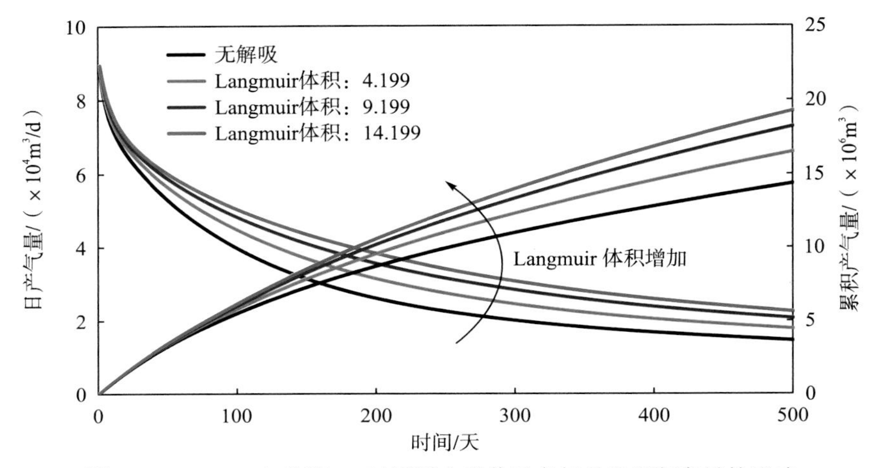

图 6-16 Langmuir 体积 V_L 对压裂水平井日产气量和累积产量的影响

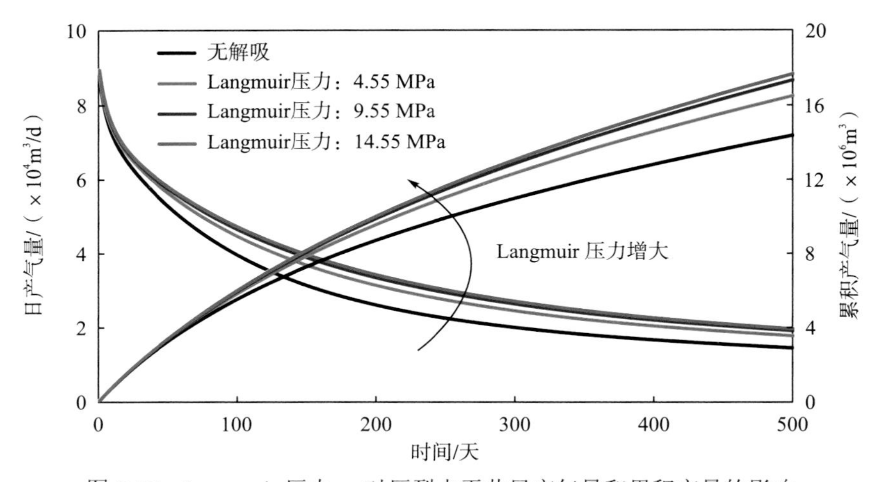

图 6-17 Langmuir 压力 p_L 对压裂水平井日产气量和累积产量的影响

V_L 增大，日产气量和累积产气量越大，然而产量的增长幅度逐渐减少。Langmuir 体积越大意味着储层中存储了更多的吸附气，因此当储层压力下降时有更多的气体解吸出来并伴随着游离气被采出。在图 6-17 中，Langmuir 压力 p_L 对压裂水平井日产气量和累积产气量的影响与 Langmuir 体积类似。当储层的压力降相同时，Langmuir 压力高的储层能解吸出更多气体。

6.7.3　初始含水饱和度对产量的影响

由于页岩气井不产水或产水极少，因此主要对比初始含水饱和度对压裂水平井产量的影响。图 6-18 为初始含水饱和度 s_w 对页岩气藏多级压裂水平井的日产气量和累积产气量的影响。初始含水饱和度越大，说明存储在裂缝和储层中的游离气越少，因此当初始含水饱和度变大时，开发初期的产气量会减少很多。同时，较高的含水饱和度会使得气相相对渗透率降低，也不利于气体在储层中流动。因此，初始含水饱和度越大，日产气量越低，累积产气量也随之减少，且初始含水饱和度对气井产量影响较大。

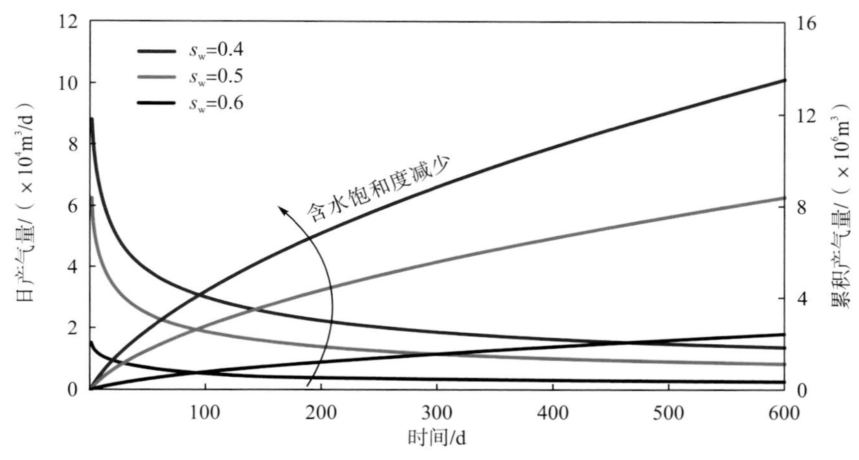

图 6-18　初始含水饱和度对压裂水平井日产气量和累积产气量的影响

6.7.4　多级压裂水平井主要因素对产量的影响

图 6-19 为多级压裂水平井与水平井分别开采时的累积产气量的对比曲线。由于页岩渗透率极低，在不进行压裂措施的情况下水平井的日产气量也极低，因此只对比了气井的累积产气量，但是从图中发现没有进行压裂措施的水平井累积产气量仍然很低。图 6-19 中也给出了压裂水平井和没有进行压裂措施的水平井产量的比值随时间的变化曲线，在开采初期，压裂水平井的产量是水平井产量的 110 倍，然而随着压裂裂缝中的大部分气体被采出后，储存在页岩中的气体开始向压裂裂缝流动时，由于气体在页岩中的流动较为缓慢从而使得压裂水平井和水平井的累积产量比值开始下降，但在开采后期压裂水平井的产量仍是水平井产量的 29 倍。因此，对水平井进行压裂增产措施是实现页岩气藏经济开采的基础及关键。

图 6-20 为压裂裂缝条数对压裂水平井日产气量和累积产气量的影响。当裂缝条数减少时，日产气量在压裂水平井开采初期(裂缝线性流及双线性流阶段)就迅速减少。压裂裂

缝能大幅提高储层的渗流能力，因此累积产气量随着裂缝条数的增加而增大，但是当裂缝条数增加到一定程度时(水平井长度为定值)，产量的增长幅度开始变缓。

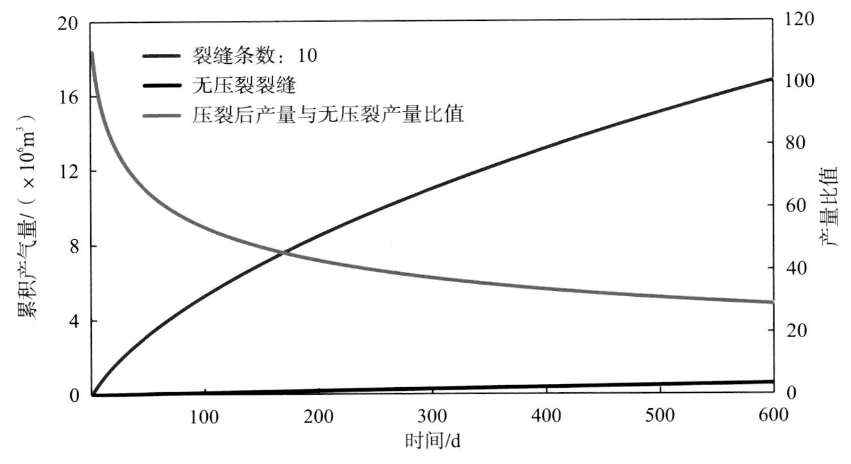

图 6-19 压裂措施对水平井产量的影响

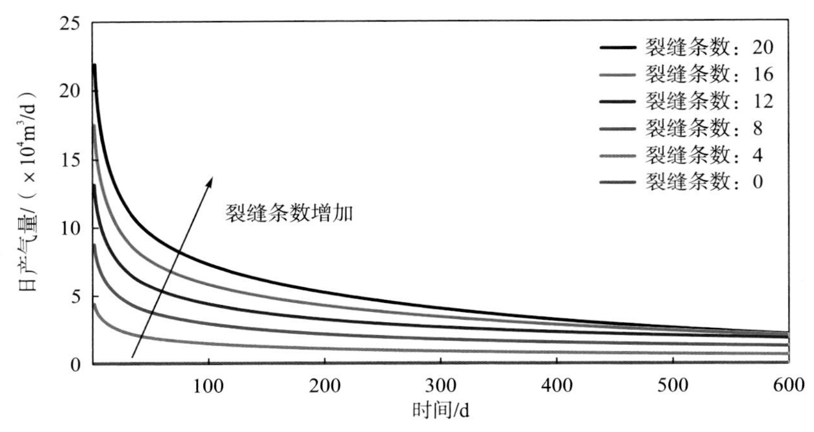

(a) 不同裂缝条数下的日产气量

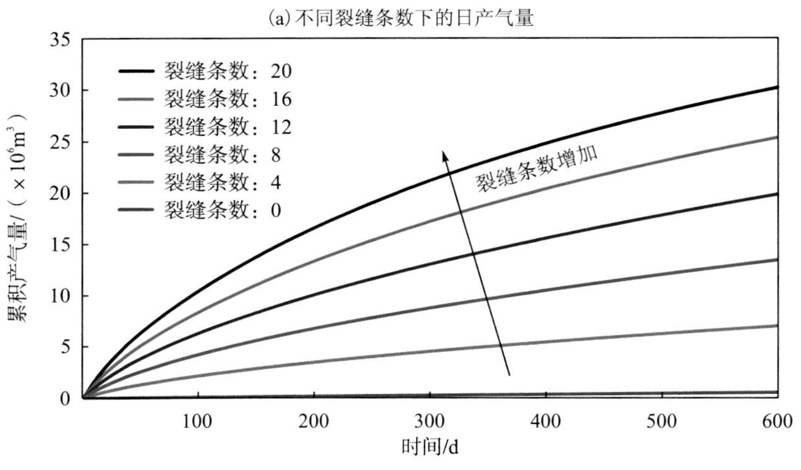

(b) 不同裂缝条数下的累积产气量

图 6-20 裂缝条数对压裂水平井产能的影响

图 6-21 为压裂裂缝导流能力对压裂水平井日产气量和累积产气量的影响。压裂水平井的日产气量和累积产气量随着裂缝导流能力的增加而增加，并且当裂缝导流能力降低时，压裂水平井生产初期(裂缝的线性流及双线性流阶段)的产量迅速减少。

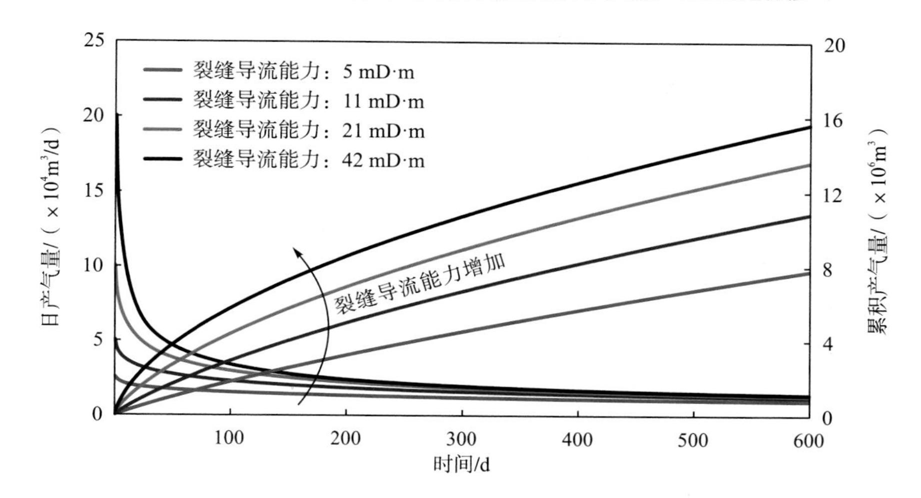

图 6-21　压裂裂缝导流能力对压裂水平井日产气量和累积产气量的影响

图 6-22 为压裂裂缝长度对压裂水平井日产气量和累积产气量的影响，从图 6-22 中可以看出，压裂水平井的日产气量和累积产气量随着裂缝长度的增加而增大。当裂缝长度变小时，虽然压裂水平井的初期产量相等，但随后产量迅速减少。这是由于裂缝导流能力能直接影响气体从裂缝两端向井筒的流动(裂缝线性流阶段)，因此能影响压裂水平井的初期产量。然而裂缝长度并不能影响气体从裂缝近端向井筒的流动，只有当压力波传播到裂缝远端之后才开始影响压裂水平井的产量，因此气井的初期产量是相同的。

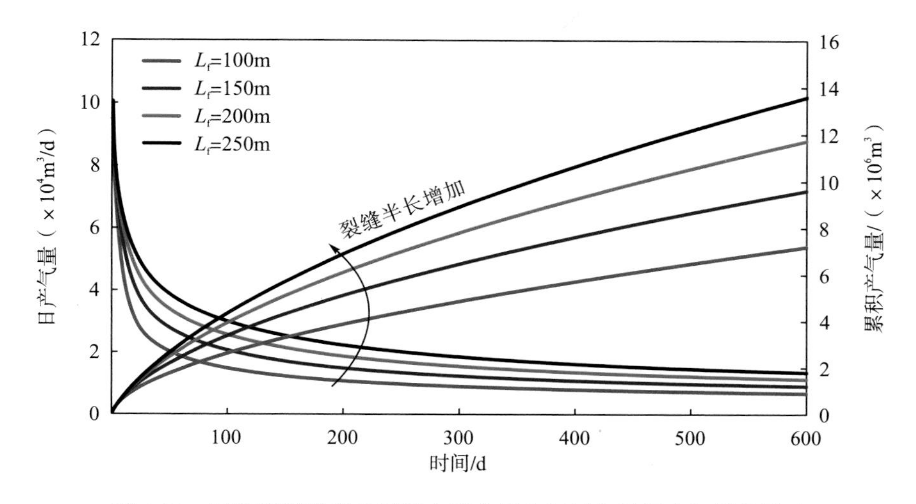

图 6-22　压裂裂缝长度对压裂水平井日产气量和累积产气量的影响

6.7.5 体积压裂参数对产量的影响

页岩储层物性差，孔隙结构复杂、面孔率低、喉道细小，常规压裂技术很难达到预期的增产效果，因此体积压裂技术逐渐成为开采非常规油气藏的重要手段。体积压裂通过水力压裂技术对油气储集岩层进行三维立体改造，在地层中形成复杂裂缝网络(图 6-23)，实现储层内压裂裂缝波及体积的大幅增加，从而极大地提高储层有效渗透率，能大幅度提高压裂后的单井产能。

当主裂缝间距较大或裂缝网络的延伸范围较小时，裂缝网络并不能将裂缝间的储层完全沟通而是形成围绕主裂缝的局部缝网区域。因此本节主要通过对比局部缝网长度逐渐增加直至形成整体缝网时(其中主裂缝间距为 130m)，压裂水平井产量的变化情况。具体模拟方案如表 6-5 及图 6-24 所示。

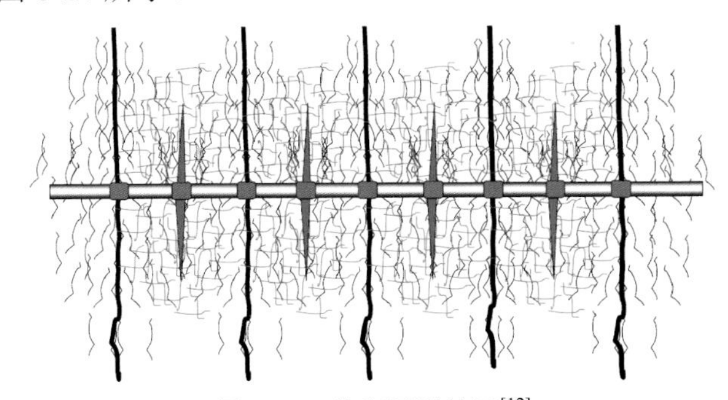

图 6-23 体积压裂缝网[12]

表 6-5 不同体积压裂方案的描述

方案名	方案描述	累积产气量/10^6m^3
SRV1	SRV 区域长度：30 m	17.414
SRV2	SRV 区域长度：50 m	19.637
SRV3	SRV 区域长度：70 m	21.168
SRV4	SRV 区域长度：90 m	22.200
SRV5	SRV 区域长度：110 m	22.846
SRV6	SRV 区域长度：130 m	23.205

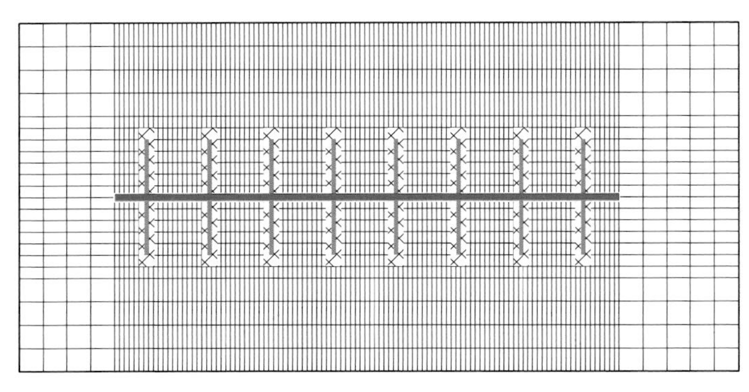

(a) SRV1

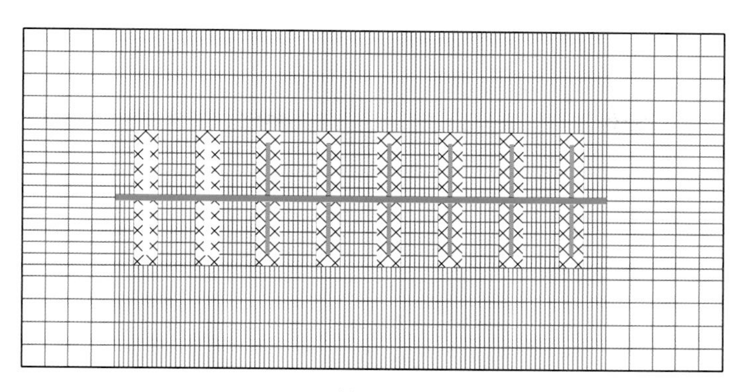

（b）SRV2

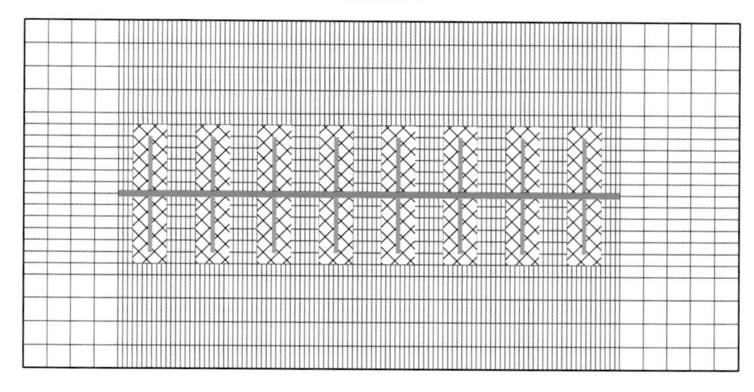

（c）SRV3

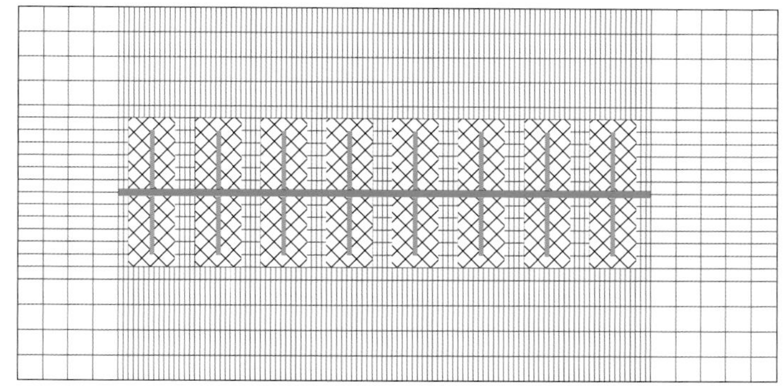

（d）SRV4

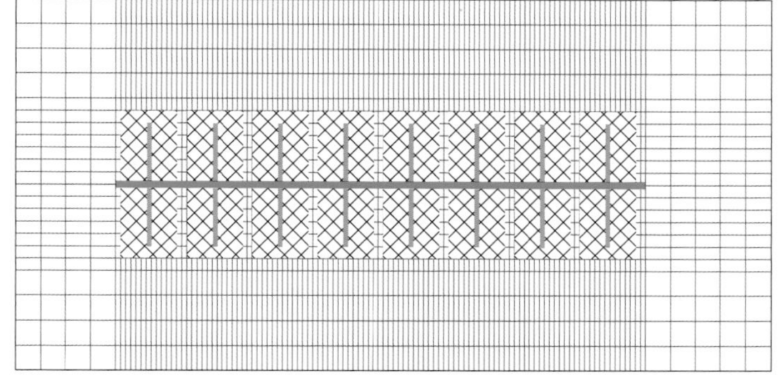

（e）SRV5

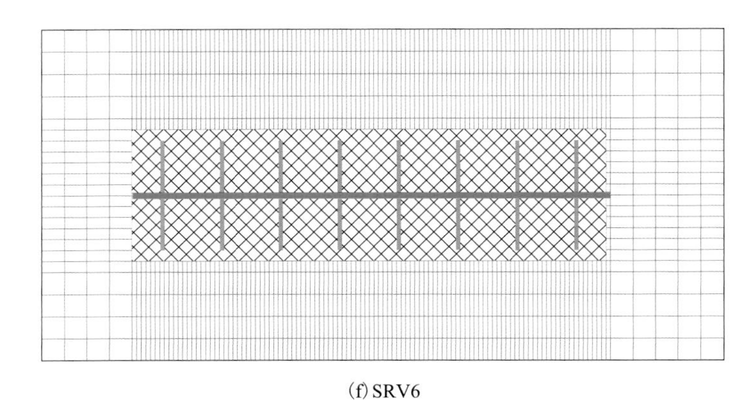

(f) SRV6

图 6-24 不同体积压裂方案的示意图

图 6-25 为体积压裂缝网对页岩气藏压裂水平井日产气量和累积产气量的影响。从图 6-25 中可以看出，随着缝网区域长度增大，日产气量和累积产气量也随之变大。但是当缝网区域长度增加到一定程度时，压裂水平井日产气量和累积产气量增长幅度减慢。

并且从图 6-26 可以看出，进行体积压裂时一旦围绕主裂缝产生缝网，就能大幅提高压裂水平井的产能。例如，在主裂缝周围形成 30m 宽的缝网能增产 28.1%；形成 50m 宽的缝网增产 44.4%；形成 70m 宽的缝网能增产 55.7%，超过无缝网压裂水平井产量的一半。但是当缝网宽度超过主裂缝间距的一半之后，压裂水平井产量增长幅度明显减慢。即当缝网宽度从 70m 增加到 130m 时，产量仅增加了 14.9%。因此，在对储层进行体积压裂时，没有必要追求压裂缝网体积最大化，只要缝网宽度达到压裂裂缝间距一半即可。

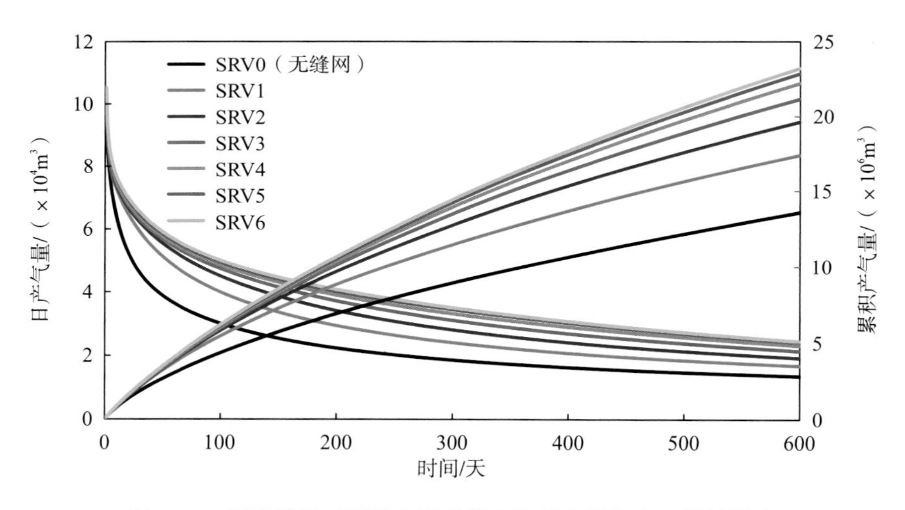

图 6-25 压裂缝网对压裂水平井日产气量和累积产气量的影响

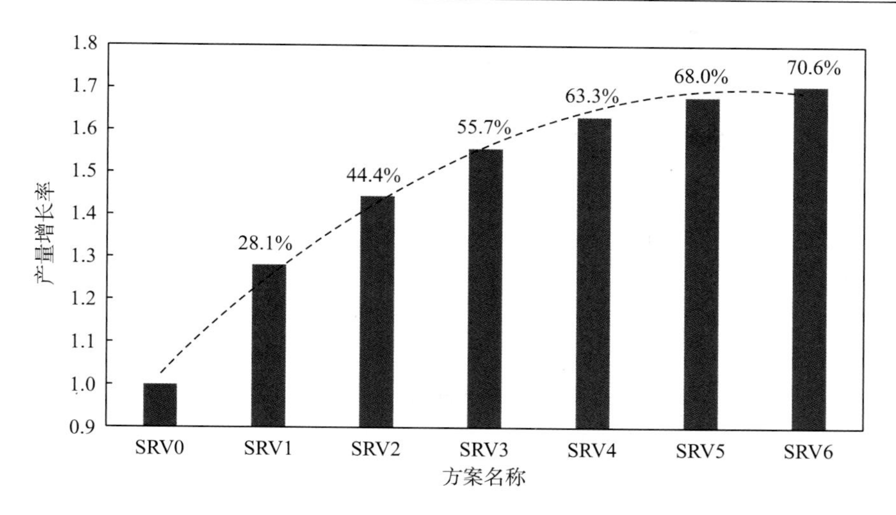

图 6-26　不同压裂方案的产量增长率(与无缝网情况对比)

6.8　本 章 小 结

本章针对页岩中孔隙尺寸分布范围较广、孔隙结构较为复杂的情况，建立了一个适合多尺度页岩中不同流态(连续流、滑脱流、过渡流和自由分子流)的多尺度渗流模型，并且在综合考虑纳米孔隙中的 Knudsen 扩散和滑脱效应、吸附气解吸、气-水两相流动以及多级压裂水平井开采的基础上，通过编程建立了页岩气藏三维计算机模型，并对压裂水平井存在整体缝网和局部缝网的情况进行了研究。模拟结果分别与商业软件、其他模型和现场数据进行了对比验证，并且进行了敏感性因素分析，从而得出了以下结论：

(1) 针对页岩中孔隙尺寸分布范围广、孔隙结构较为复杂，因此采用 Beskok 和 Karniadakis 建立的适用于所有 Knudsen 数范围内不同流动阶段(连续流、滑脱流、过渡流和自由分子流)的模型来校正不同尺度页岩多孔介质的渗透率。

(2) 建立的页岩气藏数值模型分别与商业软件、通过不同方法编制的模型以及现场数据进行了对比验证，结果表明本章建立模型的正确性、可靠性。

(3) 对压裂水平井进行了生产动态分析，将压裂水平井的生产分别划分为：裂缝线性流阶段、近井区双线性流阶段、裂缝拟径向流阶段以及压裂井线性流阶段。其中，前两个阶段主要与压裂裂缝参数相关，后两个阶段受裂缝参数及储层物性参数的综合影响。并对模型进行敏感性分析，可以得出以下结论。

①随着页岩渗透率的增加，日产气量递减变缓、累积产气量增加。但是，当页岩渗透率变小时，Knudsen 扩散和滑脱效应对日产气量和累积产量的影响变大。

②随着 Langmuir 体积 V_L 和 Langmuir 压力 p_L 增大，日产气量和累积产气量越高，然而产量的增长幅度减少。

③初始含水饱和度对产气量影响较大。

④对水平井进行压裂措施是实现页岩气藏经济开采的基础和关键，压裂水平井的裂缝条数、裂缝导流能力和裂缝半长的增加，都能不同程度的提高压裂水平井的产量。

⑤对储层进行体积压裂时，一旦围绕主裂缝产生缝网，就能大幅提高压裂水平井的产能。但是当缝网宽度超过主裂缝间距一半之后，压裂水平井产量增长幅度明显减慢。

参 考 文 献

[1] Beskok A, Karniadakis G E. A model for flows in channels, pipes, and ducts atmicro and nanoscales[J]. Microscale Thermophysical Engineering, 1999, 3(1): 43-77.

[2] Guo J, Zhang L, Wang H, et al. Pressure transient analysis for multi-stage fractured horizontal wells in shale gas reservoirs[J]. Transport in Porous Media, 2012, 93(3): 635-653.

[3] Wang H T. Performance of multiple fractured horizontal wells in shale gas reservoirs with consideration of multiple mechanisms[J]. Journal of Hydrology, 2014, 510: 299-312.

[4] 赵玉龙. 基于复杂渗流机理的页岩气藏压裂井多尺度不稳定渗流理论研究[D]. 西南石油大学博士学位论文, 2015.

[5] Ozkan E, Raghavan R S, Apaydin O G. Modeling of fluid transfer from shale matrix to fracture network[C]. SPE 134830, presented at SPE Annual Technical Conference and Exhibition, Florence, Italy, 2010.

[6] Zhang D, Zhang L, Guo J, et al. Research on the production performance of multistage fractured horizontal well in shale gas reservoir[J]. Journal of Natural Gas Science and Engineering, 2015, 26: 279-289.

[7] Beskok A, Karniadakis G E, Trimmer W. Rarefaction and compressibility effects in gas microflows[J]. Journal of Fluids Engineering, 1996, 118(3): 448–456.

[8] Guggenheim E A. Elements of the Kinetic Theory of Gases[M]. Oxford: Pergamon Press, 1960.

[9] Peaceman D W. Interpretation of well-block pressures in numerical reservoir simulation with nonsquare grid blocks and anisotropic permeability[J]. SPE J, 1983: 531-543.

[10] 李淑霞. 油藏数值模拟基础[M]. 山东：中国石油大学出版社, 2009.

[11] Bello R O, Wattenbarger R A. Multi-stage hydraulically fractured shale gas rate transient analysis[C]. SPE 126754, Presented at the SPE North Africa Technical Conference and Exhibition, Cairo, Egypt, 2010.

[12] 杜保健. 致密油藏体积压裂水平井耦合渗流机理与分区渗流模型[D]. 中国石油大学(北京)博士学位论文, 2014.

第 7 章　页岩气藏体积压裂与微地震监测

7.1　页岩气藏体积压裂概念

7.1.1　体积压裂的概念与内涵

体积压裂[1-3]是在水力压裂的过程中，在形成一条或者多条主裂缝的同时，通过分段多簇射孔、高排量、大液量、低黏液体以及转向材料和技术的应用，实现对天然裂缝、岩石层理的沟通，以及在主裂缝的侧向强制形成次生裂缝，并在次生裂缝上继续分枝形成二级次生裂缝。以此类推，尽最大可能增加改造体积，让主裂缝与多级次生裂缝交织形成裂缝网络系统，将可以进行渗流的有效储集体“打碎”，使裂缝壁面与储层基质的接触面积最大，使得油气从任意方向的基质向裂缝的渗流距离最短，极大地提高储层整体渗透率，实现对储层在长、宽、高三维方向的全面改造，有效改善储集层的渗流特征及整体渗流能力，从而提高压裂增产效果和增产有效期。

内涵之一：体积改造技术的裂缝起裂模型突破了传统经典模式，不再是单一的张性裂缝起裂与扩展，而是具有复杂缝网的起裂与扩展形态。形成的裂缝不是简单的双翼对称裂缝，而是复杂缝网[1-2]。在实际应用中，目前主要采用裂缝复杂指数(FCI)来表征体积改造效果的好坏[4]。一般来说，FCI 值越大，说明产生的裂缝就越复杂、越丰富，形成的改造体积就越大，改造效果就越好[5]。

内涵之二：利用体积改造技术“创造”的裂缝，其表现形式不是单一的张开型破坏，而是剪切破坏以及错断、滑移等。 体积改造技术“打破”了裂缝起裂与扩展的传统理论与模型。目前对裂缝剪切起裂以及张性起裂的研究大多使用经典力学理论，而 Hossain 等[6]采用分形理论反演模拟天然裂缝网络，在考虑了线弹性和弹性裂缝变形以及就地应力场变化的基础上，建立了节理、断层发育条件下裂缝剪切扩展模型，是今后推动体积改造技术在理论研究方面进步的基础。国内学者[7-8]在进行缝网压裂技术探索的同时，也在积极探索建立体积改造技术的理论与技术体系。

内涵之三：体积改造技术“突破”了传统压裂裂缝渗流理论模式，其核心是基质中的流体向裂缝的“最短距离”渗流，大幅度降低了基质中的流体实现有效渗流的驱动压力，大大缩短了基质中的流体渗流到裂缝中的距离。由于传统理论模式下的压裂裂缝为双翼对称裂缝，往往以一条主缝为主导来实现改善储集层的渗流能力，主裂缝的垂直方向上仍然是基质中的流体向裂缝的“长距离”渗流，单一主流通道无法改善储集层的整体渗流能力。在基质中的流体向单一裂缝的垂向渗流中，如果基质渗透率极低，基质中流体向人工裂缝实现有效渗流的距离(L)将非常短，要实现“长距离”渗流需要的驱动压力非常大，因此，该裂缝模式极大地限制了储集层的有效动用率。如果采用水平井开发，井眼轨迹沿砂体展布有利方向布置，然后实施分段压裂，可以大幅度缩短基质中气体向裂缝流动的距离。若采用体积改造技术，通过压裂产生裂缝网络，就可使基质中流体向裂缝的渗流距离变得更短。这样的技术理念将会促使井网优化的理念随之发生改变。在实施“体积改造”过程中，由于储集层形成复杂裂缝网络，使储集层渗流特征发生了改变，主要体现在基质中的流体可以“最短距离”向各方向裂缝渗流，压裂裂缝起裂后形成复杂的网络缝，被裂缝包围的基质中的流体自动选择向流动距离最短的裂缝渗流，然后从裂缝向井筒流动。此外，这个“最短距离”并不一定单纯指路径距离，也含有最佳距离的含义，即在基质中流体向裂缝的渗流过程中，其流动遵循最小阻力原理，自动选择最佳路径(并不一定是物理意义上的最短距离)。

内涵之四：体积改造技术适用于具有较高脆性指数的储集层。储集层脆性指数不同，体积改造技术方法也不同。按照岩石矿物学分类判断，一般石英含量超过30%可认为页岩具有较高脆性指数。由于脆性指数越高，岩石越易形成复杂缝网，因此，脆性指数的大小是指导优选改造技术模式和液体体系的关键参数。

内涵之五：体积改造技术通常采用“分段多簇射孔”改造储集层的理念，是对水平井分段压裂通常采用的单簇射孔模式的突破。“分段多簇”射孔利用缝间干扰实现裂缝的转向，产生更多的复杂缝，是储集层压裂改造技术理论的一个重大突破，是体积改造技术的关键之一[1]。简言之，分段多簇射孔及相应的改造技术方法是体积改造技术理念的重要体现形式，实现缝间应力干扰的最重要的手段就是分段多簇射孔压裂，判断水平井油气层改造中是否充分使用了狭义的体积改造技术理念，关键看是否采用了分段多簇射孔及相应的改造技术方法。

7.1.2 体积压裂适用地层条件

体积压裂适用地层条件如下。

(1)天然裂缝发育，且天然裂缝方位与最小主地应力方位一致。在此情况下，压裂裂缝方位与天然裂缝方位垂直，容易形成相互交错的网络裂缝。天然裂缝存在与否、方位、产状及数量直接影响到压裂裂缝网络的形成，而天然裂缝中是否含有充填物对形成复杂缝网起着关键作用。在“体积压裂”中，天然裂缝系统更容易先于基岩开启，原生和次生裂缝的存在能够增加产生复杂裂缝的可能性，从而极大地增大改造体积(SRV)。

(2)岩石硅质含量高(大于35%)，脆性系数高。岩石硅质(石英和长石)含量高，使得岩石在压裂过程中产生剪切破坏，不是形成单一裂缝，而是有利于形成复杂的网状缝，从而大幅度提高了裂缝体积。大量研究及现场试验表明：富含石英或者碳酸盐岩等脆性矿物的储层有利于产生复杂缝网，黏土矿物含量高的塑性地层不易形成复杂缝网，不同页岩储层“体积压裂”时应选用各自适应的技术对策。

(3)敏感性不强，适合大型滑溜水压裂。弱水敏地层，有利于提高压裂液用液规模，同时使用滑溜水压裂，滑溜水黏度低，可以进入天然裂缝中，迫使天然裂缝扩展到更大范围，大大扩大改造体积。

7.2　页岩气藏体积压裂缝网模型

在页岩层进行体积压裂时，由于页岩特殊物理性质及其内部天然裂缝的影响，会产生一个水力裂缝与天然裂缝相互连通的复杂缝网系统(图 7-1)。

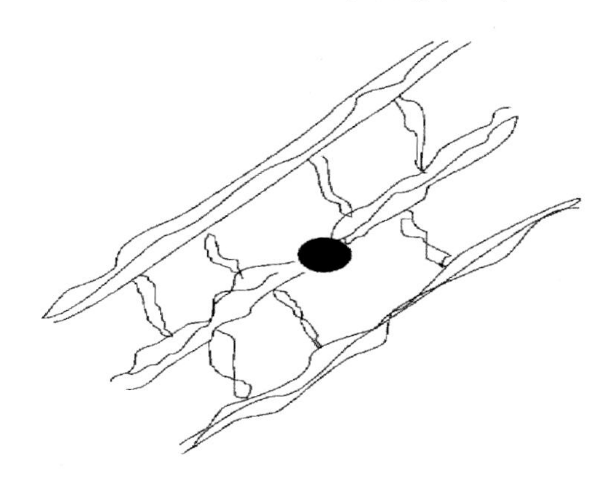

图 7-1　页岩储层压裂后形成的网状裂缝

7.2.1　离散化缝网模型

离散化缝网模型 DFN 最早由 Meyer 等[9-10]提出。该模型基于自相似原理及 Warren 和 Root 的双重介质模型，利用网格系统模拟解释裂缝在 3 个主平面上的拟三维离散化扩展和支撑剂在缝网中的运移及铺砂方式，通过连续性原理及网格计算方法获得压裂后缝网几何形态。DFN 模型基本假设如下：①压裂改造体积为 2a×2b×h 的椭球体由直角坐标系 XYZ 表征 X 轴平行于最大水平主应力，方向 Y 轴平行于最小水平主应力，方向 Z 轴平行于垂向应力方向；包含一条主裂缝及多条次生裂缝。主裂缝垂直于 h 方向在 X-Z 平面内扩展；次生裂缝分别垂直于 XYZ 轴缝间距分别为 dx，dy，dz；③考虑缝间干扰及压裂液滤失地层及流体不可压缩。基于以上假设作出 DFN 模型几何模型的示意图(图 7-2)。

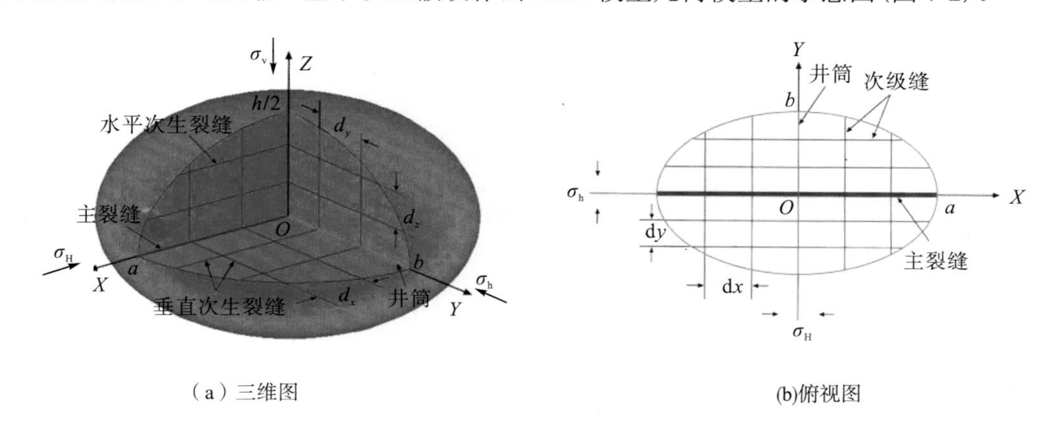

（a）三维图　　(b)俯视图

图 7-2　DNF 几何模型三维，平面俯视图

DFN 模型主要数学方程如下所示。

1．连续性方程

在考虑滤失的情况下压裂液泵入体积与滤失体积之差等于缝网中所含裂缝的总体积。即

$$\int_0^t q(\tau)\mathrm{d}\tau - V_1(t) - V_{\mathrm{sp}}(t) = V_{\mathrm{f}}(t) \tag{7-1}$$

式中，q——压裂液流量 $\mathrm{m^3/min}$；

V_{t}——滤失量，$\mathrm{m^3}$；

V_{sp}——初滤失量，$\mathrm{m^3}$；

V_{f}——总裂缝体积，$\mathrm{m^3}$。

2．流体流动方程

假设压裂液在裂缝中的流动为层流，遵循幂率流体流动规律，其流动方程为

$$\frac{\mathrm{d}p}{\mathrm{d}x} = -\left(\frac{2n'+1}{4n'}\right)^{n'} \frac{k'(q/a)^{n'}}{\Phi(n')^{n'} b^{2n'+1}} \tag{7-2}$$

式中，p——缝内流体压力，MPa；

n'——流态指数无因次；

k'——稠度系数，$\mathrm{Pa \cdot s^n}$；

a，b 分布为椭圆长轴半长及短轴半长，m。

3．缝宽方程

主裂缝缝宽方程为

$$\omega_x = \Gamma_{\mathrm{w}} \frac{(1-\nu^2)}{E}(p - \sigma_{\mathrm{h}} - \Delta\sigma_{xx}) \tag{7-3}$$

应用离散化缝网模型进行压裂优化设计时，需要首先设定次生裂缝缝宽、缝高、缝长等参数与主裂缝相应参数的关系，假设次生裂缝几何分布参数；然后按设计支撑剂的沉降速度以及铺砂方式，将地层物性、施工条件等参数代入以上数学模型，通过数值分析方法求得主裂缝的几何形态和次生裂缝几何形态。最后得到压裂改造后的复杂缝网几何形态。DFN 模型是目前模拟页岩气体积压裂复杂缝网的成熟模型之一，特别是考虑了缝间干扰和压裂液滤失问题后，更能够准确描述缝网几何形态及其内部压裂液流动规律，对缝网优化设计具有重要意义，其不足之处在于需要人为设定次生裂缝与主裂缝的关系主观性强，约束条件差，且本质上仍是拟三维模型[11]。

7.2.2 线网模型

线网模型又称 HFN 模型，首先由 Xu 等[12-15]提出，该模型基于流体渗流方程及连续性方程，同时考虑了流体与裂缝及裂缝之间的相互作用[11]。

HFN 模型基本假设如下：①压裂改造体积为沿井轴对称 $2a \times 2b \times h$ 的椭柱体，由直

角坐标系 XYZ 表征，X 轴平行于 σ_H 方向，Y 轴平行于 σ_h 方向，Z 轴平行于 σ_V 方向；②将缝网等效成两簇分别垂直于 X 轴、Y 轴的缝宽、缝高均恒定的裂缝，缝间距分别为 dx、dy；③考虑流体与裂缝以及裂缝之间的相互作用；④不考虑压裂液滤失。基于以上假设，做出 HFN 模型的几何模型示意图(图 7-3)。

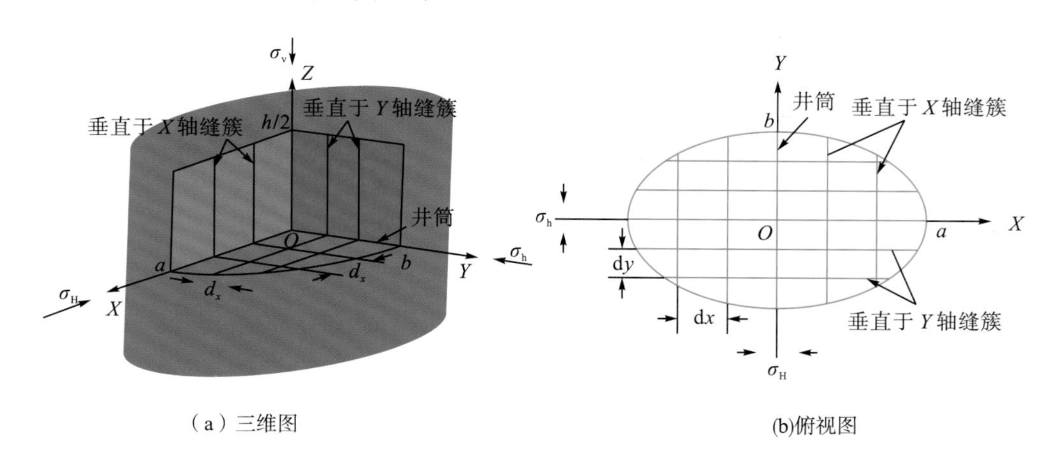

（a）三维图　　(b)俯视图

图 7-3　HFN 几何模型三维、平面俯视图

HFN 模型考虑了压裂过程中改造体积的实时扩展以及施工参数的影响，能够对已完成压裂进行缝网分析，同时可以基于该分析对之后的压裂改造方案进行二次优化设计。其不足之处在于模拟缝网几何形态较为简单，需借助于地球物理技术的帮助获取部分参数，同时由于不能模拟水平裂缝的起裂及扩展问题，及忽略了滤失问题，所以使用时具有较大的局限性[11]。

7.2.3　分段体积压裂射孔簇数与加砂规模优化

页岩水平井体积压裂后，以每簇射孔段为中心形成缝网系统(图 7-4)，缝网是油气渗流的主要通道，缝网体积和渗透率是影响压后产能的关键因素[16,17]。根据等效渗流理论，将缝网等效为一个高渗透带(图 7-5)，用高渗透带的数量体积和渗透率表征缝网特征[18]。

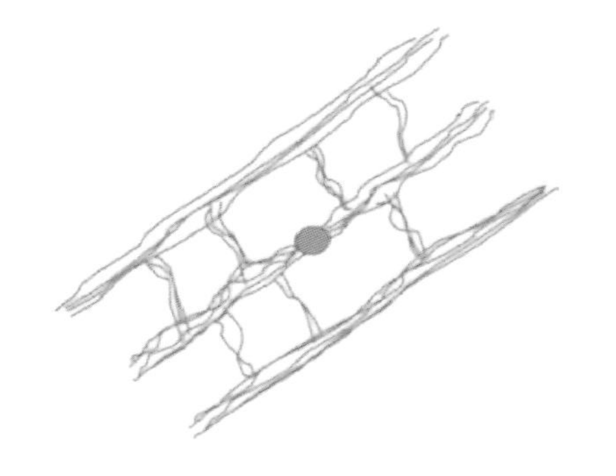

图 7-4　页岩储层压裂后形成的网状裂缝

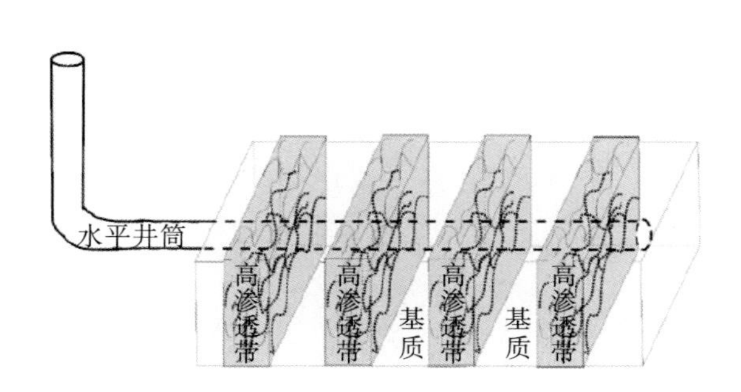

图 7-5　与缝网系统等效的高渗带示意图

根据等效渗流理论[19,20]，将缝网等效为一个高渗透带，用高渗透带的数量、体积和渗透率表征缝网特征。

高渗透带系统的渗流能力无限大于储层基质的渗流能力[21]，忽略储层基质向井筒中的渗流，取一高渗透带单元作如下假设：①缝网空间完全由支撑剂充填；②高渗透带向井筒中的渗流等效为高渗透带的基质渗流和裂缝渗流；③高渗透带的渗流符合达西定律，近似为线性渗流。

高渗透带基质流向井筒中的流量，由达西定律：

$$q_{\mathrm{m}}=\frac{K_{\mathrm{m}}A_{\mathrm{m}}(p_{\mathrm{e}}-p_{\mathrm{w}})}{\mu L_{\mathrm{m}}}=\frac{K_{\mathrm{m}}V_{\mathrm{m}}(p_{\mathrm{e}}-p_{\mathrm{w}})}{\mu L_{\mathrm{m}}^{2}} \tag{7-4}$$

同理，高渗透带裂缝流向井筒中的流量：

$$q_{\mathrm{f}}=\frac{K_{\mathrm{f}}A_{\mathrm{f}}(p_{\mathrm{e}}-p_{\mathrm{w}})}{\mu L_{\mathrm{f}}}=\frac{K_{\mathrm{f}}V_{\mathrm{f}}(p_{\mathrm{e}}-p_{\mathrm{w}})}{\mu L_{\mathrm{f}}^{2}} \tag{7-5}$$

高渗透带系统的流量为：

$$q=\frac{\overline{K}A(p_{\mathrm{e}}-p_{\mathrm{w}})}{\mu L}=\frac{\overline{K}V(p_{\mathrm{e}}-p_{\mathrm{w}})}{\mu L^{2}} \tag{7-6}$$

由等效渗流原理知：

$$q=q_{\mathrm{m}}+q_{\mathrm{f}} \tag{7-7}$$

假设 $L=L_{\mathrm{m}}=L_{\mathrm{f}}$，由式(7-4)～式(7-7)，可得

$$\overline{K}=K_{\mathrm{m}}\frac{V_{\mathrm{m}}}{V_{\mathrm{m}}+V_{\mathrm{f}}}+K_{\mathrm{f}}\frac{V_{\mathrm{f}}}{V_{\mathrm{m}}+V_{\mathrm{f}}}=K_{\mathrm{m}}\frac{V-V_{\mathrm{f}}}{V}+K_{\mathrm{f}}\frac{V_{\mathrm{f}}}{V} \tag{7-8}$$

式中：q_{m}、q_{f}、q——高渗透带基质的流量、裂缝的流量、高渗透带系统的流量，$\mathrm{m^3/d}$；

K_{m}、K_{f}、$\overline{K}$——基质渗透率、支撑裂缝渗透率、高渗透带平均渗透率，$10^{-3}\,\mu\mathrm{m}$；

A_{m}、A_{f}、A——基质渗流截面积、支撑裂缝渗流截面积、高渗透带渗流截面积，$\mathrm{m^2}$；

L_{m}、L_{f}、L 为基质体长度、支撑裂缝长度、高渗透带长度，m；

V_{m}、V_{f}、V——基质体积、支撑裂缝体积(砂量)、高渗透带体积，$\mathrm{m^3}$；

μ——原油黏度，mPa·s；

p_{e}——泄油边界压力，MPa；

p_{w}——井底流动压力，MPa。

分段多簇射孔实施应力干扰是实现体积压裂的关键技术。页岩储层改造后以每簇射孔段为中心形成高渗透带，因此，优选的高渗透带数量即为射孔簇数。

7.3　页岩气藏体积压裂模拟软件介绍

7.3.1　FracproPT 软件简介

FracproPT 系统被特别地设计为工程师用于水力压裂设计及分析的最综合的工具。比其他的水力压裂模型更多的功能是：有实效的使用现场施工数据是 FracproPT 的重要主题。这一点使 FracproPT 不同于有关的同类软件产品。实时数据的使用为工程师提供了

对施工井响应的更深刻、更合理的理解，这些响应反映了在压裂施工之前、之中和之后，储藏中所发生的物理过程的真实性。

FracproPT 是作为美国天然气研究所(GRI)的天然气供应规划的项目被开发的。FracproPT 在全世界的天然气、石油和地热的储藏领域中，有很多的商业应用。集总参数的三维压裂裂缝模型(它不应该与所谓的拟三维模型相混淆)充分地表现出了水力压裂物理过程的复杂性和实际状况。

FracproPT 主要有四个功能模块：压裂设计模块，压裂分析模块，产能分析模块，经济优化模块。

压裂设计模块: 这个模块生成设计的施工泵序一览表。用户输入要求的无因次导流能力并评价经济最适合的裂缝半长。FracproPT 帮助用户选择支撑剂和压裂液体并生成满足要求的缝长和导流能力的推荐的施工泵序一览表。

压裂分析模块: 使用本方式可以进行详细的预压裂设计，实时数据分析，和净压力历史拟合。实时数据分析可以是实时的，或使用先前获取的数据进行压裂后的分析。这个方式可以用测试压裂分析估算所形成的裂缝几何尺寸，确定裂缝闭合应力以及分析近井筒扭曲来确定早期脱砂的潜在可能性。

产能分析模块: 该模块被用来预测或者历史拟合压裂井或非压裂井的生产状态。在本模块中，FracproPT 把由压裂裂缝扩展和支撑剂运移模型确定的支撑剂浓度剖面传输给产能分析软件，之后产能分析软件模拟支撑剂浓度剖面对生产井生产的影响。这对评估压裂井的经济效果以及后续施工井的经济预测是必不可缺的。

经济优化模块: 该模块在施工规模的优化循环中，把 FracproPT 的压裂裂缝模型连接在储藏模型上。该模块首先应用于粗略的范围，然后再精确地确定经济上最优化的压裂施工规模。

7.3.2　Meyer 软件简介

Meyer 软件是 Meyer&Associates, Inc.公司开发的水力措施模拟软件，可进行压裂、酸化、酸压、泡沫压裂/酸化、压裂充填、端部脱砂、注水井注水、体积压裂等模拟和分析。该软件从 1983 年开始研制，1985 年投入使用。目前该软件在世界范围内拥有上百个客户，包括油公司、服务公司、研究所和大学院校等。

Meyer 软件是一套在水力措施设计方面应用非常广泛的模拟工具。软件可提供英语和俄语两种语言版本。其模块如表 7-1 所示。

表 7-1　Meyer 软件模块清单

模块名称	功能中文描述
MFrac	常规水力措施模拟与分析
MPwri	注水井的模拟和分析
MView	数据显示与处理
MinFrac	小型压裂数据分析

续表

模块名称	功能中文描述
MProd	产能分析
MNpv	经济优化
MFrac-Lite	MFrac 简化模拟器
MWell	井筒水力 3D 模拟
MFast	2D 裂缝模拟
MShale	缝网压裂设计与分析(非常规油气藏如页岩、煤层)

1. MFrac_常规水力措施模拟与分析模块

MFrac 是一个综合模拟设计与评价模块，含有三维裂缝几何形状模拟和综合酸化压裂解决方案等众多功能。该软件拥有灵活的用户界面和面向对象的开发环境，结合压裂支撑剂传输与热传递的过程分析，它可以进行压裂、酸化、酸压、压裂充填、端部脱砂、泡沫压裂等模拟。MFrac 还可以针对实时和回放数据进行模拟，当进行实时数据模拟时，MFrac 与 MView 数据显示与处理连接在一起来进行分析。

模块性能如下：

(1) 根据预期的结果(裂缝长度和导流能力)自动设计泵注程序。

(2) 不同裂缝参数与多方案优选。

(3) 压裂、酸化和泡沫压裂/酸化、端部脱砂(TSO)和压裂充填 FRAC-PACK 模拟和设计优化。

(4) 根据实时数据和回放数据进行施工曲线拟合及模型校准。

(5) 预期压裂动态分析(例如裂缝延伸、效率、压力衰减等)。

(6) 综合应用 MFrac、MProd 和 MNpv 开展压裂优化设计研究。

模块主要功能：压裂数据的实时显示和回放；井筒和裂缝中热传递模拟；酸化压裂设计；精确的斜井井筒模型(包括水平井)设计；支撑剂传输设计；(射孔)孔眼磨蚀计算；可压缩流体设计(泡沫作业时)；近井筒压力影响分析(扭曲效应)；多层压裂(限流法)；综合的支撑剂、压裂液、酸液、油套管和岩石数据库；多级压裂裂缝模拟(平行或者多枝状的)；2D 和水平裂缝设计；先进的裂缝端部效果分析(包括临界压力)；根据时间和泵注阶段统计漏失量；3D 绘图；端部脱砂(TSO)和压裂充填 FRAC-PACK 高传导性裂缝的模拟。

与其他模块的联合应用：①MFrac 进行回放数据和实时数据模拟分析时，数据要从 MView 模块导入，数据包括：随时间变化的排量、井底压力、井口压力、支撑剂浓度、氮气或二氧化碳注入量等。②MinFrac 模块中小型压裂分析结果也可直接应用到 MFrac 中，在实施主压裂作业之前对地应力、裂缝模型、裂缝效率、前置液体积等进行校正。

2. MShale_裂缝网络压裂设计与分析

Mshale 是一个离散缝网模拟器(DFN)，用来预测裂缝和孔洞双孔介质储层中措施裂缝的形态。该三维数值模拟器用来模拟非常规油气藏层页岩气和煤层气等措施形成的多裂缝、丛式/复杂/簇、离散缝网特征。

这个多维的 DFN 方法基于裂缝网络网格化系统，可以选择连续介质理论和非连续介质理论(网格)算法。程序提供用户自定义 DFN 特征参数，包括输入裂缝网络间隔、孔径、长宽比等，以及确定性 DFN 特征参数，如定义应力差(如$\sigma_2-\sigma_3$和$\sigma_1-\sigma_3$)和裂缝网络参数。然后，系统就会计算出 X、Y、Z 方向上(如 x-z、y-z 和 x-y 平面)的裂缝特征参数、孔径和扩展范围等。

裂缝间的相互干扰可以由用户自定义，也可以根据经验基于所生成的网络裂缝及其间隔计算出来。支撑剂的运移和分布总是沿着主裂缝方向，或者根据用户指定某裂缝面支撑剂分布最小的条件下计算出支撑剂的运移和分布结果。

7.4　微地震监测技术

7.4.1　微地震检测的概念

微地震监测技术是通过观测、分析由压裂、注水等石油工程作业时导致岩石破裂或错断所产生的微地震信号，监测地下岩石破裂、裂缝空间展布的地球物理技术。微地震监测技术能够实时监测压裂裂缝的长度、高度、宽度、方位、倾角、储层改造体积等，是目前比较有效、可靠性最高的一种压裂裂缝监测技术[22]。

微地震监测是一种用于油气田开发的新地震方法，该方法优于利用测井方法监测压裂裂缝效果,在压裂施工中，可在邻井(或在增产压裂措施井中)布置井下地震检波器,也可在地面布设常规地震检波器,监测压裂过程中地下岩石破裂所产生的微地震事件，记录在压裂期间由岩石剪切造成的微地震或声波传播情况，通过处理微地震数据确定压裂效果，实时提供压裂施工过程中所产生的裂缝位置、裂缝方位、裂缝大小(长度、宽度和高度)、裂缝复杂程度，评价增产方案的有效性，并优化页岩气藏多级改造的方案。图 7-6、图 7-7 以直井为列展示了微地震监测压裂裂缝的微地震事件。从图 7-7 可以看出微地震活动性表征的复杂裂缝系统显示,裂缝模式随时间推移而扩展[23]。

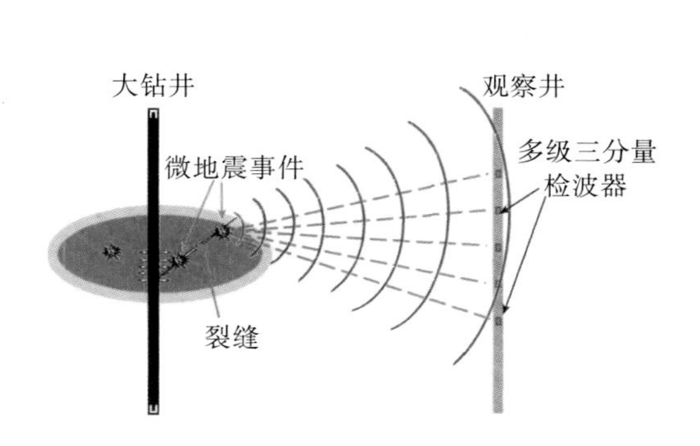

图 7-6　微地震监测示意图

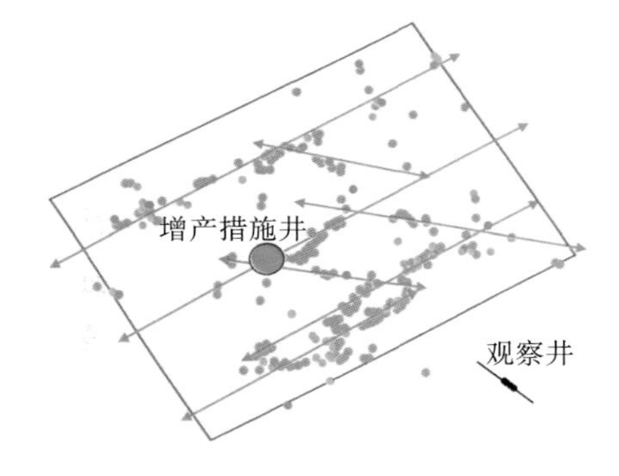

图 7-7　微地震监测压裂裂缝的微地震事件图
(据 Weatherford 公司)

微地震监测技术能够对压裂裂缝方位、倾角、长度、高度、宽度、储层改造体积进行定量计算，近年被大规模应用于非常规油气储层改造压裂监测。主要有以下作用[22]：①与压裂作业同步，快速监测压裂裂缝的产生，方便现场应用；②实时确定微地震事件发生的位置；③确定裂缝的高度、长度、倾角及方位；④直接鉴别超出储层、产层的裂缝过度扩展造成的裂缝网络；⑤监测压裂裂缝网络的覆盖范围；⑥实时动态显示裂缝的三维空间展布；⑦计算储层改造体积；⑧评价压裂作业效果；⑨优化压裂方案。

7.4.2 地面微地震监测实例

1. Barnett 页岩气井微地震监测

在 Barnett 页岩 19 口有井下微地震监测资料的井，由图 7-8 可见：通过运用微地震裂缝诊断技术，证实水平井分簇射孔分段压裂形成网络裂缝，提高了压裂体积。改造后的体积与压后 6 个月和 3 年累计产量的比较曲线见图 7-9，由图可见压后 6 个月的累计产量随着改造体积的增加而增加，压后 3 年增加的幅度更大，这充分说明改造体积对页岩气压后产量的重要作用。

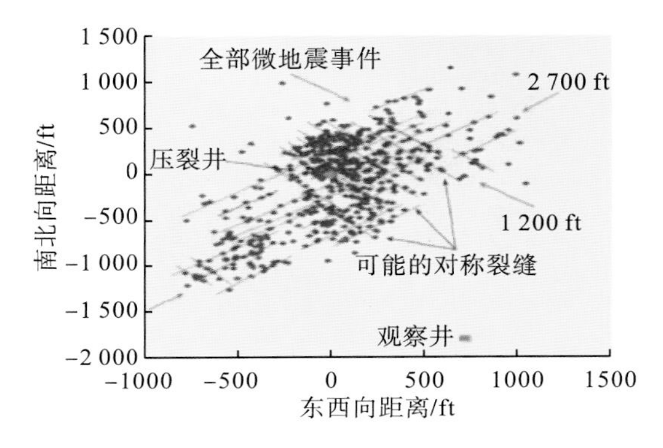

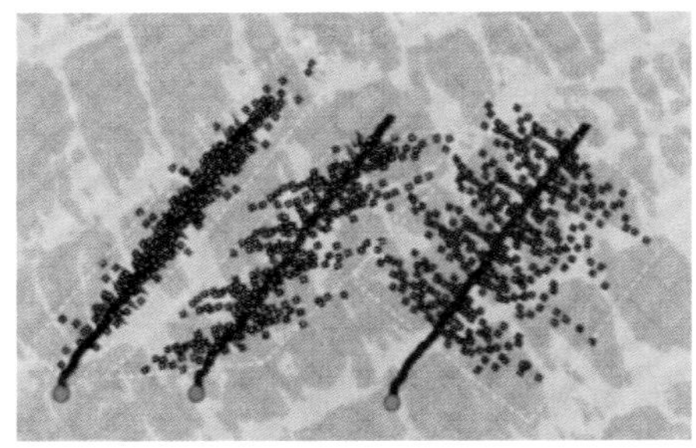

图 7-8 直井与水平井井下微地震波裂缝监测结果图

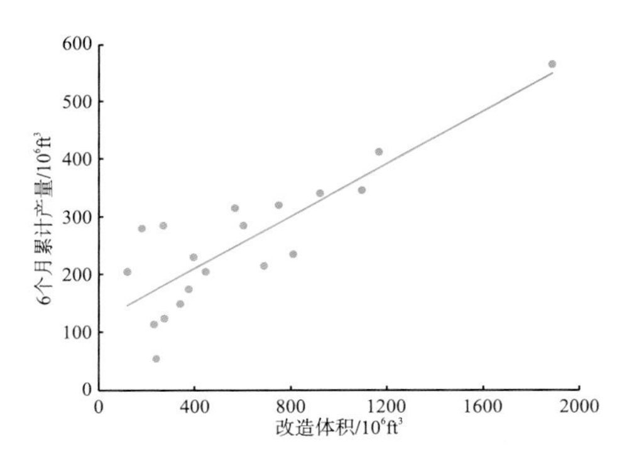

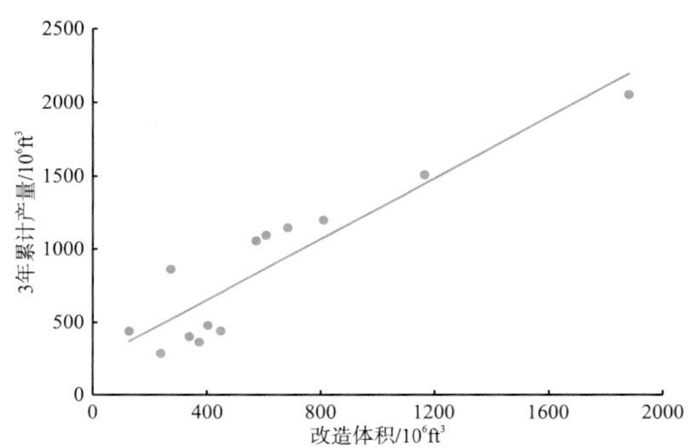

图 7-9 压后 6 个月和 3 年累计产量的比较曲线

2. 威远区块页岩气井微地震监测

威远构造属于川中隆起的川西南低陡褶皱带，东及东北与安岳南江低褶皱带相邻，南界新店子向斜接自流井凹陷构造群，北西界金河向斜于龙泉山构造带相望，西南与寿保场构造鞍部相接，是四川盆地南部主要的页岩气富集区之一。H 井为水平井，目的层为志留系龙马溪组，水平段长约 1 000 m，水平段垂深约 3 500 m。由于页岩气藏本身具有低孔、低渗的特征，须对该井进行水力压裂作业，旨在扩大裂缝网络，提高最终采收率。压裂作业采用复合桥塞+多簇射孔方式，设计压裂 12 段，由于可能存在天然断层，第 4 段跳过，实际压裂 11 段。此次地面微地震实际监测的主要任务是现场实时展示微地震事件结果，确定裂缝方位、高度、长度等空间展布特征及复杂程度，后期处理解释对压裂效果予以评价。

此次地面监测共计识别、定位事件 2 245 个(图 7-10、图 7-11)，各段裂缝长度从 1 480 m 到 1 800 m 不等，平均缝长 1 730 m，裂缝高度从 90 m 到 200 m 不等，平均缝高 170 m。微地震事件主体发生在两个线性构造内：第一个位于井筒西侧大约距出靶点 100 m 处，宽约 200m，高约 170 m。第二个位于第 7、8 压裂段附近，宽约 100 m，高约 110 m。所有事件集分布呈现近似南北走向，垂深范围从 3 420 m 到 3 620 m。排除孤立的事件点，估算的累计压裂改造体积 M-SRV 为 34.9×10^6 m^3，各段压裂改造体积之和为 87×10^6 m^3，重叠率约为 60%。为 EUR(单井预期产气量)的计算提供了基础资料。

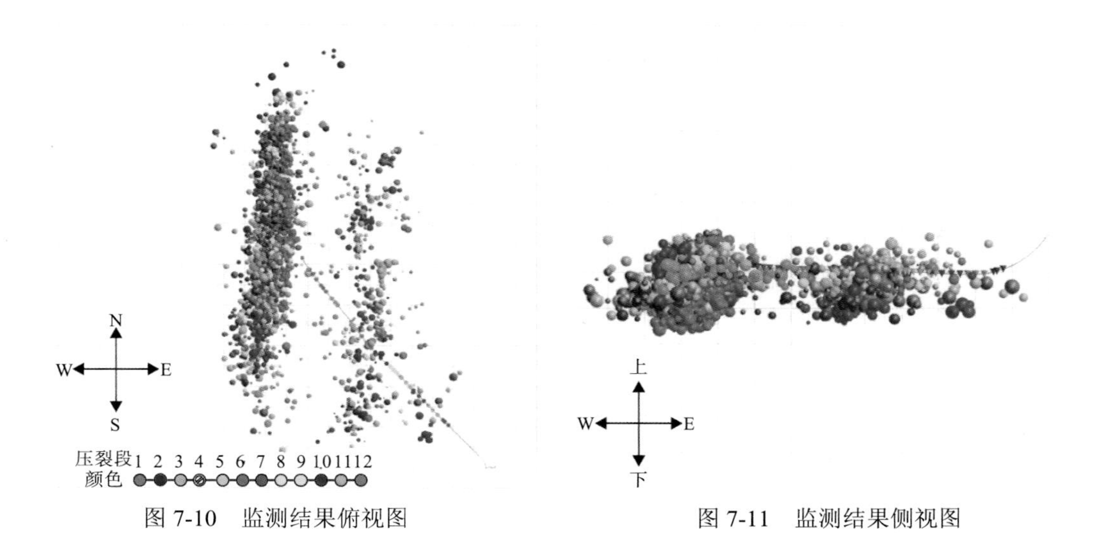

图 7-10　监测结果俯视图　　图 7-11　监测结果侧视图

参 考 文 献

[1]吴奇, 胥云, 王腾飞, 等. 增产改造理念的重大变革: 体积改造技术概论[J]. 天然气工业, 2011, 31(4): 7-12.

[2]吴奇, 胥云, 刘玉章, 等. 美国页岩气体积改造技术现状及对我国的启示[J]. 石油钻采工艺, 2011, 33(2): 1-7.

[3]吴奇, 胥云, 王晓泉, 等. 非常规油气藏体积改造技术—内涵、优化设计与实现[J]. 石油勘探与开发, 2012, 03: 352-358.

[4]Chong KK, Grieser B, Jaripatke O, et al. A completions roadmap to shale-play development: A review of successful approaches toward shale-play stimulation in the last two decades[R]. SPE 130369, 2010.

[5]Cipolla C L, Warpinski N R, Mayerhofer M J, et al. The relationship between fracture complexity, reservoir properties, and

fracture-treatment design[R]. SPE 115769, 2008.

[6]Hossain M M, Rahman M K, Rahman S S. Volumetric growth and hydraulic conductivity of naturally fractured reservoirs during hydraulic fracturing: A case study using Australian conditions[R]. SPE 63173, 2000.

[7]雷群，胥云，蒋廷学，等. 用于提高低—特低渗透油气藏改造效果的缝网压裂技术[J]. 石油学报, 2009, 30(2): 237-241.

[8]翁定为，雷群，胥云，等. 缝网压裂技术及其现场应用[J]. 石油学报, 2011, 32(2): 281-284.

[9]Meyer Y R, Bazan I W. A discrete fracture network model for hydraulically induced fractures; Theory, parametric and case studies[C]//paper 140514-MS presented at the SPE Hydraulic Fracturing Technology Conference and Exhibition, 24-26 January 2011, the Woodlands, Texas, USA. New York; SPE, 2011.

[10]Meyer Y R, Bazan I W, Jacot R H, et al. Optimization of multiple transverse hydraulic fractures in horizontal wellbores[C]//paper 131732-MS presented at the SPE Unconventional Gas Conference, 23-25 February 2010, Pittsburgh, Pennsylvania, USA. New York; SPE, 2009.

[11]程远方. 页岩气体积压裂缝网模型分析及应用. 天然气工业[J]. 2013, 33(9): 53-59.

[12]Xu W X, Thiercelin M, Uanuuly U. Wiremesh: a novel shale fracturing simulator[C]/paper 140514-MS presented at the CPS/SPE international oil & gas Conference and Exhibition, 8-10 June 2010, Beijing, China. New York; SPE, 2010.

[13] Xu W X, Calvezji, Thiercein M. Characterization of hydraulically-induced fracture network using treatment and microseismic data in a tight gas sand formation: a geomechanical approach[C]/paper 125237-MS presented at the SPE Tight Gas Completions Conference, 15-17 June 2009, San Antonio, Texas, USA. New York; SPE, 2009.

[14]Xu W X, Thiercelin M, Walton. Characterization of hydraulically-induced shale fracture network using an analytical/semi-analytical model[C]//paper 124697-MS presented at the SPE Annual Technical Conference and Exhibition, l-7 October 2009, New Orleans, Louisiana, USA. New York; SPE, 2009.

[15]Xu W X, Thiercelin M, Calvez J L, et al. Fracture network development and proppant placement during slickwater fracturing treatment of Barnett Shale laterals [C]//paper 135488-MS presented at the SPE Annual Technical Conference and Exhibition, 19-22 September 2010, Florence, ltaly. New York; SPE, 2010.

[16]Cipolla C L, Lolon E P, Dzubin B. Evaluating stimulation effective unconventional gas reservoirs [J]. SPE124843, 2009.

[17]段永刚，魏明强，李建秋，等. 页岩气藏渗流机理及压裂井产能评价［J］. 重庆大学学报, 2011, 34(4): 62－66.

[18]苟波，郭建春. 页岩水平井体积压裂设计的一种新方法[J]. 现代地质, 2013, 01: 217-222.

[19]何更生. 油层物理[M]. 北京：石油工业出版社, 1994: 40-41.

[20]张志伟，刘卫东，孙灵辉，等. 等效裂缝渗流模型在天然裂缝储层产能预测中的应用[J]. 科技导报, 2010, 28(14): 56-58.

[21]张怀文，杨玉梅，程维恒，等. 页岩气藏压裂工艺技术[J]. 新疆石油科技, 2013, 02: 31-35+45.

[22]刘振武，撒利明，巫芙蓉，等. 中国石油集团非常规油气微地震监测技术现状及发展方向[J]. 石油地球物理勘探, 2013, 48(5): 843-853.

[23]罗蓉. 页岩气测井评价及地震预测、监测技术探讨[J]. 天然气工业, 2011, 31(4): 34-39.